被动声纳信号处理

康春玉 著

国防工业出版社
·北京·

内 容 简 介

本书主要针对被动声纳涉及的基阵接收数据模型与信号处理相关方法进行系统论述，主要从基阵接收数据模型及仿真、波束形成、盲目信号处理、压缩感知、空间目标干扰抑制、被动声纳目标识别等方面展开讨论。本书内容突出基本原理与方法的具体实现，注重理论与应用的密切结合，可供从事水声技术、声纳信号处理、水声目标识别等领域的科研、教学工作者及研究生阅读参考。

图书在版编目（CIP）数据

被动声纳信号处理 / 康春玉著. -- 北京 : 国防工业出版社, 2025.5. -- ISBN 978-7-118-13686-9

Ⅰ. TN929.3

中国国家版本馆 CIP 数据核字第 2025ZX6173 号

※

国防工業出版社 出版发行

（北京市海淀区紫竹院南路 23 号　邮政编码 100048）

北京凌奇印刷有限责任公司印刷

新华书店经售

*

开本 710×1000　1/16　**插页** 1　**印张** $13\frac{1}{4}$　**字数** 257 千字

2025 年 5 月第 1 版第 1 次印刷　**印数** 1—1300 册　**定价** 86.00 元

国防书店：（010）88540777　　书店传真：（010）88540776

发行业务：（010）88540717　　发行传真：（010）88540762

前　言

声纳是一种利用声波完成水下探测、识别、通信、导航等任务的设备。从1490年意大利艺术家达·芬奇笔记中有关声纳的最早记载至今，随着各个国家对海洋开发及水下作战军事需求的迫切，研制和服役的声纳种类越来越多，按声纳的工作方式、战术用途、装备对象、基阵布置方式等可以分为不同的类型，从工作方式这一角度，声纳可分为主动声纳和被动声纳。

主动声纳指采用主动方式工作的声纳。工作时先由水下发射基阵向海水中发射声波，然后通过接收基阵接收声波遇到目标后的回波信号进行处理，判断目标存在与否，进而估计目标的方位、距离等参数。主动声纳能够比较精确地测量目标的位置和状态参数，并能探测到无噪声目标，是目前中远距离上探测安静型潜艇的有效方式。但是，其最大缺点在于主动声纳工作时需要发射强的声波，自身容易暴露，不适于隐蔽探测。被动声纳指采用被动工作方式的声纳，工作时本身不发射声信号，而是通过接收并处理水中目标所辐射的噪声或发射的信号来实现目标探测和参数估计。由于被动声纳不发射信号，因此不易被对方发现，隐蔽性好。

准确及时的情报信息是作战指挥人员进行筹划决策和对兵力兵器进行指挥控制的基本依据和前提，如何提高水声设备在复杂作战背景下的目标探测能力、高分辨方位估计能力和目标识别能力是当前水声设备迫切需要解决的问题，也是水声信号处理一直研究的重要内容。随着各种目标特征控制技术、消声技术的进一步发展，海洋环境噪声级的逐年升高，以及水下电子对抗等人工干扰的日益加剧，水下目标的可观测性不断下降，大大增加了研究和解决这类问题的重要性、难度和紧迫感。海上多目标，特别是编队目标群信号的相互作用，造成目标信号互相混叠、干扰，目标特征相互影响，给水中目标探测、定位、特征提取和分类识别造成了严重干扰，使得本来就艰巨的水下目标探测、定位与识别更是雪上加霜，尤其当邻近方位内存在多目标（如既有水面、又有水下目标）时，多源信号的混合使目标特征更加混乱，当声纳兵对该方位进行收听时，收听波束内混杂有多个目标的声音，严重影响了声纳目标判型和识别的可靠性；另外，海上密集目标群使得对群目标中单目标的精确测向（高方位分辨）十分困难，严重阻碍了武器远程精确打击的作战目标。

被动声纳（如拖曳线列阵声纳、舷侧阵声纳等）作为目前海军的主战声纳之一，经过长期的研究，科研人员从不同角度提出了多种针对该类型声纳的信号处理方法。但是，在实际水声环境中的应用仍然受到很多制约，常规的方法无法检测与分辨波束内的多个目标，一些高分辨的方法虽然能分辨波束内的目标，但对波束内目标信号的恢复性能不理想，强目标干扰背景下的性能更是退化明显。总的来说，声纳探测性能与作战和武器攻击需求还存在一定的差距，如何在日益复杂的对抗作战环境下，提升被动声纳对邻近多目标的方位分辨能力，从指向邻近多目标的收听波束中剥离出所需的目标源信号，实现水下目标的智能分类识别，是新一代水声装备迫切需要解决的关键技术，具有十分重要的军事意义与实际应用价值。

全书共分 7 章，第 1 章绪论，简述了被动声纳及其信号特性，对书中涉及的波束形成、盲信号处理、压缩感知、空间目标干扰抑制和被动声纳目标识别进行了综述；第 2 章基阵接收数据模型与仿真，介绍了信号模型、任意基阵和典型基阵接收数据模型，给出了基阵窄带、宽带接收数据仿真方法；第 3 章波束形成，阐述了波束形成原理，延迟求和波束形成原理与方法，任意阵窄带、宽带条件下的常规和最小方差无失真响应波束形成方法，以及三维聚焦波束形成方法；第 4 章盲信号处理及应用，介绍了盲信号处理数学模型与盲源分离方法，重点阐述了基于盲源分离解混矩阵的方位估计方法、基于子空间分解的盲波束形成方法、盲源分离和波束形成结合用于被动声纳目标检测的方法；第 5 章压缩感知及应用，介绍了压缩感知理论数学模型，总结了压缩感知关键步骤，重点阐述了压缩感知在被动声纳目标参数估计中的应用；第 6 章空间目标干扰抑制，介绍了拖曳平台自噪声对拖曳线列阵声纳被动探测的影响，从波束置零、谱减法、盲源分离和波束形成结合、压缩感知等方面论述了相关空间目标干扰抑制方法；第 7 章被动声纳目标识别，从目标特征提取和分类决策两方面介绍了被动声纳目标识别中的多种方法。

本书根据作者多年在被动声纳信号处理领域的工作积累编写而成，也是所在团队长期积累的结果，章新华教授、夏志军副教授、许林周副教授、李军讲师等参与了部分工作，并对书中内容提出了许多宝贵意见，在此深表感谢。另外，作者在撰写过程中参阅了许多国内外公开发表的文献资料，谨向原编著者深表谢意。

由于作者水平有限，书中选材及叙述尚有不当和疏漏之处，恳请读者批评指正。

作者
2025 年 1 月

目　　录

第 1 章　绪　　论

按照工作方式，声纳可以分为被动声纳（Passive Sonar）和主动声纳（Active Sonar）。被动声纳通过接收处理目标发出的辐射噪声或声纳信号来实现目标探测和参数估计，主动声纳则主要通过接收处理目标回声信号来实现目标探测和参数估计。由于处理对象不同，信号处理的方法也不尽相同。本书主要论述被动声纳信号处理涉及的部分相关技术。

1.1　被动声纳

被动声纳也称“噪声声纳”。潜艇装备的警戒和水声侦察声纳、海岸声纳均为被动声纳，水面舰艇装备的舰壳声纳和拖曳声纳、潜艇装备的综合声纳、机载声纳等一般均有被动工作方式。被动声纳主要用于发现和判别水下目标辐射噪声，测定其方位、距离和螺旋桨转速（估计目标航速），侦测对方声纳等水声设备发射的信号参数和方位等。

被动声纳一般由声纳基阵、信号处理机（或称接收机）和终端显示等设备构成。水中目标信号由声纳基阵接收并转换成电信号，然后送入信号处理机进行空间、时间等信号处理，最后将处理结果送给终端显示设备，被动声纳主要信息流程如图 1.1 所示。

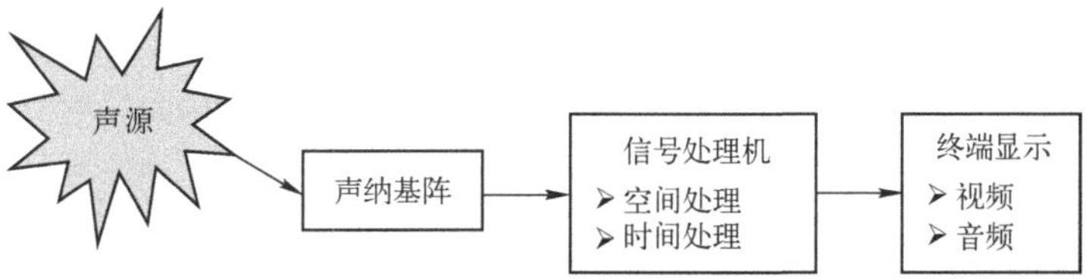

图 1.1　被动声纳信息流程

从图 1.1 可以看出，信号处理是被动声纳的核心，主要具有以下几个方面的特点。

（1）被动声纳的有用信号是目标产生的辐射噪声或目标发射的信号，而干扰主要是随机的海洋环境噪声、平台自噪声、流噪声和邻近目标干扰等，从信号的频谱特性上看，有用信号与噪声、干扰的频带几乎是重叠的，常规的滤波器很难滤除噪声与干扰的影响，需要特殊的信号处理手段与方法。

(2) 平台自噪声无论对舰壳声纳还是拖曳线列阵声纳的被动工作性能影响都比较大，而且通常与待检测的目标辐射噪声特性相近，不同的是传播到达声纳基阵的距离和途径不一样，目标辐射噪声主要通过海水介质从较远距离传播而来，而平台自噪声一般离基阵较近，在基阵上的响应更复杂，不仅包含海水介质传播途径，也包含壳体振动传播等途径，是被动声纳信号中需要特别对待的一种空间目标干扰。

(3) 绝大多数情况下，被动声纳信号处理是非合作处理，需要检测的有用目标信号较弱，即信噪比较低，属于典型的弱信号检测与处理问题，如何提高信噪比一直是被动声纳信号处理中需要重点攻克的问题。

随着声纳硬件、软件及计算机技术等的发展，被动声纳信号处理技术不断进步，被动声纳信号处理的主要组成如图 1.2 所示。

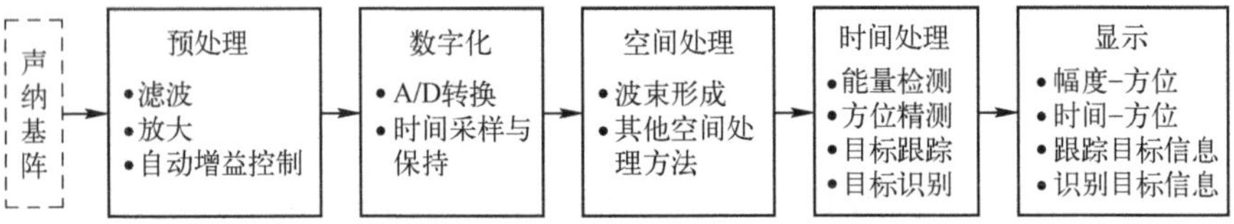

图 1.2　被动声纳信号处理的主要组成

对图 1.2 中的内容解释如下。

(1) 预处理：主要对声纳基阵接收信号进行滤波、放大和时域自动增益控制等初步处理。

(2) 数字化：主要将经过预处理后的信号进行无失真的模/数（A/D）转换，变成适用于计算处理的数字信号。

(3) 空间处理：这是被动声纳信号处理中的关键部分，主要对声纳基阵信号进行波束形成等空间滤波，获得期望方位上的信号，提高信噪比。

(4) 时间处理：主要针对波束输出信号在时域、频域、时-频域上进行处理，包括能量检测、方位精测、目标跟踪、目标识别等。

(5) 显示：主要包括幅度-方位、时间-方位、跟踪目标信息、识别目标信息等视频显示，以及跟踪目标听音显示。

1.2　被动声纳信号特性

被动声纳接收的信号包括舰船目标辐射噪声和海洋环境噪声等，由于目标辐射噪声机理的复杂性和海洋环境的特殊性，被动声纳信号组成非常复杂，下面主要从舰船辐射噪声和海洋环境噪声两方面简要介绍被动声纳信号的特性。

1.2.1　舰船辐射噪声

被动声纳信号处理中，舰船辐射噪声既是一种干扰噪声，如本舰自噪声、邻近己方目标辐射噪声等，同时又是探测舰船目标的信号源，即被动声纳待要检测的有用信号。根据舰船辐射噪声的产生机理，从组成成分来看，一般大致将其分为三大类[1-3]。

第一类是舰船上各种机械运动所产生的机械噪声。主要是由舰船内主机、辅机和轴系等的运转，以及与其相连的基座、管路和艇体结构的振动而引起的。由于各种机械运动形式不同，它们所产生的水下辐射噪声的性质也就不同。从机械噪声的谱特性来看，不平衡的旋转部件、重复不连续性工作的部件和往复部件所产生的噪声大都为线谱噪声，其主要成分是振动基频及其谐波分量；各种管道、泵中流体的空化、湍流、排气以及轴承、轴颈上的机械摩擦等所产生的噪声则属于连续谱噪声；如果这时结构部件被激起共振，还会叠加以相应的线谱。整体来看，机械噪声的频谱特性是以各种机械振动的基频和谐波的单频分量组合而成的强线谱和由机械摩擦，泵、管道中流体的空化，湍流以及排气等产生的弱连续谱，能量主要集中于低频段。

第二类是螺旋桨转动时产生的螺旋桨噪声。与机械噪声主要产生于舰船内部不同，螺旋桨噪声产生在舰船体外面，是由螺旋桨的高速转动所引起的，即主要是由螺旋桨叶片振动和螺旋桨空泡产生的。由于舰船尾部不均匀伴流场的存在，螺旋桨叶片在不均匀伴流场中工作就会产生非定常的推力和转矩，从而引起螺旋桨叶、轴系的振动产生噪声，同时由于螺旋桨叶片拍击、切割水流而产生旋转噪声，即所谓的“唱音”；另外，螺旋桨在水中旋转时，叶片尖上和表面上会产生负压区，如果负压达到足够高，就会出现空气泡，这些空气泡破裂时会发出尖的声脉冲，大量的气泡破裂就会产生一种很响的嗞嗞声，即所谓的空化噪声。从螺旋桨噪声的谱特性来看，其频谱比较复杂，除了与舰船的航速、螺旋桨的类型及其所处的深度有关外，还有很多因素影响螺旋桨辐射噪声。例如，损坏的螺旋桨比未损坏的螺旋桨产生的噪声大，加速中或转向时比正常运转时的噪声大。此外，海流激励使螺旋桨叶片作受迫振动，特别是当激起共振时，将会产生强烈的噪声。整体来看，“唱音”是一种线谱噪声分量，其频谱与螺旋桨叶片数及螺旋桨转速直接有关，是科研人员在研究舰船辐射噪声识别时重点提取的特征，而空化噪声则主要表现为高频成分，且与舰船航速和所处深度密切相关。

第三类是不规则、起伏的海流流过运动的舰船表面而形成的水动力噪声。水流冲击可能激励舰船部分壳体振动，也可能激励某些结构产生共振，如前面提到的螺旋桨叶片的共振，甚至还可能引起壳体上某些凹穴腔体的共鸣产生辐射噪声；由于黏滞流体的特性，使得湍流附面层也产生流动噪声；航行舰船的船首、船尾的拍浪声、船上主要循环水系统的进水口和排水口处发出的噪声也属于水动力噪声。总的来说，水动力噪声是一种无规则的噪声。一般情况下，其强度往往被机械噪声和螺旋桨噪声所掩盖。但在特殊情况下，如结构部件或空腔被激励成强烈线谱噪声的谐振源时，水动力噪声有可能在线谱出现范围内成为主要噪声源。需要说明的是，对于拖曳线列阵声纳，水动力噪声是影响其性能的重要背景噪声。

从以上分析可以看出，舰船辐射噪声的产生机理比较复杂，组成和频率成分多样，不仅与舰船本身装备、舰船运行工况有关，还与海洋环境有关。一般来说，如果给定舰船的航速、深度，则存在一个临界频率，低于此频率时，谱的主要成分是舰船的机械和螺旋桨的线谱，高于此频率时，谱的主要成分则是螺旋桨空化的连续噪声谱。

1.2.2 海洋环境噪声

海洋环境噪声是被动声纳信号处理中的一种背景干扰场，严重影响声纳性能的发挥。根据其产生的机理，一般将其分为海洋动力噪声、海洋生物噪声、交通和工业噪声、地震噪声、冰下噪声。整体上讲，海洋环境噪声复杂多变，与海域位置、水听器的位置、近场和远场，以及气象条件等有关，大体上遵循高斯分布规律。据有关资料报道[4]，深海环境噪声的频率范围为 1Hz～100kHz，其频率范围非常宽，完全覆盖所有被动声纳的工作频段。从海洋环境噪声的谱特性来看，不同频率上具有不同的特性与信源。20Hz 以下，主要噪声源为海洋湍流、地震和潮汐；20～500Hz，主要为交通噪声；500Hz 以上主要噪声源为海浪及其破碎的浪花；50kHz 以上，主要为海水分子运动的热噪声。

随着人类海洋活动的增加，海洋环境噪声正以平均每年 0.5dB 的速度增加[5]，使得被动声纳信号处理中对海洋环境噪声的消除工作更为迫切。在常用的被动声纳信号处理算法中，常假定海洋环境噪声为高斯噪声。然而，这种假定是否符合实际的海洋背景，与应用背景紧密相关。在深海环境中，这种假定具有一定的合理性，但在浅海中，由于海面和海底的影响较大，再加上传输信道的复杂性，噪声的平稳假定和高斯假定就需要进一步讨论。为了使问题简化，本书中仍假定海洋环境噪声为高斯噪声。

1.3　被动声纳信号处理技术

从图 1.2 可以看出，被动声纳信号处理包括很多方面，本书主要论述波束形成、盲信号处理、压缩感知、空间目标干扰抑制和被动声纳目标识别等方面的内容。

1.3.1　波束形成

波束形成是一种空间处理方法，广泛应用于声纳、雷达、通信、医学成像等军事和民用领域，是现代声纳系统中的核心技术，通过波束形成：一方面可以抵消噪声和干扰，获得更大的信噪比；另一方面可以得到高精度的目标分辨。所谓波束形成就是将一定几何形状排列的各个阵元的输出，经过一系列变换、运算（如对空间各阵元接收到的信号进行加权、延时、求和等），从而在预定方位上形成指向性的方法，或更一般地说，波束形成是将一个多元阵经适当处理使其对某些空间方向的声波具有所需响应的方法。也可以说，波束形成其实就是一个空间滤波器，滤除空间非期望方位上的信号，而只让期望方位上的信号通过[6]。

为了获得空间增益，声纳的发射系统和接收系统均需要波束形成，在声纳发射系统中，波束形成将各个阵元发射的能量集中在待搜索目标的方位，实现定向发射，保证声纳以较小的发射功率来探测更远距离的目标。在声纳接收系统中，波束形成可以实现空间指向性，只接收期望方位的信号，从而抑制非期望方位的信号和干扰，提高后续信号处理的信噪比。如果在空间形成多个波束，通过计算空间谱，还可实现多个目标的方位估计。本书只讨论声纳接收系统中的波束形成。

早期的声纳一般采用模拟电路实现波束形成，而且一般一次只能形成一个波束，需要转动声纳基阵才能完成整个空间搜索，现代声纳系统均采用数字多波束，可在空间上形成多个波束，实现空间目标的同时搜索，不再需要机械地转动声纳基阵，大大提高了声纳搜索速度。

波束形成发展至今，研究人员提出了很多实现方法[7-12]，不同的背景条件下都获得了不错的性能。根据不同的分类方法，可将波束形成分为不同的类型，如图 1.3 所示。

常规波束形成（Conventional Beamforming，CBF）方法[13-14]的性能比较稳健，对环境宽容性好，因此在实际声纳装备中仍被广泛采用。但是这种方法由于受阵元数目、阵列孔径等的限制，形成的波束主瓣较宽，分辨率也受到瑞利

(Rayleigh) 准则的限制，很难满足现代海战对目标检测、定位的高分辨需求。

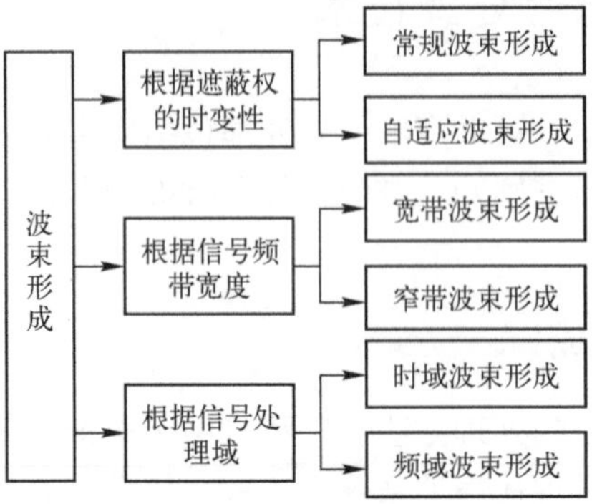

图 1.3　波束形成类型

为了改善常规波束形成这一类非自适应波束形成方法的局限性，研究人员提出了一系列改进方法，主要是针对不同环境做自适应处理，常称为自适应波束形成。自适应波束形成的重点主要是自适应算法，经典的自适应波束形成算法大致可分为闭环算法（或者反馈控制方法）和开环算法（也称直接求解方法）。一般而言，闭环算法比开环算法要相对简单，实现方便，但其收敛速率受到系统稳定性要求的限制。后来，人们把兴趣更多地集中在开环算法的研究上。这种直接求解方法不存在收敛问题，可提供更快的暂态响应性能，但也同时受到处理精度和阵列协方差矩阵求逆运算量的控制。在自适应波束形成中，一个最著名的方法是 1969 年 Capon 提出的，现习惯称为最小方差无失真响应 (Minimum Variance Distortionless Response, MVDR) 波束形成[15]，它是在统计最佳准则下的一类自适应波束形成方法。自提出以来，MVDR 波束形成以其简单的算法、良好的性能得到了广泛关注，出现了多种改进的方法[16-18]。2002 年，Robert 等[19]将该方法用于拖船噪声抵消，取得了较好的效果，Priyabrata 等[20]研究了该方法的并行实现，表明该方法完全可应用于实际声纳系统，并大大提高了现有声纳系统的性能。2004 年，Chen 等[21]将其推广应用于矢量阵信号处理。研究表明，无论是常规波束形成还是自适应波束形成，都强烈依赖于阵列配置等先验知识。为了改变这种依赖，科研人员提出根据阵元观测信号并利用信号或信道等先验确定性或统计性信息来进行波束形成，即常说的盲波束形成 (Blind Beamforming, BB)[22-23]。早在 1986 年，Gooch 和 Lundell 利用调频、调相信号幅度恒定的特性，推导出了一种不需要导引信号的自适应波束形成方法，这可视为最早的盲波束形成方法[24]。近年来，盲波束形成因其良好的性能、广泛的应用前景引起了许多学者的关注，相继提出了多种适合于不同背景的方法[25-27]，如基于基阵结构、信号常模特性、信号循环平稳特性和高阶累积量的盲波束形成方法等。但是，对于被动声纳信号处理而言，由于被动声纳信号不满足信号常模特性和信号循环平稳特性，因此基于这类信号统计特性的盲波束形成方法在被动声纳信号处理中一般难以利用。

相对于雷达、通信系统，被动声纳系统的工作频率较低，根据相对带宽条件，大多数情况下，被动声纳信号处理中的波束形成属于宽带波束形成，因此很多在雷达、通信领域中性能较好的波束形成方法应用到被动声纳信号处理中性能会有所降低。对于宽带波束形成，具体实现主要有时域和频域两种形式。经典的时域宽带波束形成就是通过对基阵各个阵元输出进行加权，然后采用时延滤波器或者数字延迟线实现阵元输出的时间延迟，最后把各路加权延迟后的输出相加得到波束输出。这种做法实质上对信号带宽内的各个频点采用了相同的幅度加权。若要对各个频点进行不同的加权处理，则需采用频域的宽带波束形成。在频域进行宽带波束形成时，由于不同频率下的阵列流形不同，不同频率下的信号子空间是不同的，这使得现有的窄带波束形成方法不能直接应用于宽带信号的处理。一种简单的频域处理宽带信号的方法是所谓的非相干信号子空间处理[28]（Incoherent Signal Subspace，ISS）方法，这类方法的主要思想是将宽带信号在频域划分成多个互不重叠的窄带分量；然后对每个频带进行窄带信号空间处理；最后通过对窄带估计的结果进行简单平均得到最终结果。另一种频域处理宽带信号的方法是所谓的相干信号子空间处理[29]（Coherent Signal Subspace，CSS）方法，它引入了聚焦的思想，把频带内不重叠的频率点上信号空间聚焦到参考频率点，聚焦后得到单一频率点的数据协方差，再利用窄带信号处理的方法进行方位估计。聚焦变换相当于频域平滑，使得 CSS 方法可实现对相干信号的处理。研究表明，ISS 方法和 CSS 方法各有优缺点，在本书后续宽带信号处理中，无特殊说明情况下一般采用 ISS 方法。

1.3.2　盲信号处理

盲信号处理（Blind Signal Processing，BSP）是 20 世纪最后 10 年迅速发展起来的研究领域，科研人员提出了很多盲信号处理方法，在通信、生物医学、图像增强、电子信息、雷达、地球物理、远程传感、地震勘探、数据挖掘等许多领域，尤其是在无线通信和生物医学方面得到了成功的应用[30-31]。根据不同的特性，盲信号处理有不同的分类方法。按照源信号经过传输通道的混合方式，盲信号处理可分为线性瞬时混合（Instantaneous Mixture）盲信号处理、线性卷积混合（Convolutive Mixture）盲信号处理和非线性混合（Nonlinear Mixture）（后非线性混合、完全非线性混合等）盲信号处理三大类[30-31]；根据通道传输特性中是否含有噪声、噪声特性（白噪声、有色噪声等）及噪声混合形式，盲信号处理又可分为有噪声盲信号处理、无噪声盲信号处理，含加性噪声和乘性噪声混合盲信号处理等；针对源信号和混合信号是单路或多路，可分为单输入多输出（Single Input Multiple Output，SIMO）系统的盲信号处理和多输入多输出（Multiple Input Multiple Output，MIMO）系统的盲信号处理；按盲信号处理的目的可分为盲辨识（Blind Identification，BI）和盲源分离（Blind Source Separation，BSS）或盲信号分离（Blind Signal Separation，BSS）两大类。本书中应用到的主要是盲源分离。

BSS 的研究起源于鸡尾酒会问题，即从多个话筒接收到的声音信号中分离出一个或多个感兴趣人的声音。“盲”有两重含义：一是源信号不能被观测；二是源信号如何混合是未知的。也就是说，BSS 是指在不知道源信号和传输通道参数的情况下，针对源信号的瞬时混合、卷积混合或它们的组合，仅由观测信号恢复出源信号各个独立成分的过程。国外对 BSS 的研究始于 1986 年，Herault 等[32]提出了递归神经网络模型和基于 Hebb 学习规则的学习算法，成功地实现了两个独立信号源的分离；1987 年，Giannakis[33]等提出了 BSS 问题的可辨识性问题，同时引入了三阶统计量，首次将高阶统计量应用到 BSS 问题中；1991 年，Jutten[34]、Comon[35]、Sorouchyari[36]等在同一期 Signal Processing 期刊上发表了关于盲源分离的 3 篇经典文章，标志着 BSS 研究的重大进展。国内对于盲源分离问题的研究相对较晚，1996 年，张贤达在其出版的《时间序列分析：高阶统计量方法》一书中，介绍了有关 BSS 的理论和算法。随着 1998 年 Proceedings of the IEEE[37]和 1999 年 Signal Processing[38]盲信号处理专辑的出版，BSS 作为一种新的信号处理方法，吸引了国内外众多学者投入研究并取得了长足的进展。

在水声信号处理领域，BSP 也得到了广泛而深入的研究。1995 年，Li 等[39]提出利用波束形成做预处理减少多途对盲源分离算法的影响，并应用在水下数字通信中接收机消除多途现象引起的码间窜扰问题；1997 年，Gaeta 等[40]研究了浅海环境下的卷积混合盲源分离，估计出了水声信道冲激响应函数；1998 年，王惠刚等[41]研究了水声信号源的盲分离；2000 年，Salerno 等[22]将基于功率最大化技术的盲波束形成与基于自然梯度的盲源分离算法相结合，构造出一种全新概念的盲自适应波束形成器，并将其用于水下被动声探测中，使得对准目标源的波束与经过盲源分离后的目标源信号之间的相关程度达到最大，同时使得目标源波束与干扰源的盲源分离输出之间的相关程度最小；2000 年，章新华等[42-43]提出了信号源数目的盲估计方法和水下声信号的盲分离方法；2000 年，陆佶人等[44]对噪声背景下双输入时延混合系统的盲信号分离展开了研究；2002 年 Parra[45] 和 Aichner[46]、2003 年 Knaak 等[47] 根据传感器阵列所表达的几何信息，由波束形成给出导引向量来约束盲源分离去完成更好的分离任务，其缺点是对阵列误差敏感；2003 年，Ivars[48] 提出一种盲源分离迭代算法，能够从受多途干扰的信号中将有用信号分离出来，该算法利用了有用信号和粗糙海平面引起的多途之间的时间相关性质，并以此来估计盲源分离算法的最优权，实际海洋试验数据验证了该算法的有效性；Kirsteins 等[49] 研究了合成孔径声纳信号与多径干扰的盲分离；2004 年，法国 ENSIETA E3I2 实验室的研究小组将盲源分离技术应用于海洋被动声层析中，开展了大量的研究[50-52]，将基于独立分量分析的盲源分离算法应用到被动声层析处理中，用于改善和简化传统被动声层析算法；2005 年，Vallez 等[51] 提出了一种盲源分离和分类的数据融合策略；2006 年，Hiroshi 等[53] 利用自适应波束形成与频域盲源分离算法结合，通过自适应迭代来改善盲源分离算法频率模糊性与输出波形不确定性的问题；2007 年、2009 年，Natanael 等[54-55] 将 DEMON 与 BSS 结合提出了一种新的声纳信号检测方法，首先对感兴趣方位上的信号进行 DEMON 谱估计；然后再将这些方位上的 DEMON 进行频域盲源分离；最后得到各方位上的干净信号；2007 年，丛丰裕[56-57] 在其博士论文中提出了先波束形成后盲源分离来增强主波束目标信号的方法，用卷积混合盲分离频域解法对主波束和靠近主波束的旁瓣波束进行盲分离，将主波束中的噪声干扰分离出去，从而主波束的目标信息会得到增强；2008 年，理华等[58] 利用水声信号半盲的特点，引入虚拟信号提出了一种新的盲源分离方法，用于水声目标的检测，高斯噪声下的仿真表明，该方法在强背景噪声下较匹配滤波算法有明显的检测优势；2008 年，Alex[59] 将盲源分离技术应用于本舰自噪声抵消，提出首先对拖曳线列阵声纳接收到的信号（主要考虑接近拖船的几路信号）进行盲源分离，得到噪声信号估计，作为自适应噪声抵消器中的参考噪声，达到去除本舰自噪声的目的。2009 年，章新华等[60] 提出了将波束形成与独立分量分析融合的宽带高分辨方位估计方法，在弱目标检测、观测区域外强干扰抑制、方位分辨率方面都优于波束域多重信号分类（MUltiple SIgnal Classification，MUSIC）方法和 MVDR 方法；2011 年，刘佳等[61] 提出了一种适用于单观测通道的船舶辐射噪声盲源分离方法，可以在海洋环境噪声背景下分离船舶辐射噪声，提高对目标船辐射噪声的检测性能；2014 年，康春玉等[62] 提出了频域盲源分离与波束形成结合抑制方向性强干扰方法，相对于传统零陷常规波束形成和零陷 MVDR 方法有 2dB 以上的增益，约 6dB 的背景级降低；2017 年，Rahmati 等[64] 提出了用于水声视频传输的信号空频波束形成；2018 年，Rahmati 等[65] 研究了水下噪声点源的检查、分离和分类；2019 年，谢加武[63]

利用神经网络代替二值时频掩蔽框架中的特征提取，研究了基于深度学习的水下声源分离，并验证了算法的分离性能；2021 年，郑晓庆等[66]通过构造虚拟浮标信号，提出了基于分数间隔采样的单枚浮标信号盲源分离算法；2021 年，刘贤忠等[67]提出了基于相空间重构的浮标搜潜信号盲源分离算法，仿真验证了算法的可行性；2021 年，杨阳等[68]针对浅海小目标主动探测问题，根据主动声纳回波中目标信号与混响的时频特征差异，提出了一种结合形态学滤波的时频域盲分离算法，提高了信混比；2021 年，姜岩松[69]在深度学习模型的基础上，将生成对抗思想应用于水声信号识别与分离；2021 年，李康宁等[70]针对单线阵左右舷模糊问题，提出了结合盲源分离的非直单线阵多目标左右舷分辨算法，具有比 CBF 和 MVDR 方法更好的左右舷分辨能力。

同时，研究人员利用源信号的稀疏性，通过对压缩感知与盲源分离数学模型的内在关系研究，对欠定盲源分离提出了一些好的解决办法。2012 年，王法松等[71]建立了基于压缩感知的欠定盲源分离模型，利用源信号稀疏性实现了混合矩阵估计，利用压缩感知重构算法实现了源信号分离；2016 年，杨挺等[72]基于电能质量信号的频域稀疏性，构建了压缩感知电能质量信号欠定盲源分离模型，实现了电能质量观测信号的分离检测；2016 年，何继爱等[73]利用通信信号固有的稀疏特征，以压缩感知与盲源分离数学模型之间的关系为出发点，就稀疏表示盲源分离中混合矩阵估计、信号的稀疏表示及源信号恢复算法进行了探讨；2021 年，曹文瑞[75]基于稀疏分析，研究了语音信号的欠定盲源分离算法；2021 年，马宝泽等[76]基于张量分解框架提出了一种卷积盲源分离方法，解决了混合滤波器矩阵估计和频点排序的问题。

从研究情况来看，各种盲处理方法在信号处理领域取得了较好的效果，且正有将盲源分离、盲信道辨识、波束形成、盲解卷等相关技术综合运用的趋势，形成用于通信和探测的新型时空综合处理器[74]。

1.3.3 压缩感知

1928 年，美国电信工程师 Nyquist 首先提出，1948 年，信息论创始人 Shannon 又对其加以明确说明并正式作为定理引用的“奈奎斯特”采样定理支配着几乎所有信号（或图像）的获取、处理、存储与传输等。但 2006 年，Candes[77]、Donoho[78]、Romberg[79]和 Tao[80]等发表的压缩感知（Compressed Sensing 或 Compressive Sensing，CS）理论（也有人称为压缩传感理论）改变了这一传统的采样理论，并迅速引起国内外相关领域研究者的高度重视，在信息论、无线通信、生物传感、医疗成像、光学/遥感成像、超谱图像处理、图像压缩、图像超分辨、雷达探测、地质勘探、模式识别等领域受到高度关注[81]。该理论被美国科技评论评为“2007 年度十大科技进展”，Donoho 因此还获得了“2008 年 IEEE IT 学会最佳论文奖”。

针对压缩感知理论的研究开展比较广泛：一是针对 CS 理论本身的研究；二是 CS 理论应用方面的研究；三是产品实现方面的研究。从理论本身的研究来看，压缩感知的核心思想是压缩和采样合并进行，突破了“奈奎斯特”采样定理的瓶颈，其主要包括信号的稀疏表示、随机测量和重构算法三个方面[82-83]。

稀疏表示是应用压缩感知的先验条件，随机测量是压缩感知的关键过程，重构算法是获取最终结果的必要手段。信号的稀疏表示问题就是要找到合适的正交基或紧框架，使信号在基上的表示是稀疏的。信号稀疏表示的研究主要包括：① 信号在冗余字典下的稀疏表示。所谓冗余字典是指用超完备的冗余函数取代正交基函数，字典的选择尽量逼近信号结构。重点围绕如何构造一个适合某一类信号的冗余字典和如何设计快速有效的稀疏表示算法这两个热点问题展开。② 信号的非线性逼近，主要根据目标函数从一个给定的基库中挑选最好的基或是最佳基的 K 项组合。③ 稀疏表示的算法，主要是基于贪婪迭代思想的匹配追踪（Matching Pursuit，MP）算法、基追踪（Basis Pursuit，BP）算法及其相关改进算法。

随机测量或选择合适的观测矩阵方面，主要是如何从大量满足约束等距性（Restricted Isometry Property，RIP）条件的观测矩阵中挑选出不仅保证以很高的概率去恢复信号，而且能保证百分之百地精确重构信号的观测矩阵。

重构算法主要集中在如何构造稳定、计算复杂度较低、对观测数据要求较少的重构算法来精确地恢复原信号。主要有三类重构算法[84]：① 贪婪追踪算法。这类方法是通过每次迭代时选择一个局部最优解来逐步逼近原始信号，包括 MP 算法、正交匹配追踪（Orthogonal Matching Pursuit，OMP）算法、分段 OMP 算法和正则化 OMP 算法。② 凸松弛法。这类方法通过将非凸问题转化为凸问题求解找到信号的逼近，如 BP 算法、内点法、梯度投影方法和迭代阈值法。③ 组合算法。这类方法要求信号的采样支持通过分组测试快速重建，如傅立叶采样、链式追踪和 HHS 追踪等。另外，针对 CS 理论本身的研究，CS 理论表现出了强大的生命力，已发展了 1-BITCS 理论、Bayesian CS 理论、无限维 CS 理论、谱 CS 理论、边缘 CS 理论、Kronecker CS 理论、块 CS 理论，变形 CS 理论、分布式 CS 理论等[81]。

从理论应用方面的研究来看，CS 理论不仅为许多应用科学，如统计学、信息论、编码理论、计算机科学等带来了新的启发，而且在许多工程领域，如低成本数码相机、音频采集设备、节电型图像采集设备、高分辨率地理资源观测、分布式传感器网络、超宽带信号处理等都具有重要的实践意义。尤其是在成像方面，如地震勘探成像和核磁共振成像中，基于 CS 理论的新型传感器已经设计成功，将对昂贵的成像器件的设计产生重要的影响。在宽带无线频率信号分析中，基于 CS 理论的欠“奈奎斯特”采样设备的出现，将摆脱目前 A/D 转换器技术的限制困扰[81]。

从信号处理的角度来看，CS 理论主要在以下方面表现出了优越的性质。

（1）噪声抑制方面。20 世纪 90 年代开始兴起的基于稀疏表示的噪声抑制方法得到了广泛深入的研究，2006 年，王建英等[85]提出了基于匹配追踪稀疏表示的信号去噪方法；2010 年，赵瑞珍等[86]采用稀疏表示工具，通过在一定条件最小化非零小波系数的个数对原小波系数进行估计，将去噪转化为一个最优化问题，提出了基于稀疏表示的小波去噪方法，低信噪比下取得了较好的噪声抑制效果；2012 年，程经士[87]将压缩感知理论应用到语音信号去噪中，仿真实验表明，去噪效果优于传统小波阈值滤波方法。

（2）信道估计方面。2012 年，宁小玲等[88]对压缩感知稀疏信道估计方法在水声通信中的应用现状进行了详细概述。

（3）方位估计方面。2002 年，Cetin[89]和 Malioutov[90]等最早将稀疏性的思想引入到阵列方位估计，根据空间稀疏性建立了稀疏重构模型，然后使用二阶锥规划求解相应的优化问题，并通过收缩网格划分的处理获得了角度高分辨率；2011 年，贺亚鹏等[91]利用空间目标空域稀疏性，建立了基于压缩感知的多目标窄带到达角（Direction of Arrival，DOA）估计模型，比常规 DOA 估计方法具有更高的角度分辨率及估计精度；2013 年，王铁丹[92]提出了基于分块稀疏模型的压缩感知理论窄带目标测向方法；2013 年，梁国龙等[93]将压缩感知技术应用于水声矢量信号空间谱估计模型中，提出了基于压缩感知技术的时空联合滤波窄带高分辨方位估计方法，在小快拍数条件下具有较低的双目标分辨门限和较高的估计精度；2014 年，沈志博等[94]提出了一种压缩感知的宽频段二维 DOA 估计算法，窄带背景下实现了信号中心频率、方位角和俯仰角的同时估计，具有较高的估计精度和方位分辨率；2015 年，黄麟舒等[95]基于压缩感知理论，提出了一种小型天线阵列表面波雷达目标 DOA 估计的方法，以牺牲计算资源为代价改善了小型天线阵列下的方位分辨率；2016 年，康春玉等[96]提出了一种频域单快拍压缩感知目标方位估计和信号恢复方法，目标检测能力优于 MVDR 方法；2017 年，张星航等[97]改进了基于交替方向乘子法的无网络压缩感知 DOA 估计算法，进一步提高了收敛速度和方位估计性能；2018 年，张红梅等[98]提出了基于 CS 和随机声纳阵列的水下目标方位估计方法，低信噪比下取得了较好的方位估计效果；2019 年，周明阳等[99]改进了高斯先验模型，提出了一种贝叶斯压缩感知目标方位估计方法，具有更强的目标检测能力；2019 年，康春玉等[100]结合盲源分离和压缩感知各自的优势，提出了一种盲重构频域阵列信号的压缩感知水声目标方位估计方法，增强了声纳检测弱目标的能力；2020 年，李贺等[101]提出了随机线阵压缩感知声源方位估计方法，低信噪比条件下分辨率更高；2021 年，郑恩明等[102]提出了一种线列阵复域压缩感知目标方位估计方法，提升了弱目标检测能力。

另外，压缩感知理论与 BSS 理论也有着紧密的联系。2007 年，Bobin 等[103]通过贝叶斯框架成功地将 BSS 的问题转化为压缩感知问题，并通过广义主分量分析算法，利用信号的稀疏性更好地分离出了独立信号；2011 年，焦东立[104]应用压缩感知理论来解决通信系统中欠定情况下的盲源分离和盲信道辨识问题取得了较好的结果；2011 年，Namgook 等[105]将稀疏表示与信号分离结合实现了音乐信号的分离。

从产品实现方面的研究来看[104]，莱斯大学的 Baraniuk 教授等研制了“单像素压缩数码照相机”，代表着压缩感知理论的硬件实现。随后，多种压缩感知硬件相继出现，如美国麻省理工学院 Wald 教授等研制的 MRI（Magnetic Resonance Imaging）RF 脉冲设备、美国伊利诺伊州立大学 Milenkovic 等研制的 DNA（Deoxyribo Nucleic Acid）微阵列传感器、中国科学院电子研究所高功率微波与电磁辐射重点实验室李廉林等研制的 CS 滤波器等。这些产品的出现将 CS 理论的实用化向前推进了一大步，使压缩感知理论的实用性得到加强。

总之，压缩感知理论打破了“奈奎斯特”采样定理建立的信号处理体系，对信号处理影响是革命性的，其在水声信号处理中也具有较好的应用前景。

（1）水声信号的稀疏表示问题研究。信号本身或在某个变换域上具有稀疏特性，是压缩感知理论应用的基础和前提，只有确保信号的稀疏度，才能保证信号的恢复精度。针对这一问题，可以借鉴其他领域的研究成果，从时频域、空域等方面构建稀疏基，实现水声信号的稀疏表示。

（2）压缩感知理论在水声信道估计的应用。不少研究人员对压缩感知理论在水声信道中的应用进行了研究，得到了较好的信道估计效果。

（3）压缩感知理论在水声信号噪声抑制中的应用。由于水声信号中干扰成因的复杂性，噪声抑制仍然是水声领域的难题。从稀疏分解或稀疏表示的角度看，含噪声的信号包括两部分，即信号与噪声。信号含噪声信号中的稀疏成分，具有一定结构，而噪声是随机的、不相关的，因此是没有结构特性的。基于此特性，在水声信号稀疏表示研究的基础上，结合小波去噪等方法对稀疏表示系数进行处理，再采用合适的重构算法进行重构，有望达到噪声抑制的目的。

(4) 压缩感知理论在水声目标检测中的应用。基于压缩感知进行目标方位估计与波形恢复在雷达、通信领域中已取得了好的效果。水下目标的方位估计与波形恢复从原理上讲同雷达、通信是一样的，因此很多的算法可借鉴，根据水下目标的空间稀疏性等特性，实现水声目标检测。本书主要从这一方面阐述压缩感知在被动声纳目标参数估计中的应用。

(5) 压缩感知理论在水声目标识别中的应用。压缩感知理论将压缩与采样合并进行，得到的是少量的测量值，而且这些测量值包含了原信号的绝大部分信息，完全可以考虑将这些测量值直接用于目标识别或经过特征提取后用于水声目标识别。

1.3.4 空间目标干扰抑制

水中目标信号检测、高分辨方位估计、定位与跟踪等是水下信号处理研究的重要内容，也是水中装备迫切需要解决的关键技术问题。随着各种目标特征控制技术、消声技术的进一步发展，海洋环境噪声级的逐年升高，水下电子对抗等人工干扰的日益加剧，目标的可观测性不断下降，大大增加了研究和解决这类问题的重要性、难度和紧迫感。特别是在复杂作战背景下，准确及时的情报信息是指挥人员进行筹划决策和对兵力兵器进行指挥控制的基本依据和前提，提高微弱信号的检测与高分辨方位估计能力，是新一代水下设备迫切需要解决的关键技术。

然而，空间目标干扰（如拖船自噪声、舰艇编队辐射噪声、近距离强目标等）不仅严重影响被动拖曳线列阵声纳远程弱目标的探测，也使拖曳线列阵声纳在空间目标干扰方向形成较大的探测盲区。针对上述问题，科研人员开展了很多有意义的工作[106-108]，在不同的应用领域提出了不同的抑制方法和实现途径。

1. 自适应滤波方法

1987 年，Godara 等[110]提出了先波束形成，再利用自适应滤波抵消干扰的方法，应用在美国 AN/SQR-19 型拖曳线列阵声纳上；1991 年，丛卫华等[111]提出了一种利用端射波束作参考，采用最小二乘格形算法的拖曳线列阵自适应本舰噪声抵消模型；1992 年，姚蓝等[112]提了一种具有抽头延迟线结构的部分自适应旁瓣抵消器，用于抑制大角度宽带干扰；2000 年，江峰等[113]将自适应线谱干扰抵消器用于舷侧阵声纳噪声抵消取得了较好的效果；2005 年，James 等[108]通过建立 Gauss-Markov 舰船噪声模型，提出了一种基于模型的自适应拖船噪声抵消方法；2008 年，Alex 等[59]对 LMS、NLMS 和 RLS 等自适应滤波器在声传感器噪声抵消中的应用进行了系统研究；2014 年，高伟[109]研究了 UUV 阵列的自适应噪声抵消关键技术。在一定的条件下，这些方法能取得比较理想的降噪效果，但远不能满足实际的需求，其困难在于参考信号（或期望信号、干扰信号）难以获得，需要研究获取参考信号的新方法，而且这类方法的干扰抑制性能依赖于滤波器参数的设置，要想得到好的干扰抑制效果，需要有相匹配的滤波器参数，而滤波器参数很难自适应得到，另外，在抑制干扰的同时也容易将信号抑制，因此，这类方法在实际应用中的效果大打折扣。

2. 波束形成零陷类方法

波束形成是空间上抗噪声和混响场的一种经典处理方法，也是抗多目标混叠干扰常用的方法，可以有效地提高信噪比。通过设计合理权值，使得频率-波数响应在干扰方向为零（俗称零陷），然后通过波束扫描来检测目标是抑制方向性强目标干扰的主要方法。该方法虽然一定程度上可以抑制干扰，也可以在指定的方向上得到一定的空间增益，但零陷的个数和宽度受阵列孔径的限制，特别是当需要检测的目标和干扰位于同一波束内或邻近波束内时，目标也将受到抑制。2002 年，Harry[16]对波束形成零陷类方法进行了阐述；2008 年，李嶷[114]提出了声纳中具有方向性宽带强干扰的实时抑制方法；2008 年，梅继丹等[115]提出了一种基于 Bartlett 波束形成的波束零限权值设计方法，并给出了权向量的解析解，结果表明，可以实现对相干干扰的抑制；2015 年，梁国龙等[116]提出了一种具有近场零陷权的自适应波束形成算法，在抑制近场干扰源的同时实现了对远场目标的方位估计；2018 年，蒋小为[117]研究了基于 MVDR 的干扰抑制方法、基于波束图零点约束的干扰抑制方法，提出了基于声屏蔽的近场多途干扰抑制技术，研究了基于自适应噪声抵消的后置波束形成干扰抵消（Postbeamformer Interfercencs Canceler，PIC）技术，结果表明可有效抑制强干扰；2019 年，陈雯[118]研究了波束零陷干扰抑制方法，提出了具有抑制干扰能力的 MUSIC-IS 方法；2019 年，冯佳[119]针对拖船辐射噪声的影响，研究了零陷波束形成、逆波束形成、无数据依赖波束域变换的拖船干扰抑制方法，针对观测扇面内的随机强干扰，研究了低旁瓣波束形成、矩阵滤波子空间波束形成、基于子空间重构的波束形成方法，结果表明有利于提高对目标的探测能力。

3. 矩阵空域滤波方法

矩阵空域滤波只允许感兴趣方位（或区域）的信号通过，并抑制其他方位的干扰与噪声，消除其影响。矩阵空域滤波方法也是对阵列数据进行空域滤波，但与波束形成方法不同的是，其滤波器输出仍为阵元域数据。因此为某些直接基于阵元域的阵列处理方法提供了“净化”数据，可进一步提高系统处理性能。1996年，Vaccaro等[120]提出了矩阵空域滤波方法，用于短数据滤波。在此基础上，研究人员提出了多种矩阵空域滤波器的优化设计方法[121-122]，并将其应用于不同的处理领域。2001年，Vaccaro等[123]将其用于被动声纳干扰抑制；2004年，鄢社锋等[124]提出通过广义空域滤波器对水声信道中某些区域的干扰噪声进行抑制，从而改善匹配场定位性能的方法，该方法可以有效地抑制给定区域的干扰，其缺点是需要预先知道接收器和噪声传输信道特性；2005年，鄢社锋[125]对水听器阵列波束优化与广义空域滤波进行了深入研究；2007年，鄢社锋等[126]通过设计一个空域的矩阵滤波器对传感器阵列数据进行矩阵处理，抑制阻带扇面的干扰和噪声，并通过目标方位估计的具体实例说明了矩阵空域预滤波处理对系统性能的改善作用，但只讨论了窄带信号下的测试结果；2014年，韩东等[127]提出了基于远近场声传播特性的拖线阵声纳平台辐射噪声空域矩阵滤波方法；2016年，韩东等[128]出版的专著《空域矩阵滤波及其应用》，对空域矩阵滤波技术的现状、相关设计方法及在水声信号处理中的应用进行了详细论述。

除了上述方法外，2003年，马远良等[129]利用噪声传输信道的特性，将匹配场概念和最优传感器阵处理概念相结合提出了一种匹配场噪声抑制方法，对离散噪声源具有较好的抑制效果，但前提是预知噪声源与接收器间几何关系和噪声传输信道特性；2004年，杨坤德等[130]在现有后置波束形成干扰抵消器的基础上，利用本舰噪声在拖线阵上的拷贝场向量直接进行干扰波束形成，达到消除本舰强干扰的目的，但仅考虑了一个干扰源的情况；2006年，张宾等[131]利用经验模态分解方法将水听器接收的信号分解成多个振动分量，通过分离出拖船干扰分量达到消除拖船干扰的目的，但没有给出拖船干扰分量的评判标准；2010年，马敬广等[132]研究了声屏蔽技术抗拖船干扰的方法，可以一定程度消除强干扰形成的探测盲区。总的来说，对空间目标干扰抑制的研究任务艰巨，寻找新的、有效的干扰抑制方法将是水声工作者面临的长期现实问题。

1.3.5 被动声纳目标识别

水下目标识别是一种利用声纳接收被动目标辐射噪声、主动目标回波或其他传感器信息提取目标特征并判别目标类型或舰型的信息处理技术，一直是水声领域的难点。水下被动声纳目标识别就是利用声纳接收被动目标辐射噪声来实现目标的分类识别，相对主动声纳目标识别来说具有隐蔽性，是未来潜艇战和反潜作战中隐蔽攻击、先敌发现、争取战场主动的先决条件，是实现鱼雷、水雷等水下武器系统智能化的关键技术之一，也是国内外一直公认且尚未解决的难题[133-134]。

自第二次世界大战以来，水下目标识别就已成为水声领域的重要研究方向，世界海军强国十分重视该技术的研究。美国曾把自动目标识别技术列为十大最为关键的技术之一，美国国防高级研究计划局（Defense Advanced Research Projects Agency，DARPA）将“检测、分类新技术”列为“被动声纳信号处理”中最需要的技术之一。传统的被动声纳系统，目标识别任务主要依靠声纳职手来完成，声纳职手则主要根据目标辐射噪声的音色、节拍、起伏和频谱等特征来完成目标性质的判断。近几十年来，国内外对水下被动声纳目标智能识别的研究从未停止且不断深入，已经开展了很多相关的研究工作，提出了很多的特征提取及分类识别方法，一定条件下取得了较好的分类识别效果。

据资料分析，美国和西欧在该领域一直处于领先地位，已经取得了一些较好的实用性成果[135]。20世纪60年代末，美国军方曾推出一种称为BQQ-3的潜用声纳目标分类系统，采用的是1/3倍频程谱特征分析方法[136]。80年代中期已有海上目标识别系统装备海军舰艇，如MITRE公司开发的用于海军指挥控制机构的专家系统和斯坦福大学研制的HASP及其改进型SIAP目标识别专家系统[137]；80年代日本研制的SK-8海岸预警系统也有目标识别功能，采用的是对频率、强度进行比较的模板匹配方法[138]；法国汤姆逊公司生产的TSME-8202声纳浮标也具有对水下目标的分类能力，使用的是信号的低频线谱和包络特性；加拿大推出了INTERSENSOR信号分析专家系统来识别被动声纳目标，后来，又在该系统中引入D-S证据理论来处理非特定和不确定的信息[139]；印度的Rajgopal等[140]研制了水下目标被动识别专家系统RECTSENSOR，该系统从接收到的被动声纳目标信号中提取9个特征，即螺旋桨叶片数、螺旋桨转速、动力装置类型、目标壳体辐射低频噪声、活塞松动产生的谐音与基频、喷嘴噪声、最大速度、槽板噪声和传动装置类型，并对这些特征各赋一个精度因子，然后利用简化D-S证据理论组合不同证据，得到不同目标类型的置信水平，完成对被动声纳目标的识别。90年代以来，随着信号处理技术的发展，各种时频分析、高阶累积量分析、混沌理论、听觉场景分析等新技术开始应用于水下被动声纳目标识别领域。虽然国外对水下目标识别的研究取得了较好的成果，通过对被动声纳目标的分析，提取出了一些反映目标本质特性的物理特征，但由于军事保密的原因，相关技术细节鲜有报道。

无论是理论还是实验方面，国内在水下被动声纳目标识别领域也进行了大量卓有成效的研究工作，多家研究单位也一直在坚持这一领域的研究，并取得了一些进展。2016年，曾向阳[141]出版了专著《智能水中目标识别》，围绕目标信号预处理、特征提取与优化选择、分类决策三个目标识别的主要技术环节，以及目标识别技术的工程应用问题和水中目标听觉场景分析方法进行了较详细的阐述；2018 年，陈玉胜等[134]出版的专著《水声目标识别》，系统阐述了水声目标识别的基本原理和方法，对船舶辐射噪声的调制谱、线谱、听觉感知和声源级特征，水声瞬态信号特征以及船舶运动特征，现代信号处理技术在谱特征分析中的应用，特征选择和变换的常用方法，以及水声目标识别分类器设计技术等进行了详细论述。

从实现步骤上看，被动声纳目标智能识别主要包括目标特征提取与分类识别两个关键步骤，一般做法是通过提取目标的时域、频域、时频域、听觉域或非线性等数值特征，然后通过训练对应该特征的神经网络分类器、支持向量机分类器、深度学习网络，或通过模糊专家系统等来实现目标的分类识别。

总的来说，水下被动声纳目标特征提取与识别任务艰巨，理论研究与实际需求存在较大的差距，提取的特征对环境变化的适应性较差，不能保证在外部环境改变下仍然能对目标进行有效的识别，很难保证识别系统的稳健性，特别是在恶劣的海洋环境下，识别效果总不令人满意，也不可信。究其原因：一是被动声纳目标本身种类繁多、型号多样，发声机理复杂；二是随着海况、目标航速、目标工况的不同，接收到的目标辐射噪声变化较大；三是海洋信道时变、空变、频变严重影响舰船辐射噪声的本质特性；四是海洋环境噪声、平台自噪声等干扰都严重影响被动声纳目标的识别；五是由于军事保密的原因，各个国家对舰船辐射噪声，特别是水下目标辐射噪声的保护特别重视，可供科研人员研究的舰船辐射噪声样本非常有限。因此，如何从有限的样本中提取反映被动声纳目标本质且对环境变化具有鲁棒性的特征，以及研究多特征与多分类器融合，推广能力强且与特征相匹配的智能分类决策方法是该领域的长期任务，具有极其重要的军事和实际意义。

参考文献

[1] 章新华，康春玉，夏志军．声纳原理［M］．大连：海军大连舰艇学院，2005.

[2] URICK R J. 工程水声原理［M］．洪申，译．北京：国防工业出版社，1972.

[3] 刘伯胜，黄益旺，陈文剑，等．水声学原理［M］．3 版．北京：科学出版社，2019.

[4] 郑进业，周玉芳，郭慈然．噪声仿真及海洋声学工程数据库［J］．情报指挥控制系统与仿真技术，2001(6)：43-48.

[5] DONALD R. Ship Sources of Ambient Noise［J］. IEEE Journal of Oceanic Engineering, 2005, 30(2)：257-261.

[6] 肖国有，屠庆平．声信号处理及其应用［M］．西安：西北工业大学出版社，1994.

[7] 张锦铖．基于拖曳阵的稳健波束形成算法研究与实现［D］．哈尔滨：哈尔滨工程大学，2019.

[8] 马凯，王平波，代振．一种旁瓣级可控的 MVDR 波束形成算法［J］．声学技术，2019，38(03)：360-363.

[9] 宋廷钰．稳健 Capon 波束形成算法研究［D］．成都：电子科技大学，2020.

[10] 孙大军，马超，梅继丹，等．反卷积波束形成技术在水声阵列中的应用［J］．哈尔滨工程大学学报，2020，41(06)：860-869.

[11] 郭翔宇，鄢社锋，王文侠．基于迭代梯度方法的线性约束稳健 Capon 波束形成快速算法［J］．信号处理，2021，37(05)：712-723.

[12] 宋其岩，马晓川，李璇，等．最小方差无失真响应波束形成解卷积后处理算法［J］．信号处理，2022，38(01)：9-18.

[13] 李启虎．声纳信号处理引论［M］．北京：海洋出版社，2000.

[14] DMOCHOWSKI J，GOUBRAN R. Noise Cancellation using Fixed Beamforming［C］//Haptic，Audio and Visual Environments and Their Applications，Proceedings. The 3rd IEEE International Workshop on. IEEE，2004：141-145.

[15] CAPON J. High-resolution Frequency-wavenumber Apectrum Analysis［J］. Proceedings of the IEEE，1969，57(8)：1408-1418.

[16] TREES HLV. Optimum Array Processing：Part Ⅳ of Detection，Estimation，and Modulation Theory［M］. John Wiley & Sons，Inc.，2002.

[17] LI J，STOICA P. Robust Adaptive Beamforming［M］. A John Wiley & Sons，Inc，2006.

[18] 席闯，刘建涛，邢瑞雪．向量拖曳线列阵 MVDR 波束形成方法优势［J］．舰船电子工程，2021，41(11)：155-157+173.

[19] ROBERT M K，BEERENS S P. Adaptive Beamforming Algorithms for Tow Ship Noise Cancelling［C］//Proceedings UDT Europe 2002，La Spezia，Italy，18-21.

[20] SINHA P，GEORGE A D，KIM K. Parallel Algorithms for Robust Broadband MVDR Beamforming［J］. Journal of Computational Acoustics，2002，10(01)：69-96.

[21] CHEN H W，ZHAO J W. Wideband MVDR Beamforming for Acoustic Vector Sensor Linear Array［J］. IEE Proceedings Radar，Sonar and Navigation，2004，151(3)：158-162.

[22] SALERNO M L. An Independent Component Analysis Blind Beamformer［R］. The Pennsylvania State University Applied Research Lab Technical Report，2000.

[23] COVIELLO C M，SIBUL L H. Blind Source Separation and Beamforming：Algebraic Technique Analysis［J］. IEEE Transactions on Aerospace and Electronic Systems，2004，40(1)：221-235.

[24] GOOCH R P，LUNDELL J D. The CM Array：An Adaptive Beamformer for Constant Modulus Signals［C］//Proceeding ICASSP，Tokyo，Japan，1986：2523-2526.

[25] 卓颉．盲波束形成与目标方位估计［D］．西安：西北工业大学，2002.

[26] ZHAO B，YANG J A，ZHANG M. Research on Blind Source Separation and Blind Beam-

forming [C]//Proceedings of the Fourth International Conference on Machine Learning and Cybernetics, Guangzhou, 2005: 4389-4393.

[27] DOGAN M C, MENDEL J M. Cumulant-Based Blind Optimum Beamforming [J]. IEEE Transactions on Aerospace and Electronic Systems, 1994, 30(3): 722-740.

[28] MATI W, TIEJUN S, Thomas K. Spatio-Temporal Spectral Anslysis by Eigenstructure Methods [J]. IEEE Transactions on ASSP, 1984, 32(4): 817-827.

[29] WANG H, KAVEH M. Coherent Signal-Subspace Processing for the Detection and Estimation of Angles of Arrival of Multiple Wide-band Sources [J]. IEEE Transactions on ASSP, 1985, 33(4): 823-831.

[30] 马建仓，牛奕龙，陈海洋．盲信号处理 [M]．北京：国防工业出版社，2006.

[31] ANDRZEJ C, SHUN-ICHI A. 自适应盲信号与图像处理 [M]．吴正国，唐劲松，章林柯，译．北京：电子工业出版社，2005.

[32] HERAULT J, JUTTEN C. Space or Time Adaptive Signal Processing by Neural Network Model [C]//Neural Network for Computing: Proceeding of AIP conference, New York, American Institute for Physics, 1986: 13-16.

[33] GIANNAKIS G B, SWAMI A. New Results on Stale-space and Input-output Identification of Non-Gaussian Processing using Cumulants [C]//Proceeding SPIE'87, San Diego, 1987: 199-205.

[34] JUTTEN C, HERAULT J. Blind Separation of Sources, Part Ⅰ: An Adaptive Algorithm Based on Neuromimatic Architecture [J]. Signal Processing, 1991, 24(1): 1-10.

[35] COMON P. Blind Separation of Sources, Part Ⅱ: Problem Statement [J]. Signal Processing, 1991, 24(1): 11-20.

[36] SOROUCHYARI E. Blind Separation of Sources, Part Ⅲ: Stability Analysis [J]. Signal Processing, 1991, 24(1): 21-29.

[37] LIU R, TONG L. Special Issue On Blind Systems Identification And Estimation [J]. Proceedings of the IEEE, 1998, 86(10).

[38] LATHAUWER L D, COMON P. Special Issue on Blind Source Separation and Multichannel Deconvolution [J]. Signal processing, ELSEVIER, 1999.

[39] LI S, SEJNOWSKI T J. Adaptive Separation of Mixed Broad-Band Sound Sources with Delays by a Beamforming Herault-Jutten Network [J]. IEEE Journal of Oceanic Engineering, 1995(1): 73-79.

[40] GAETA M, BRIOLLE F, ESPARCIEUX P. Blind Separation of Sources Applied to Convolutive Mixtures in Shallow Water [C]. Proceedings of the IEEE Signal Processing Workshop on Higher-Order Statistics, Banff, 1997: 21-23.

[41] 王惠刚，马远良．水声信号源的盲分离原理与自适应算法 [C]//1998 年全国声学学术研讨会论文集．成都：成都科技出版社，1998.

[42] 章新华，张安清．信号源数目的盲估计方法 [C]//声纳技术研讨会论文集．杭州，

2000：111-116.

[43] ZHANG X H, ZHANG A Q, FANG J P, et al. Study on Blind Separation of Underwater Acoustic Signals [C]//5th International Conference on Signal Processing Proceedings, WCCC-ICSP, 2000：1802-1805.

[44] 陆佶人，陈健．噪声背景下双输入时延混合系统的盲信号分离 [C]//声纳技术研讨会论文集．杭州，2000：111-116.

[45] PARRA L, ALVINO C. Geometric Source Separation：Merging Convolutive Source Separation with Geometric Beamforming [J]. IEEE Transactions on Speech and Audio Processing, 2002, 10：352-363.

[46] AICHNER R, ARAKI S, MAKINO S. Time-domain Blind Source Separation of Non-stationary Convolved Signals by Utilizing Geometric Beamforming [C]//12th IEEE Workshop on Neural Networks for Signal Processing, 2002：445-454.

[47] KNAAK M, ARAKI S, MAKINO S. Geometrically Constraint ICA for Convolutive Mixtures of Sound [C]//IEEE Proceeding, ICAASP, 2003：725-729.

[48] KIRSTEINS I P. Blind Separation of Signal and Multipath Interference for Synthetic Aperture Sonar [C]//Proceeding of IEEE OCEANS 2003 Conference, Sept, 2003.

[49] KIRSTEINS. Blind Separation of Signal and Multipath Interference for Synthetic Aperture Sonar [J]. Conference Record Thirty-Eighth Asilomar Conference on Signals, Systems and Computers 2004, 2(2)：2641-2648.

[50] MANSOUR, GERVAISE C. ICA Applied to Passive Oceanic Tomography [C]//WSEAS Transactions Acoustics and Music, 2004.

[51] VALLEZ S, MARTIN A, MANSOUR A, et al. Contribution to Passive Acoustic Ocean Tomography Part Ⅳ：A Data Fusion Strategy for Blind Source Separation and Classification [C]//Conference Oceans 2005 Europe, 2005：924-929.

[52] MANSOUR A, NABIH B, CEDRIC G. Blind Separation of Underwater Acoustic Signals [C]//Proceedings of the 6th International Conference on Independent Component Analysis and Blind Signal Separation, 2006：181-188.

[53] HIROSHI S, TOSHIYA K, TSUYOKI N, et al. Blind Source Separation Based on a Fast Convergence Algorithm Combining ICA and Beamforming [J]. IEEE Transactions on Audio, Speech and Language Processing, 2006, 14(2)：666-678.

[54] NATANAEL N M, SEIXAS J M, WILLIAM S F, et al. Independent Component Analysis for Optimal Passive Sonar Signal Detection [C]//7th International Conference on Intelligent Systems Design and Applications, 2007：671-675.

[55] NATANAEL N M, EDUARDO S F, SEIXAS J M. Narrow-Band Short-Time Frequency-Domain Blind Signal Separation of Passive Sonar Signals [C]//ICA 2009, 2009：686-693.

[56] CONG F Y, HU Y F, SHI X Z, et al. Blind Signal Separation and Reverberation

Canceling with Active Sonar Data [C]//Proceedings of IEEE ISSPA, Sydney, 2005: 523-526.

[57] 丛丰裕. 面向目标感知的盲信号处理算法研究 [D]. 上海: 上海交通大学, 2007.

[58] 理华, 郝程鹏, 侯朝焕, 等. 一种应用于水声目标检测的盲源分离算法 [J]. 数据采集与处理, 2008, 23(S): 6-11.

[59] CEDERHOLM A, JONSSON M. Self-noise Cancellation Methods Applied to Acoustic Underwater Sensors. FOI Defence Research Agency, FOI-R-2573-SE, Technical report, 2008: 1-28.

[60] 章新华, 范文涛, 康春玉, 等. 波束形成与独立分量分析融合的宽带高分辨方位估计方法 [J]. 声学学报, 2009, 34(4): 303-310.

[61] 刘佳, 杨士莪, 朴胜春, 等. 单观测通道船舶辐射噪声盲源分离 [J]. 声学学报, 2011, 36(3): 265-270.

[62] 康春玉, 章新华, 范文涛, 等. 频域盲源分离与波束形成结合抑制方向性强干扰方法 [J]. 声学学报, 2014, 39(5): 565-569.

[63] 谢加武. 基于深度学习的水下声源分离技术研究 [D]. 成都: 电子科技大学, 2019.

[64] RAHMATI M, POMPILI D. SSFB: Signal-Space-Frequency Beamforming for Underwater Acoustic Video Transmission [C]//IEEE International Conference on Mobile Ad Hoc&Sensor Systems. IEEE Computer Society, 2017: 180-188.

[65] RAHMATI M, POMPILI D. UNISeC: Inspection, Separation, and Classification of Underwater Acoustic Noise Point Sources [J]. IEEE Journal of Oceanic Engineering, 2018, 43(3): 777-791.

[66] 郑晓庆, 刘贤忠, 吴明辉, 等. 基于分数间隔采样的浮标信号盲源分离算法研究 [J]. 国外电子测量技术, 2021, 40(08): 105-109.

[67] 刘贤忠, 郑晓庆, 吴明辉, 等. 基于相空间重构的浮标搜潜信号盲源分离算法研究 [J]. 测试技术学报, 2021, 35(05): 403-408.

[68] 杨阳, 张诚, 丁元明. 主动声纳的时频盲分离算法研究 [J]. 计算机仿真, 2021, 38(05): 193-198.

[69] 姜岩松. 基于生成对抗网络的水声信号识别与分离研究 [D]. 哈尔滨: 哈尔滨工程大学, 2021.

[70] 李康宁, 郭永刚, 张波, 等. 结合盲源分离的非直单线阵多目标左右舷分辨 [J]. 声学学报, 2021, 46(06): 905-912.

[71] 王法松, 张林让, 周宇, 等. 盲信号压缩重构: 模型与方法 [J]. 系统工程与电子技术, 2012, 34(2): 231-257.

[72] 杨挺, 尚昆, 袁博, 等. 基于压缩感知的盲源信号分离检测方法 [J]. 天津大学学报(自然科学与工程技术版), 2016, 49(11): 1138-1143.

[73] 何继爱, 刘向阳. 压缩感知理论及其在盲源分离中的应用 [J]. 测控技术, 2016, 35(11): 149-152.

[74] 奚琦. 基于盲源分离的自适应波束形成算法研究 [D]. 北京：北京交通大学，2021.
[75] 曹文瑞. 基于稀疏分析的语音信号欠定盲源分离算法研究 [D]. 兰州：兰州交通大学，2021.
[76] 马宝泽，张天骐，安泽亮，等. 基于张量分解的卷积盲源分离方法 [J]. 通信学报，2021，42(08)：52-60.
[77] CANDES E. Compressive Sampling [C]//Proceedings of the International Congress of Mathematicians，Madrid，Spain，2006：1433-1452.
[78] DONOBO D L. Compressed Sensing [J]. IEEE Transactions On Information Theory，2006，52(4)：1289-1306.
[79] CANDES E，ROMBERG J，TAO T. Robust Uncertainty Principles：Exact Signal Reconstruction from Highly Incomplete Frequency Information [J]. IEEE Transactions On Information Theory，2006，52(2)：489-509.
[80] CANDES E，TAO T. Near Optimal Signal Recovery from Random Projections：Universal Encoding Strategies [J]. IEEE Transactions On Information Theory，2006，52(12)：5406-5425.
[81] 焦李成，杨淑媛，刘芳，等. 压缩感知回顾与展望 [J]. 电子学报，2011，39(7)：1651-1662.
[82] 梁瑞宇，奚吉，张学武. 压缩感知理论在语音信号处理中的应用 [J]. 声学技术，2010，29(4)Pt. 2：280-282.
[83] 康春玉. 压缩感知理论及其在水声中的应用 [C]//2013 中国西部声学学术交流会论文集，2013：150-153.
[84] 曾理，黄建军，刘亚峰，等. 第 2 讲：压缩感知的关键技术及其研究进展 [J]. 军事通信技术，2011，32(4)：88-94.
[85] 王建英，尹忠科，张春梅. 信号与图像的稀疏分解及初步应用 [M]. 成都：西南交通大学出版社，2006.
[86] 赵瑞珍，刘晓宇，LI C C，等. 基于稀疏表示的小波去噪 [J]. 中国科学：信息科学，2010，40(1)：33-40.
[87] 程经士. 压缩感知理论在语音信号去噪中的应用 [J]. 现代电子技术，2012，35(7)：84-88.
[88] 宁小玲，刘忠，张林森. 多载波水声信道估计技术及其研究进展 [J]. 声学技术，2012，31(1)：77-81.
[89] CETIN M，MALIOUTOV D M，WILLSKQY A S. A Variational Technique for Source Localization Based on a Aparse Signal Reconstruction Perspective [C]//Proceedings of IEEE International Conference on Acoustics，Speech，and Signal Processing，Orlando，FL，2002.
[90] MALIOUTOV D M，CETIN M，WILLSKY A S. A Sparse Signal Reconstruction Perspective for Source Localization with Sensor Arrays [J]. IEEE Transactions on Signal Processing，

2005, 53(8): 3010-2022.
[91] 贺亚鹏, 李洪涛, 王克让, 等. 基于压缩感知的高分辨 DOA 估计 [J]. 宇航学报, 2011, 32(6): 1344-1349.
[92] 王铁丹. 压缩感知技术在阵列测向中的应用 [D]. 成都: 电子科技大学, 2013.
[93] 梁国龙, 马巍, 范展, 等. 向量声纳高速运动目标稳健高分辨方位估计 [J]. 物理学报, 2013, 62(14): 1-9.
[94] 沈志博, 董春曦, 黄龙, 等. 基于压缩感知的宽频段二维 DOA 估计算法 [J]. 电子与信息学报, 2014, 36(12): 2935-2941.
[95] 黄麟舒, 察豪, 叶慧娟, 等. 均匀线阵目标到达角估计的压缩感知方法研究 [J]. 通信学报, 2015, 36(02): 172-178.
[96] 康春玉, 李前言, 章新华, 等. 频域单快拍压缩感知目标方位估计和信号恢复方法 [J]. 声学学报, 2016, 41(2): 174-180.
[97] 张星航, 郭艳, 李宁, 等. 基于无网格压缩感知的 DOA 估计算法 [J]. 计算机科学, 2017, 44(10): 99-102, 133.
[98] 张红梅, 陈明杰, 刘洪丹, 等. 基于 CS 和随机声纳阵列的水下目标方位估计 [J]. 水下无人系统学报, 2018, 26(06): 588-595.
[99] 周明阳, 郭良浩, 闫超. 改进的贝叶斯压缩感知目标方位估计 [J]. 声学学报, 2019, 44(06): 961-969.
[100] 康春玉, 李文哲, 夏志军, 等. 盲重构频域阵列信号的压缩感知水声目标方位估计 [J]. 声学学报, 2019, 44(06): 951-960.
[101] 李贺, 刘志红, 仪垂杰. 基于压缩感知和约束随机线阵的声源方位估计 [J]. 山东科技大学学报 (自然科学版), 2020, 39(05): 122-130.
[102] 郑恩明, 陈新华, 周权斌, 等. 一种复域压缩感知目标方位估计方法 [J]. 电子学报, 2021, 49(11): 2117-2123.
[103] Bobin J, Starck J. L, Fadili J, et al. Sparsity and Morpholo-gical Diversity in Blind Source Separation [J]. IEEE Transactions on Image Processing, 2007, 13(7): 409-412.
[104] 焦东立. 基于压缩感知的盲信号处理技术研究 [D]. 合肥: 电子科技大学, 2011.
[105] NAMGOOK C, KUO C C J. Sparse Music Representation with Source Specific Dictionaries and Its Application to Signal Separation [J]. IEEE Transactions on Audio, Speech and Language Processing, 2011, 19(2): 326-337.
[106] 李启虎, 李淑秋, 孙长瑜, 等. 主被动拖线阵声纳中拖曳平台噪声和拖鱼噪声在浅海使用时的干扰特性 [J]. 声学学报, 2007, 32(1): 1-4.
[107] 马远良, 刘孟庵, 张忠兵, 等. 浅海声场中拖曳线列阵常规波束形成器对本舰噪声的接收响应 [J]. 声学学报, 2002, 27(6): 481-486.
[108] JAMES V C, EDMUND J S. Cancelling Tow Ship Noise using an Adaptive Model-based Approach [C]//Proceeding of the IEEE/OES Eighth Working Conference on Current

Measurement Technology，2005：14-18.
[109] 高伟．UUV 阵列自适应噪声抵消关键技术研究［D］．西安：西北工业大学，2014.
[110] GODARA L. A robust adaptive array processor［J］. IEEE Transactions on Circuits &Systems，1987，34(7)：721-730.
[111] 丛卫华，刘孟庵．拖线阵自适应本舰噪声抵消系统［J］．声学与电子工程，1991，(3)：1-7.
[112] 姚蓝，蔡志明．应用于拖线阵声纳的一种自适应旁瓣抵消器的性能分析［J］．声学学报，1992，17(3)：200-207.
[113] 江峰，惠俊英，蔡平，等．舷侧阵声纳自适应噪声抵消器的海试数据处理［J］．舰船科学技术，2000，(2)：38-40.
[114] 李巍，陈新华，孙长瑜．声纳中具有方向性宽带强干扰的实时抑制方法［J］．应用声学，2008，27(4)：257-263.
[115] 梅继丹，惠俊英，王逸林．Bartlett 波束形成的波束零限权设计［J］．哈尔滨工程大学学报，2008，29(12)：1315-1318.
[116] 梁国龙，赵文彬，付进．具有近场零陷权的自适应波束形成算法［J］．哈尔滨工程大学学报，2015(12)：1549-1553.
[117] 蒋小为．线列阵声纳的强干扰抑制技术研究［D］．长沙：国防科技大学，2018.
[118] 陈雯．干扰抑制算法及其在水下目标跟踪中的应用［D］．长沙：国防科技大学，2019.
[119] 冯佳．基于拖曳线列阵的干扰抑制方法研究［D］．哈尔滨：哈尔滨工程大学，2019.
[120] VACCARO R J，HARRISON B F. Optimal Matrix-Filter Design［J］. IEEE Transactions on Signal Processing，1996，44(3)：705-709.
[121] ZHU Z W，WANG S，LEUNG H，et al. Matrix Filter Design using Semi-Infinite Programming with Application to DOA Estimation［J］. IEEE Transactions on Signal Processing，2000，48(1)：267-271.
[122] 鄢社锋，马远良．二阶锥规划方法对于时空域滤波器的优化设计与验证［J］．中国科学，E 辑：信息科学，2006，36(2)：153-171.
[123] VACCARO R J. Final Report：Assessment of Matrix Filters for Passive Sonar Interference Suppression［J］. 2001：1-8.
[124] 鄢社锋，马远良．匹配场噪声抑制：广义空域滤波方法［J］．科学通报，2004，49(18)：1909-1912.
[125] 鄢社锋．水听器阵列波束优化与广义空域滤波研究［D］．西安：西北工业大学，2005.
[126] 鄢社锋，侯朝焕，马晓川．矩阵空域预滤波目标方位估计［J］．声学学报，2007，32(2)：151-157.
[127] 韩东，张海勇，黄海宁．基于远近场声传播特性的拖线阵声纳平台辐射噪声空域矩

阵滤波技术［J］. 电子学报，2014，42(3)：432-438.
［128］韩东，张海勇．矩阵空域滤波及其应用［M］. 北京：科学出版社，2016.
［129］马远良，鄢社锋，杨坤德．匹配场噪声抑制：原理及对水听器拖曳线列阵的应用［J］. 科学通报，2003，48(12)：1274-1278.
［130］杨坤德，马远良，邹士新，等．拖线阵声纳的匹配场后置波束形成干扰抵消方法［J］. 西北工业大学学报，2004，22(5)：576-580.
［131］张宾，孙长瑜．拖船干扰抵消的一种新方法研究［J］. 仪器仪表学报，2006，27(6)：1355-1357.
［132］马敬广，余赟，滕超．声屏蔽技术抗拖船干扰［J］. 应用声学，2010，(06)：449-457.
［133］方世良，杜栓平，罗昕炜，等．水声目标特征分析与识别技术［J］. 中国科学院院刊，2019，34(03)：297-305.
［134］程玉胜，李智忠，邱家兴．水声目标识别［M］. 北京：科学出版社，2018.
［135］顾正浩．面向水下目标识别的卷积神经网络优化方法研究［D］. 哈尔滨：哈尔滨工程大学，2018.
［136］MAKSYM J N，BONNER A J，DENT C A，et al. Machine Analysis of Acoustical Signals［J］. Pattern Recognition，1983，16(6)：615-625.
［137］NII H P，FEIGENBAUM E A，ANTON J J，et al. Signal-to Symbol Transformation the HASP/SIAP Case Study［J］. Artificial Intelligence Magazine，1982，3(03)：23-35.
［138］XIAO H G，ZHONG C C，LIAO K J. Recognition of Military Vehicles by Using Acoustic and Seismic Signals［J］. Systems Engineering Theory&Practice，2006，26(4)：108-113.
［139］景志宏，林钧清．水下目标识别技术的研究［J］. 舰船科学技术，1999，(4)：38-44.
［140］RAJAGOPAL R，SANKARANARAYANAN B，RAO P R. Target Classification in a Passive Sonar-an Expert System Approach［C］//International Conference on Acoustics，IEEE，2002：2911-2914.
［141］曾向阳．智能水中目标识别［M］. 北京：国防工业出版社，2016.

第 2 章　基阵接收数据模型与仿真

基阵接收数据模型是被动声纳阵列信号处理的基础，仿真的阵列数据可一定程度上节省试验开支，用于阵列信号处理算法的验证和分析。本章主要介绍通用的信号模型，明确窄带信号、宽带信号、解析信号和噪声等概念；推导空间任意结构基阵在远场和近场情况下的接收数据模型；介绍一种基阵窄带和宽带接收数据的仿真方法。

2.1　信号模型

信号常用来描述某种物理现象，是信息的一种物理体现。下面主要介绍被动声纳阵列信号处理中常用的窄带与宽带信号、解析信号和噪声的含义。

2.1.1　窄带与宽带信号

针对什么是窄带信号、什么是宽带信号，其实很难给出严格且准确的定义，一般意义上说的窄带与宽带都是相对的，下面仅给出在阵列信号处理中常用的几种定义[1-2]。

1. 相对带宽条件

若信号的均方根带宽远小于信号的中心频率，则该信号可视为窄带信号，即

$$B \ll f_0 \tag{2.1}$$

式中：f_0 为信号的中心频率；B 为信号的均方根带宽，相应的定义如下：

$$\begin{cases} f_0 = \dfrac{\displaystyle\int_{-\infty}^{\infty} f\,|\hat{s}(f)|^2 \mathrm{d}f}{\displaystyle\int_{-\infty}^{\infty} |\hat{s}(f)|^2 \mathrm{d}f} \\ B = \sqrt{\dfrac{\displaystyle\int_{-\infty}^{\infty} (f-f_0)^2\,|\hat{s}(f)|^2 \mathrm{d}f}{\displaystyle\int_{-\infty}^{\infty} |\hat{s}(f)|^2 \mathrm{d}f}} \end{cases} \tag{2.2}$$

式中：$\hat{s}(f)$为信号$s(t)$的傅里叶变换谱。

实际应用中，若$\frac{B}{f_0}<0.1$，则认为信号为窄带信号；否则为宽带信号。该条件是对窄带信号的直观理解，同时也是窄带信号可有效表示成复解析形式的充分条件，在很多的文献中均以此来区分信号是窄带信号还是宽带信号。

2. 速度条件

若基阵和目标之间存在相对运动，且满足式（2.3），则该基阵接收信号视为窄带信号：

$$TB \ll \frac{c}{2v} \tag{2.3}$$

式中：v为基阵与目标之间的相对径向运动速度；c为水中声传播速度；B为信号的均方根带宽；T为信号的有效时宽，T的定义为

$$T = \sqrt{\frac{\int_{-\infty}^{\infty}(t-\bar{t})^2|s(t)|^2\mathrm{d}t}{\int_{-\infty}^{\infty}|s(t)|^2\mathrm{d}t}} \tag{2.4}$$

式中：$\bar{t}=\frac{\int_{-\infty}^{\infty}t|s(t)|^2\mathrm{d}t}{\int_{-\infty}^{\infty}|s(t)|^2\mathrm{d}t}$。

速度条件可理解为如果信号是窄带信号，那么在存在相对运动的系统中，在信号持续时间T内，相对于信号的距离分辨率（与$1/B$成正比）来说，目标没有明显的位移，即目标可视为慢起伏目标，否则信号就为宽带信号。

3. 阵列条件

阵列信号处理中，也常根据阵列实际孔径与带宽的关系来区分窄带和宽带信号，如果信号带宽的倒数远远大于信号掠过阵列孔径的最大传播时间，且满足式（2.5），则该信号为窄带信号；否则视信号为宽带信号，即

$$\frac{L}{c} \ll \frac{1}{B} \tag{2.5}$$

式中：L为阵列实际孔径；B为信号的均方根带宽；c为水中声传播速度。

从以上对窄带信号、宽带信号的定义来看，窄带信号定义的非一致性决定了宽带信号定义的非绝对性，不同的信号处理场合，应该使用不同的定义确定信号是窄带还是宽带。如无特别说明，本书中所指的窄带和宽带信号均按相对带宽条件来定义。

2.1.2　解析信号

通过水听器接收到的实际信号都是实数信号。而在信号处理中，用实数表示的信号有一个缺点，即实值函数的傅里叶变换（或频谱）含有负频，具有共轭对称的频谱，这给信号分析带来麻烦。从信息的角度看，其负频谱部分是冗余的。因此，实际应用中一般要采用复信号来进行相关的处理，将实信号的负频谱部分去掉，只保留正频谱部分，信号占有的带宽就只有原来的一半，其频谱不存在共轭对称性。解析信号由于具有不包含负频、振幅是实际波形的包络、相位是实际波形的相位等性质，常常用作复信号的表示[3]。

实信号 $s(t)$ 的解析信号定义为

$$\tilde{s}(t)=s(t)+\mathrm{j}\hat{s}(t) \tag{2.6}$$

式中：$\hat{s}(t)$ 为实信号 $s(t)$ 的希尔伯特（Hilbert）变换，定义为

$$\hat{s}(t)=H[s(t)]=s(t)*\frac{1}{\pi t}=\int_{-\infty}^{\infty}\frac{s(\tau)}{\pi(t-\tau)}\mathrm{d}\tau \tag{2.7}$$

解析信号 $\tilde{s}(t)$ 是 $s(t)$ 的复数形式，满足以下条件：

$$\begin{cases} s(t)=\mathrm{Re}[\tilde{s}(t)] \\ \tilde{s}(f)=\begin{cases} 2s(f) & (f\geqslant 0) \\ 0 & (f<0) \end{cases} \end{cases} \tag{2.8}$$

式中：$s(f)$ 为 $s(t)$ 的傅里叶变换；$\tilde{s}(f)$ 为 $\tilde{s}(t)$ 的傅里叶变换；$\mathrm{Re}[\cdot]$ 表示取实部。

很显然，对 $\tilde{s}(t)$ 做傅里叶变换可发现解析信号只保留了正频谱部分，消除了冗余的负频谱部分。图 2.1 是原始 200Hz 单频正弦信号与相应解析信号的幅度谱对比。

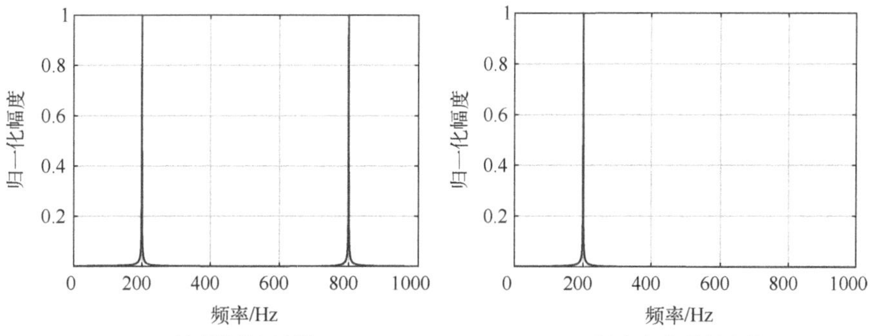

(a) 原信号幅度谱　　(b) 解析信号幅度谱

图 2.1　原信号与相应解析信号幅度谱对比

2.1.3 噪声

噪声通常定义为信号中的无用成分，信号处理中噪声的影响是非常复杂的，不同特性噪声的影响程度和复杂度都有所区别，采用信号处理方法也不尽相同。事实上，噪声无处不在。从某种程度上讲，它也是一种信号，与其他有用信号一样，也可对其进行分析和处理。一般来说，噪声可分为白噪声和有色噪声。白噪声是指功率谱密度在整个频域内为常数的噪声，除了白噪声之外的所有噪声称为有色噪声，简称为色噪声。特别地，若噪声的概率密度函数满足高斯（正态）分布统计特性，同时它的功率谱密度函数是常数（或称为服从均匀分布），则称为高斯白噪声，这是信号处理中最常用的一种噪声模型，本书中，如果没有特别指出，所说的噪声均假设为平稳零均值高斯白噪声[4]。图 2.2 所示为某高斯白噪声原始波形及其功率谱。

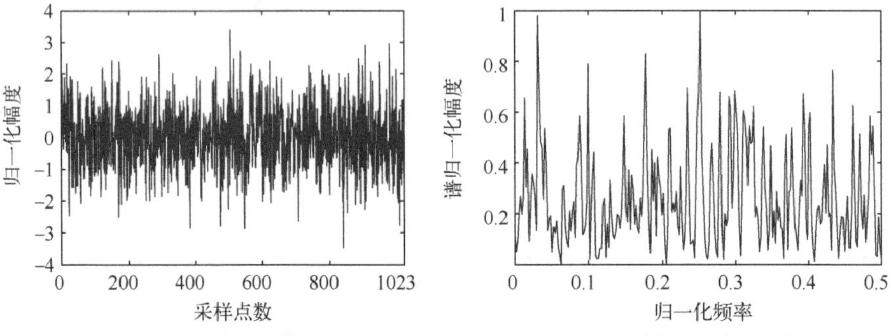

(a) 高斯白噪声　　(b) 高斯白噪声功率谱

图 2.2　高斯白噪声及其功率谱

2.2 任意基阵接收数据模型

传感器阵元在空间按照一定的几何位置排列就构成了基阵，基阵是雷达、通信和声纳系统中获取信息的传感器，具有类似的接收数据模型。下面以声纳基阵为例，分目标源位于远场和近场两种情况，推导任意基阵接收数据的通用模型。

2.2.1 远场情况

假设基阵相对于目标源来说位于声远场区，即目标源到基阵的距离远大于基阵的孔径，因此入射到基阵的信号波前可以近似为平面波，同时还假设基阵各阵元之间无互耦。考虑 M 个无指向性水听器组成的任意结构三维基阵，接收位于基阵远场的信号[5-6]，如图 2.3 所示。

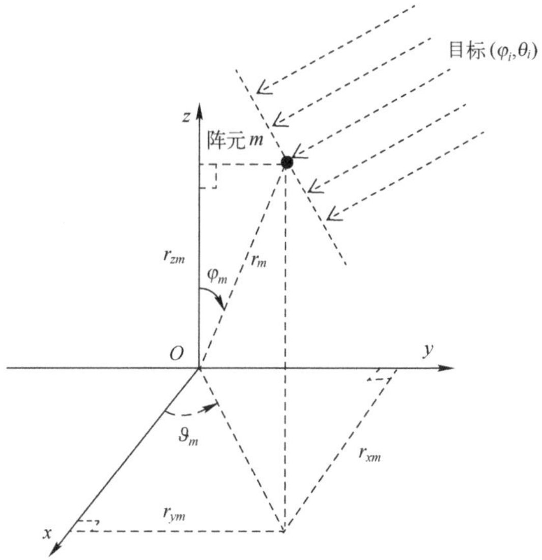

图 2.3　任意结构基阵与远场声波入射

假设第 $m(m=1,2,\cdots,M)$ 号水听器阵元的球坐标位置为 $(r_m,\varphi_m,\vartheta_m)$，即可表示为

$$\boldsymbol{r}_m=(r_{xm},r_{ym},r_{zm})=(r_m\sin\varphi_m\cos\vartheta_m,r_m\sin\varphi_m\sin\vartheta_m,r_m\cos\varphi_m) \tag{2.9}$$

式中：$r_m=\sqrt{r_{xm}^2+r_{ym}^2+r_{zm}^2}$ 为阵元 m 和参考点之间的几何距离；ϑ_m（$0°\leqslant\vartheta_m\leqslant 360°$）为方位角；$\varphi_m$（$0°\leqslant\varphi_m\leqslant 180°$）为俯仰角。

如果基阵远场中同时存在有 N 个信号源，且各自相对于基阵的入射方位是 (φ_i,θ_i)，则入射声波的方向向量可表示为 $\boldsymbol{r}_i=(\sin\varphi_i\cos\theta_i,\sin\varphi_i\sin\theta_i,\cos\varphi_i)$ $(i=1,2,\cdots,N)$。若以原点为参考点，假设第 i 个信号源到达参考点的信号为 $s_i(t)$，则阵元 m 接收到的第 i 个目标信号相对参考点接收到的信号 $s_i(t)$ 的时间延迟量为

$$\begin{aligned}\tau_{im}&=\frac{\boldsymbol{r}_i\cdot r_m}{c}=\frac{r_m\sin\varphi_m\cos\vartheta_m\sin\varphi_i\cos\theta_i+r_m\sin\varphi_m\sin\vartheta_m\sin\varphi_i\sin\theta_i+r_m\cos\varphi_m\cos\varphi_i}{c}\\&=\frac{r_m\sin\varphi_m\sin\varphi_i(\cos\vartheta_m\cos\theta_i+\sin\vartheta_m\sin\theta_i)+r_m\cos\varphi_m\cos\varphi_i}{c}\\&=\frac{r_m\sin\varphi_m\sin\varphi_i\cos(\vartheta_m-\theta_i)+r_m\cos\varphi_m\cos\varphi_i}{c}\quad(m=1,2,\cdots,M;i=1,2,\cdots,N)\end{aligned} \tag{2.10}$$

式中：c 为水中声传播速度。

基阵第 m 阵元接收到的信号是 N 个信号源经过时间延迟后的线性组合，按照加性噪声模型可得基阵第 m 阵元接收到的信号为

$$x_m(t) = \sum_{i=1}^{N} s_i(t - \tau_{im}) + n_m(t) \tag{2.11}$$

式中：τ_{im}表示第 m 阵元相对参考点接收到第 i 个信号的时延；$n_m(t)$表示基阵第 m 阵元上接收到的加性背景噪声，如海洋环境噪声、系统自噪声等。

式（2.11）称为任意三维基阵远场接收信号的时域一般表达形式，对式（2.11）两边同时进行傅里叶变换，则得到任意三维基阵远场接收信号的频域一般表达形式为

$$X_m(f) = \sum_{i=1}^{N} S_i(f)\,\mathrm{e}^{-\mathrm{j}2\pi f\tau_{im}} + N_m(f) \tag{2.12}$$

式中：$X_m(f)$，$S_i(f)$，$N_m(f)$分别为 $x_m(t)$，$s_i(t)$，$n_m(t)$的傅里叶变换。

式（2.12）写成矩阵形式：

$$\begin{bmatrix} X_1(f) \\ X_2(f) \\ \vdots \\ X_M(f) \end{bmatrix} = \begin{bmatrix} \mathrm{e}^{-\mathrm{j}2\pi f\tau_{11}} & \mathrm{e}^{-\mathrm{j}2\pi f\tau_{21}} & \cdots & \mathrm{e}^{-\mathrm{j}2\pi f\tau_{N1}} \\ \mathrm{e}^{-\mathrm{j}2\pi f\tau_{12}} & \mathrm{e}^{-\mathrm{j}2\pi f\tau_{22}} & \cdots & \mathrm{e}^{-\mathrm{j}2\pi f\tau_{N2}} \\ \vdots & \vdots & \cdots & \vdots \\ \mathrm{e}^{-\mathrm{j}2\pi f\tau_{1M}} & \mathrm{e}^{-\mathrm{j}2\pi f\tau_{2M}} & \cdots & \mathrm{e}^{-\mathrm{j}2\pi f\tau_{NM}} \end{bmatrix} \begin{bmatrix} S_1(f) \\ S_2(f) \\ \vdots \\ S_N(f) \end{bmatrix} + \begin{bmatrix} N_1(f) \\ N_2(f) \\ \vdots \\ N_M(f) \end{bmatrix} \tag{2.13}$$

式（2.13）也常简写成矩阵形式，称为任意三维基阵远场接收宽带信号的一般模型：

$$\boldsymbol{X}(f) = \boldsymbol{A}(f,\boldsymbol{\Phi},\boldsymbol{\Theta})\boldsymbol{S}(f) + \boldsymbol{N}(f) \tag{2.14}$$

式中：$\boldsymbol{X}(f) = [X_1(f), X_2(f), \cdots, X_M(f)]^{\mathrm{T}}$ 表示基阵接收信号的傅里叶变换；$\boldsymbol{S}(f) = [S_1(f), S_2(f), \cdots, S_N(f)]^{\mathrm{T}}$ 表示源信号的傅里叶变换；$\boldsymbol{N}(f) = [N_1(f), N_2(f), \cdots, N_M(f)]^{\mathrm{T}}$ 表示加性噪声的傅里叶变换；$\boldsymbol{A}(f,\boldsymbol{\Phi},\boldsymbol{\Theta})$称为基阵的阵列流形（Array Manifold，AM），$\boldsymbol{\Phi}$ 和 $\boldsymbol{\Theta}$ 分别表示 φ_i 和 θ_i 的集合，即感兴趣信号参数空间上，所有基阵响应向量的集合：

$$\begin{aligned} \boldsymbol{A}(f,\boldsymbol{\Phi},\boldsymbol{\Theta}) &= \begin{bmatrix} \mathrm{e}^{-\mathrm{j}2\pi f\tau_{11}} & \mathrm{e}^{-\mathrm{j}2\pi f\tau_{21}} & \cdots & \mathrm{e}^{-\mathrm{j}2\pi f\tau_{N1}} \\ \mathrm{e}^{-\mathrm{j}2\pi f\tau_{12}} & \mathrm{e}^{-\mathrm{j}2\pi f\tau_{22}} & \cdots & \mathrm{e}^{-\mathrm{j}2\pi f\tau_{N2}} \\ \vdots & \vdots & \cdots & \vdots \\ \mathrm{e}^{-\mathrm{j}2\pi f\tau_{1M}} & \mathrm{e}^{-\mathrm{j}2\pi f\tau_{2M}} & \cdots & \mathrm{e}^{-\mathrm{j}2\pi f\tau_{NM}} \end{bmatrix} \\ &= [\boldsymbol{a}(f,\varphi_1,\theta_1), \boldsymbol{a}(f,\varphi_2,\theta_2), \cdots, \boldsymbol{a}(f,\varphi_N,\theta_N)] \end{aligned} \tag{2.15}$$

式中：$\boldsymbol{a}(f,\varphi_i,\theta_i)$为基阵对$(\varphi_i,\theta_i)$方向入射频率为 f 的信号的响应向量（或方向向量），可定义为

$$\boldsymbol{a}(f,\varphi_i,\theta_i)=[\mathrm{e}^{-\mathrm{j}2\pi f\tau_{i1}},\mathrm{e}^{-\mathrm{j}2\pi f\tau_{i2}},\cdots,\mathrm{e}^{-\mathrm{j}2\pi f\tau_{iM}}]^{\mathrm{T}}\quad(i=1,2,\cdots,N)\tag{2.16}$$

式中：$[\cdot]^{\mathrm{T}}$ 表示矩阵的转置。

若入射信号源是中心频率为 f_0 的窄带信号，则可利用窄带信号的解析形式更为方便地表示基阵的接收信号。即如果入射信号 $s(t)$ 满足窄带条件中的阵列条件，则实信号 $s(t)$ 的延迟 $s(t-\tau)$ 可以近似地用其解析信号的一个相移来表示[6]，即 $s(t-\tau)$ 可用解析形式 $\tilde{s}(t)\mathrm{e}^{-\mathrm{j}2\pi f_0\tau}$ 表示。此时基阵第 m 阵元的接收信号可表示为（解析形式）

$$\tilde{x}_m(t)=\sum_{i=1}^{N}\tilde{s}_i(t)\mathrm{e}^{-\mathrm{j}2\pi f_0\tau_{im}}+\tilde{n}_m(t)\tag{2.17}$$

为了统一简化表示，式（2.17）常写成式（2.18）的形式，即任意三维基阵远场接收窄带信号的一般模型：

$$x_m(t)=\sum_{i=1}^{N}s_i(t)\mathrm{e}^{-\mathrm{j}2\pi f_0\tau_{im}}+n_m(t)\tag{2.18}$$

式（2.18）也可写成矩阵形式：

$$\boldsymbol{X}(t)=\boldsymbol{A}(f_0,\boldsymbol{\Phi},\boldsymbol{\Theta})\boldsymbol{S}(t)+\boldsymbol{N}(t)\tag{2.19}$$

式中：$\boldsymbol{X}(t)=[x_1(t),x_2(t),\cdots,x_M(t)]^{\mathrm{T}}$ 表示基阵接收信号矩阵；$\boldsymbol{S}(t)=[s_1(t),s_2(t),\cdots,s_N(t)]^{\mathrm{T}}$ 表示源信号矩阵；$\boldsymbol{N}(t)=[n_1(t),n_2(t),\cdots,n_M(t)]^{\mathrm{T}}$ 表示加性噪声矩阵；$\boldsymbol{A}(f_0,\boldsymbol{\Phi},\boldsymbol{\Theta})=[\boldsymbol{a}(f_0,\varphi_1,\theta_1),\boldsymbol{a}(f_0,\varphi_2,\theta_2),\cdots,\boldsymbol{a}(f_0,\varphi_N,\theta_N)]$ 为基阵的阵列流形，$\boldsymbol{\Phi}$ 和 $\boldsymbol{\Theta}$ 分别表示 φ_i 和 θ_i 的集合，向量 $\boldsymbol{a}(f_0,\varphi_i,\theta_i)$ 称为基阵对 (φ_i,θ_i) 方向入射频率为 f_0 的信号的响应向量。

根据式（2.18）可得响应向量：

$$\boldsymbol{a}(f_0,\varphi_i,\theta_i)=[\mathrm{e}^{-\mathrm{j}2\pi f_0\tau_{i1}},\mathrm{e}^{-\mathrm{j}2\pi f_0\tau_{i2}},\cdots,\mathrm{e}^{-\mathrm{j}2\pi f_0\tau_{iM}}]^{\mathrm{T}}\quad(i=1,2,\cdots,N)\tag{2.20}$$

式中：$[\cdot]^{\mathrm{T}}$ 表示矩阵的转置。

2.2.2　近场情况

假设基阵相对于目标源来说，位于近场区，从而入射到阵列的信号波前为球面波，同时还假定基阵各阵元之间无互耦。与基阵位于目标源远场区一样，考虑 M 个无指向性水听器组成的任意结构三维基阵，接收位于基阵近场的信号，如图 2.4 所示。

同样，假设第 $m(m=1,2,\cdots,M)$ 号水听器阵元的球坐标位置为 $(r_m,\varphi_m,\vartheta_m)$，即可表示为

$$r_m=(r_{xm},r_{ym},r_{zm})=(r_m\sin\varphi_m\cos\vartheta_m,r_m\sin\varphi_m\sin\vartheta_m,r_m\cos\varphi_m)\tag{2.21}$$

式中：$r_m=\sqrt{r_{xm}^2+r_{ym}^2+r_{zm}^2}$ 为阵元 m 和参考点之间的几何距离；ϑ_m（$0°\leqslant\vartheta_m\leqslant 360°$）为方位角；$\varphi_m$（$0°\leqslant\varphi_m\leqslant 180°$）为俯仰角。

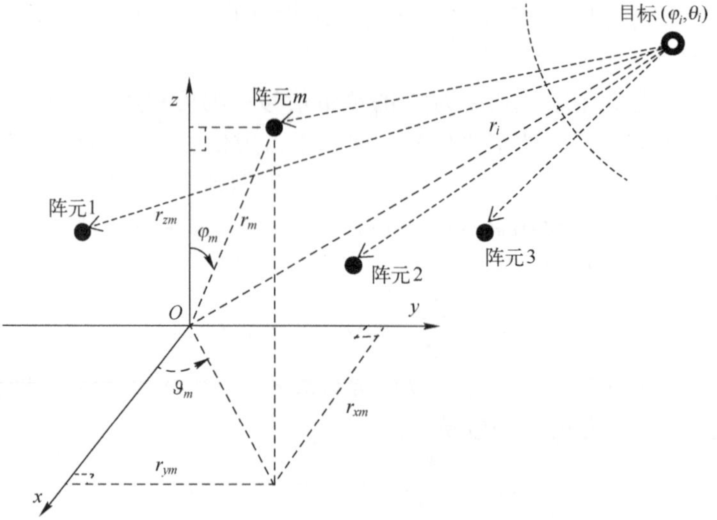

图 2.4　任意结构基阵与近场声波入射

如果基阵近场中同时存在 N 个信号源，且各自相对于基阵的入射方位是 (φ_i,θ_i)，距离参考点的距离为 r_i，则第 i 个入射信号源的方向向量可表示为 $\boldsymbol{r}_i=(r_i\sin\varphi_i\cos\theta_i, r_i\sin\varphi_i\sin\theta_i, r_i\cos\varphi_i)$ $(i=1,2,\cdots,N)$。此时，目标 i 到阵元 m 的距离 r_{im} 可表示为

$$r_{im}=\sqrt{(r_m\sin\varphi_m\cos\vartheta_m-r_i\sin\varphi_i\cos\theta_i)^2+(r_m\sin\varphi_m\sin\vartheta_m-r_i\sin\varphi_i\sin\theta_i)^2+(r_m\cos\varphi_m-r_i\cos\varphi_i)^2} \tag{2.22}$$

若以原点为参考点，假设第 i 个信号源到达参考点的信号为 $s_i(t)$，则阵元 m 接收到的第 i 个目标信号相对参考点接收到的信号 $s_i(t)$ 的时间延迟量为

$$\tau_{im}=\frac{r_{im}-r_i}{c} \tag{2.23}$$

式中：c 为水中声传播速度；r_i 为目标 i 到参考点的距离。

很显然，有了时间延迟 τ_{im}，将 τ_{im} 代入式（2.11）即可得到任意三维基阵近场接收信号的时域一般表达形式，代入式（2.12）和式（2.13）则得到任意三维基阵近场接收信号的频域一般表达形式，不同之处在于时间延迟 τ_{im} 不仅与方位有关而且与距离有关。考虑到近场时的延迟 τ_{im} 与目标距离有关，则任意三维基阵近场接收宽带信号的一般模型可写为

$$\boldsymbol{X}(f)=\boldsymbol{A}(f, \mathfrak{R}, \boldsymbol{\Phi}, \boldsymbol{\Theta})\boldsymbol{S}(f)+\boldsymbol{N}(f) \tag{2.24}$$

式中：$\boldsymbol{X}(f)=[X_1(f),X_2(f),\cdots,X_M(f)]^{\mathrm{T}}$ 表示基阵接收信号的傅里叶变换；$\boldsymbol{S}(f)=[S_1(f),S_2(f),\cdots,S_N(f)]^{\mathrm{T}}$ 表示源信号的傅里叶变换；$\boldsymbol{N}(f)=[N_1(f),N_2(f),\cdots,N_M(f)]^{\mathrm{T}}$ 表示加性噪声的傅里叶变换；$\boldsymbol{A}(f,\mathfrak{R},\boldsymbol{\Phi},\boldsymbol{\Theta})$ 称为基阵的阵列流形，$\mathfrak{R}$、$\boldsymbol{\Phi}$ 和 $\boldsymbol{\Theta}$ 分别表示 r_i、φ_i 和 θ_i 的集合，即感兴趣信号参数空间上，所有基阵响应向量的集合：

$$\boldsymbol{A}(f,\mathfrak{R},\boldsymbol{\Phi},\boldsymbol{\Theta})=\begin{bmatrix}\mathrm{e}^{-\mathrm{j}2\pi f\tau_{11}} & \mathrm{e}^{-\mathrm{j}2\pi f\tau_{21}} & \cdots & \mathrm{e}^{-\mathrm{j}2\pi f\tau_{N1}}\\ \mathrm{e}^{-\mathrm{j}2\pi f\tau_{12}} & \mathrm{e}^{-\mathrm{j}2\pi f\tau_{22}} & \cdots & \mathrm{e}^{-\mathrm{j}2\pi f\tau_{N2}}\\ \vdots & \vdots & \cdots & \vdots\\ \mathrm{e}^{-\mathrm{j}2\pi f\tau_{1M}} & \mathrm{e}^{-\mathrm{j}2\pi f\tau_{2M}} & \cdots & \mathrm{e}^{-\mathrm{j}2\pi f\tau_{NM}}\end{bmatrix}=[\boldsymbol{a}(f,r_1,\varphi_1,\theta_1),\boldsymbol{a}(f,r_2,\varphi_2,\theta_2),\cdots,\boldsymbol{a}(f,r_N,\varphi_N,\theta_N)] \tag{2.25}$$

式中：$\boldsymbol{a}(f,r_i,\varphi_i,\theta_i)$ 为基阵对 (r_i,φ_i,θ_i) 方向入射频率为 f 的信号的响应向量（或方向向量），可定义为

$$\boldsymbol{a}(f,r_i,\varphi_i,\theta_i)=[\mathrm{e}^{-\mathrm{j}2\pi f\tau_{i1}},\mathrm{e}^{-\mathrm{j}2\pi f\tau_{i2}},\cdots,\mathrm{e}^{-\mathrm{j}2\pi f\tau_{iM}}]^{\mathrm{T}}\quad(i=1,2,\cdots,N) \tag{2.26}$$

式中：$[\cdot]^{\mathrm{T}}$ 表示矩阵的转置。

若入射信号源是中心频率为 f_0 的窄带信号，则任意三维基阵近场接收窄带信号的一般模型也可写成矩阵形式：

$$\boldsymbol{X}(t)=\boldsymbol{A}(f_0,\mathfrak{R},\boldsymbol{\Phi},\boldsymbol{\Theta})\boldsymbol{S}(t)+\boldsymbol{N}(t) \tag{2.27}$$

式中：$\boldsymbol{X}(t)=[x_1(t),x_2(t),\cdots,x_M(t)]^{\mathrm{T}}$ 表示基阵接收信号矩阵；$\boldsymbol{S}(t)=[s_1(t),s_2(t),\cdots,s_N(t)]^{\mathrm{T}}$ 表示源信号矩阵；$\boldsymbol{N}(t)=[n_1(t),n_2(t),\cdots,n_M(t)]^{\mathrm{T}}$ 表示加性噪声矩阵；$\boldsymbol{A}(f_0,\mathfrak{R},\boldsymbol{\Phi},\boldsymbol{\Theta})=[\boldsymbol{a}(f_0,r_1,\varphi_1,\theta_1),\boldsymbol{a}(f_0,r_2,\varphi_2,\theta_2),\cdots,\boldsymbol{a}(f_0,r_N,\varphi_N,\theta_N)]$ 为基阵的阵列流形，$\mathfrak{R}$、$\boldsymbol{\Phi}$ 和 $\boldsymbol{\Theta}$ 分别表示 r_i、φ_i 和 θ_i 的集合，向量 $\boldsymbol{a}(f_0,r_i,\varphi_i,\theta_i)$ 称为基阵对 (r_i,φ_i,θ_i) 方向入射频率为 f_0 的信号的响应向量，可表示为

$$\boldsymbol{a}(f_0,r_i,\varphi_i,\theta_i)=[\mathrm{e}^{-\mathrm{j}2\pi f_0\tau_{i1}},\mathrm{e}^{-\mathrm{j}2\pi f_0\tau_{i2}},\cdots,\mathrm{e}^{-\mathrm{j}2\pi f_0\tau_{iM}}]^{\mathrm{T}}\quad(i=1,2,\cdots,N) \tag{2.28}$$

式中：$[\cdot]^{\mathrm{T}}$ 表示矩阵的转置。

2.3　典型基阵接收数据模型

从远场和近场情况下空间任意结构基阵接收信号的表达式可以发现，如果需要仿真产生基阵接收数据，核心是要根据基阵阵元的布放位置参数获得时间延迟 τ_{im}，得到了时间延迟就可得到基阵的阵列流形，进而可得到基阵接收信号的详细表达式。下面主要讨论几种典型基阵的位置参数、时间延迟和接收数据模型。

2.3.1 均匀线列阵

均匀线列阵是一种常用的阵形，在拖曳声纳和舷侧阵声纳中被广泛采用。现假设均匀线列阵布置如图 2.5 所示[5-6]，基阵的 M 个阵元均匀排成一条直线，并且位于同一平面 xOy 内，阵元间距为 d。目标方向向量为 $\boldsymbol{r}_i=(r_i\sin\varphi_i\cos\theta_i, r_i\sin\varphi_i\sin\theta_i, r_i\cos\varphi_i)$（远场情况下 $r_i=1$）。

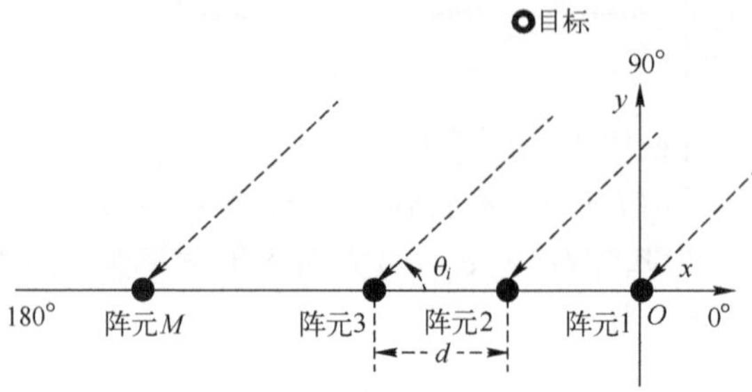

图 2.5 均匀线列阵与波入射角

若以阵元 1 为参考，对比图 2.3 可以得到目标参数 $\varphi_i=90°$，均匀线列阵阵元参数为

$$\begin{cases} r_m=(m-1)d \\ \varphi_m=90° \\ \vartheta_m=0° \end{cases} \tag{2.29}$$

1. 远场情况

将式（2.29）代入式（2.10），可得到均匀线列阵远场情况下阵元 m 接收到的第 i 个目标信号相对参考点接收到的信号 $s_i(t)$ 的时间延迟量为

$$\begin{aligned}\tau_{im}^{\text{均匀线列阵远场}} &= \frac{r_m\sin\varphi_m\sin\varphi_i\cos(\vartheta_m-\theta_i)+r_m\cos\varphi_m\cos\varphi_i}{c} \\ &= \frac{(m-1)d\sin90°\sin90°\cos(0°-\theta_i)+(m-1)d\cos90°\cos90°}{c} \\ &= \frac{(m-1)d\cos\theta_i}{c} \quad (m=1,2,\cdots,M;i=1,2,\cdots,N)\end{aligned} \tag{2.30}$$

式中：θ_i 为目标方位角。

将式（2.30）代入式（2.11），则可得到均匀线列阵远场接收数据时域一般模型：

$$x_m(t) = \sum_{i=1}^{N} s_i(t - \tau_{im}) + n_m(t) = \sum_{i=1}^{N} s_i\left[t - \frac{(m-1)d\cos\theta_i}{c}\right] + n_m(t) \tag{2.31}$$

将式（2.30）代入式（2.18），则可得到均匀线列阵远场接收窄带信号的一般模型：

$$\begin{aligned} x_m(t) &= \sum_{i=1}^{N} s_i(t)\mathrm{e}^{-\mathrm{j}2\pi f_0 \tau_{im}} + n_m(t) = \sum_{i=1}^{N} s_i(t)\mathrm{e}^{-\mathrm{j}2\pi f_0 \frac{(m-1)d\cos\theta_i}{c}} + n_m(t) \\ &= \sum_{i=1}^{N} s_i(t)\mathrm{e}^{-\mathrm{j}2\pi \frac{(m-1)d\cos\theta_i}{\lambda_0}} + n_m(t) \end{aligned} \tag{2.32}$$

式中：f_0 为窄带信号的中心频率；λ_0 为窄带信号的波长；$n_m(t)$ 表示第 m 个阵元上的加性噪声。

将式（2.32）写成离散的表示形式，则在第 m（$m=1,2,\cdots,M$）个阵元上第 k 次观测的采样值为

$$x_m(k) = \sum_{i=1}^{N} s_i(k)\mathrm{e}^{-\mathrm{j}2\pi \frac{(m-1)d\cos\theta_i}{\lambda_0}} + n_m(k) \tag{2.33}$$

将各阵元上第 k 次观测采样写成向量形式可得均匀线阵远场窄带信号接收模型：

$$\boldsymbol{X}(k) = \boldsymbol{A}(f_0, \boldsymbol{\Theta})\boldsymbol{S}(k) + \boldsymbol{N}(k) \tag{2.34}$$

式中：$\boldsymbol{X}(k) = [x_1(k), x_2(k), \cdots, x_M(k)]^{\mathrm{T}}$ 为均匀线阵接收信号矩阵；$\boldsymbol{S}(k) = [s_1(k), s_2(k), \cdots, s_N(k)]^{\mathrm{T}}$ 为信号源矩阵；$\boldsymbol{N}(k) = [n_1(k), n_2(k), \cdots, n_M(k)]^{\mathrm{T}}$ 为加性噪声矩阵；$\boldsymbol{A}(f_0, \boldsymbol{\Theta})$ 为均匀线列阵的阵列流形，可表示为

$$\boldsymbol{A}(f_0, \boldsymbol{\Theta}) = [\boldsymbol{a}(f_0, \theta_1), \boldsymbol{a}(f_0, \theta_2), \cdots, \boldsymbol{a}(f_0, \theta_N)]^{\mathrm{T}} \tag{2.35}$$

式中：$\boldsymbol{\Theta}$ 为 θ_i 的集合；$\boldsymbol{a}(f_0, \theta_i)$ 为均匀线阵对 θ_i 方向入射信号的方向向量[5-6]，可表示为

$$\boldsymbol{a}(f_0, \theta_i) = \boldsymbol{a}_{\mathrm{ULA}}(f_0, \theta_i) = [1, \mathrm{e}^{-\mathrm{j}\frac{2\pi}{\lambda_0}d\cos\theta_i}, \cdots, \mathrm{e}^{-\mathrm{j}\frac{2\pi}{\lambda_0}(M-1)d\cos\theta_i}]^{\mathrm{T}} \quad (i = 1, 2, \cdots, N) \tag{2.36}$$

式中：d 为阵元间距；λ_0 为信号波长；M 为阵元个数；$[\cdot]^{\mathrm{T}}$ 表示矩阵转置。

将式（2.30）代入式（2.12），则可得均匀线列阵远场接收数据频域一般模型：

$$\begin{aligned} X_m(f) &= \sum_{i=1}^{N} S_i(f)\mathrm{e}^{-\mathrm{j}2\pi f \tau_{im}} + N_m(f) = \sum_{i=1}^{N} S_i(f)\mathrm{e}^{-\mathrm{j}2\pi f \frac{(m-1)d\cos\theta_i}{c}} + N_m(f) \\ &= \sum_{i=1}^{N} S_i(f)\mathrm{e}^{-\mathrm{j}2\pi \frac{(m-1)d\cos\theta_i}{\lambda}} + N_m(f) \end{aligned} \tag{2.37}$$

式中：λ 为对应频率 f 的波长。

式（2.37）写成矩阵形式为

$$\boldsymbol{X}(f)=\boldsymbol{A}(f,\boldsymbol{\Theta})\boldsymbol{S}(f)+\boldsymbol{N}(f) \tag{2.38}$$

式中：$\boldsymbol{X}(f)=[X_1(f),X_2(f),\cdots,X_M(f)]^{\mathrm{T}}$ 表示基阵接收信号的傅里叶变换；$\boldsymbol{S}(f)=[S_1(f),S_2(f),\cdots,S_N(f)]^{\mathrm{T}}$ 表示源信号的傅里叶变换；$\boldsymbol{N}(f)=[N_1(f),N_2(f),\cdots,N_M(f)]^{\mathrm{T}}$ 表示加性噪声的傅里叶变换；$\boldsymbol{A}(f,\boldsymbol{\Theta})$ 为均匀线列阵的阵列流形，可表示为

$$\boldsymbol{A}(f,\boldsymbol{\Theta})=[\boldsymbol{a}(f,\theta_1),\boldsymbol{a}(f,\theta_2),\cdots,\boldsymbol{a}(f,\theta_N)]^{\mathrm{T}} \tag{2.39}$$

式中：$\boldsymbol{a}(f,\theta_i)$ 为均匀线阵对 θ_i 方向入射频率为 f 的信号的方向向量，可表示为

$$\boldsymbol{a}(f,\theta_i)=\boldsymbol{a}_{\mathrm{ULA}}(f,\theta_i)=[1,\mathrm{e}^{-\mathrm{j}\frac{2\pi}{\lambda}d\cos\theta_i},\cdots,\mathrm{e}^{-\mathrm{j}\frac{2\pi}{\lambda}(M-1)d\cos\theta_i}]^{\mathrm{T}}\quad(i=1,2,\cdots,N) \tag{2.40}$$

式中：d 为阵元间距；λ 为对应频率 f 的波长；M 为阵元个数；$[\cdot]^{\mathrm{T}}$ 表示矩阵转置。

2. 近场情况

将式（2.29）代入式（2.22），可得均匀线列阵近场情况下目标 i 到阵元 m 的距离 r_{im}：

$$\begin{aligned}r_{im}^{\text{均匀线列阵近场}}&=\\&\sqrt{(r_m\sin\varphi_m\cos\vartheta_m-r_i\sin\varphi_i\cos\theta_i)^2+(r_m\sin\varphi_m\sin\vartheta_m-r_i\sin\varphi_i\sin\theta_i)^2+(r_m\cos\varphi_m-r_i\cos\varphi_i)^2}\\&=\sqrt{[(m-1)d-r_i\cos\theta_i]^2+(r_i\sin\theta_i)^2}\end{aligned} \tag{2.41}$$

式中：θ_i 为目标方位角；r_i 为目标 i 到参考点的距离。

阵元 m 接收到的第 i 个目标信号相对参考点接收到的信号 $s_i(t)$ 的时间延迟量为

$$\tau_{im}^{\text{均匀线列阵近场}}=\frac{r_{im}^{\text{均匀线列阵近场}}-r_i}{c}=\frac{\sqrt{[(m-1)d-r_i\cos\theta_i]^2+(r_i\sin\theta_i)^2}-r_i}{c} \tag{2.42}$$

类似远场情况，将式（2.42）代入式（2.11），则可得均匀线列阵近场接收数据时域一般模型：

$$x_m(t)=\sum_{i=1}^{N}s_i(t-\tau_{im})+n_m(t)=\sum_{i=1}^{N}s_i\left[t-\frac{\sqrt{[(m-1)d-r_i\cos\theta_i]^2+(r_i\sin\theta_i)^2}-r_i}{c}\right]+n_m(t) \tag{2.43}$$

式中：θ_i 为目标方位角。

将式（2.42）代入式（2.12），则可得均匀线列阵近场接收数据频域一般模型：

$$X_m(f) = \sum_{i=1}^{N} S_i(f)\mathrm{e}^{-\mathrm{j}2\pi f \tau_{im}} + N_m(f) = \sum_{i=1}^{N} S_i(f)\mathrm{e}^{-\mathrm{j}2\pi f \frac{\sqrt{[(m-1)d - r_i\cos\theta_i]^2 + (r_i\sin\theta_i)^2} - r_i}{c}} + N_m(f)$$
$$= \sum_{i=1}^{N} S_i(f)\mathrm{e}^{-\mathrm{j}2\pi \frac{\sqrt{[(m-1)d - r_i\cos\theta_i]^2 + (r_i\sin\theta_i)^2} - r_i}{\lambda}} + N_m(f) \tag{2.44}$$

式中：λ 为对应频率 f 的波长。

式（2.44）写成矩阵形式为

$$\boldsymbol{X}(f) = \boldsymbol{A}(f, \mathfrak{R}, \boldsymbol{\Theta})\boldsymbol{S}(f) + \boldsymbol{N}(f) \tag{2.45}$$

式中：$\boldsymbol{X}(f) = [X_1(f), X_2(f), \cdots, X_M(f)]^{\mathrm{T}}$ 表示基阵接收信号的傅里叶变换；$\boldsymbol{S}(f) = [S_1(f), S_2(f), \cdots, S_N(f)]^{\mathrm{T}}$ 表示源信号的傅里叶变换；$\boldsymbol{N}(f) = [N_1(f), N_2(f), \cdots, N_M(f)]^{\mathrm{T}}$ 表示加性噪声的傅里叶变换；$\boldsymbol{A}(f, \mathfrak{R}, \boldsymbol{\Theta})$ 为均匀线列阵的阵列流形，可表示为

$$\boldsymbol{A}(f, \mathfrak{R}, \boldsymbol{\Theta}) = [\boldsymbol{a}(f, r_1, \theta_1), \boldsymbol{a}(f, r_2, \theta_2), \cdots, \boldsymbol{a}(f, r_N, \theta_N)]^{\mathrm{T}} \tag{2.46}$$

式中：$\mathfrak{R}$ 表示距离 r_i 的集合；$\boldsymbol{\Theta}$ 表示方向 θ_i 的集合；$\boldsymbol{a}(f, r_i, \theta_i)$ 为均匀线阵对 (r_i, θ_i) 方向入射频率为 f 的信号的方向向量，可表示为

$$\boldsymbol{a}(f, r_i, \theta_i) = \boldsymbol{a}_{\mathrm{ULA}}(f, r_i, \theta_i)$$
$$= \left[1, \mathrm{e}^{-\mathrm{j}2\pi \frac{\sqrt{(d - r_i\cos\theta_i)^2 + (r_i\sin\theta_i)^2} - r_i}{\lambda}}, \cdots, \mathrm{e}^{-\mathrm{j}2\pi \frac{\sqrt{[(M-1)d - r_i\cos\theta_i]^2 + (r_i\sin\theta_i)^2} - r_i}{\lambda}}\right]^{\mathrm{T}} \quad (i = 1, 2, \cdots, N) \tag{2.47}$$

式中：d 为阵元间距；λ 为对应频率 f 的波长；M 为阵元个数；$[\cdot]^{\mathrm{T}}$ 表示矩阵转置。

将式（2.42）代入式（2.18），则可得均匀线列阵近场接收窄带信号的一般模型：

$$x_m(t) = \sum_{i=1}^{N} s_i(t)\mathrm{e}^{-\mathrm{j}2\pi f_0 \tau_{im}} + n_m(t) = \sum_{i=1}^{N} s_i(t)\mathrm{e}^{-\mathrm{j}2\pi f_0 \frac{\sqrt{[(m-1)d - r_i\cos\theta_i]^2 + (r_i\sin\theta_i)^2} - r_i}{c}} + n_m(t)$$
$$= \sum_{i=1}^{N} s_i(t)\mathrm{e}^{-\mathrm{j}2\pi \frac{\sqrt{[(m-1)d - r_i\cos\theta_i]^2 + (r_i\sin\theta_i)^2} - r_i}{\lambda_0}} + n_m(t) \tag{2.48}$$

式中：λ_0 为窄带信号的波长。

将式（2.48）写成离散的表示形式，则在第 m（$m = 1, 2, \cdots, M$）个阵元上第 k 次观测的采样值为

$$x_m(k) = \sum_{i=1}^{N} s_i(k)\mathrm{e}^{-\mathrm{j}2\pi \frac{\sqrt{[(m-1)d - r_i\cos\theta_i]^2 + (r_i\sin\theta_i)^2} - r_i}{\lambda_0}} + n_m(k) \tag{2.49}$$

式中：$n_m(k)$表示第 m 个阵元上的加性噪声。

将式（2.49）写成矩阵形式为

$$\boldsymbol{X}(k)=\boldsymbol{A}(f_0,\Re,\boldsymbol{\Theta})\boldsymbol{S}(k)+\boldsymbol{N}(k) \tag{2.50}$$

式中：$\boldsymbol{X}(k)=[x_1(k),x_2(k),\cdots,x_M(k)]^{\mathrm{T}}$为均匀线列阵接收信号矩阵；$\boldsymbol{S}(k)=[s_1(k),s_2(k),\cdots,s_N(k)]^{\mathrm{T}}$为信号源矩阵；$\boldsymbol{N}(k)=[n_1(k),n_2(k),\cdots,n_M(k)]^{\mathrm{T}}$为加性噪声矩阵；$\boldsymbol{A}(f_0,\Re,\boldsymbol{\Theta})$为均匀线列阵的阵列流形，可表示为

$$\boldsymbol{A}(f_0,\Re,\boldsymbol{\Theta})=[\boldsymbol{a}(f_0,r_1,\theta_1),\boldsymbol{a}(f_0,r_2,\theta_2),\cdots,\boldsymbol{a}(f_0,r_N,\theta_N)]^{\mathrm{T}} \tag{2.51}$$

式中：$\boldsymbol{a}(f_0,r_i,\theta_i)$为均匀线阵对$(r_i,\theta_i)$方向入射信号的方向向量，可表示为

$$\begin{aligned}\boldsymbol{a}(f_0,r_i,\theta_i)&=\boldsymbol{a}_{\mathrm{ULA}}(f_0,r_i,\theta_i)\\&=\left[1,\mathrm{e}^{-\mathrm{j}2\pi\frac{\sqrt{(d-r_i\cos\theta_i)^2+(r_i\sin\theta_i)^2}-r_i}{\lambda_0}},\cdots,\mathrm{e}^{-\mathrm{j}2\pi\frac{\sqrt{[(m-1)d-r_i\cos\theta_i]^2+(r_i\sin\theta_i)^2}-r_i}{\lambda_0}}\right]^{\mathrm{T}}\quad(i=1,2,\cdots,N)\end{aligned} \tag{2.52}$$

式中：d 为阵元间距；λ_0 为信号波长；M 为阵元个数；$[\cdot]^{\mathrm{T}}$ 表示矩阵转置。

2.3.2 均匀圆弧阵（或圆阵）

假设均匀圆弧阵（或圆阵）布置如图 2.6 所示，基阵的 M 个阵元均匀排列在半径为 r 的一段圆弧上，对应最大圆心角为$\beta(0°<\beta\leqslant360°)$，并且位于同一平面$\angle xOy$ 内。目标方向向量为$\boldsymbol{r}_i=(r_i\sin\varphi_i\cos\theta_i,r_i\sin\varphi_i\sin\theta_i,r_i\cos\varphi_i)$（远场情况下 $r_i=1$）。

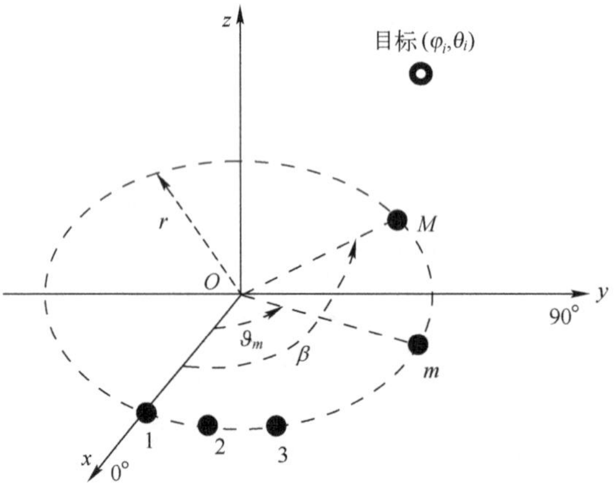

图 2.6 均匀圆弧阵与波入射角

对比图 2.3 可以得到均匀圆弧阵（或圆阵）阵元参数为

$$\begin{cases} r_m = r \\ \varphi_m = 90^\circ \\ \vartheta_m = \dfrac{(m-1)\beta}{M-1} \end{cases} \tag{2.53}$$

1. 远场情况

将式（2.53）代入式（2.10），可得到均匀圆弧阵（或圆阵）远场情况下阵元 m 接收到的第 i 个目标信号相对参考点接收到的信号 $s_i(t)$ 的时间延迟量为

$$\begin{aligned} \tau_{im}^{均匀圆弧阵(或圆阵)远场} &= \frac{r_m \sin\varphi_m \sin\varphi_i \cos(\vartheta_m - \theta_i) + r_m \cos\varphi_m \cos\varphi_i}{c} \\ &= \frac{r \sin 90^\circ \sin\varphi_i \cos\left(\dfrac{m-1}{M-1}\beta - \theta_i\right) + r\cos 90^\circ \cos\varphi_i}{c} \\ &= \frac{r \sin\varphi_i \cos\left(\dfrac{m-1}{M-1}\beta - \theta_i\right)}{c} \end{aligned} \tag{2.54}$$

式中：θ_i 为目标方位角；φ_i 为目标俯仰角。

将式（2.54）代入式（2.11），则可得均匀圆弧阵（或圆阵）远场接收数据时域一般模型：

$$x_m(t) = \sum_{i=1}^{N} s_i(t - \tau_{im}) + n_m(t) = \sum_{i=1}^{N} s_i\left[t - \frac{r\sin\varphi_i \cos\left(\dfrac{m-1}{M-1}\beta - \theta_i\right)}{c}\right] + n_m(t) \tag{2.55}$$

将式（2.54）代入式（2.12），则可得均匀圆弧阵（或圆阵）远场接收数据频域一般模型：

$$\begin{aligned} X_m(f) &= \sum_{i=1}^{N} S_i(f) \mathrm{e}^{-\mathrm{j}2\pi f \tau_{im}} + N_m(f) = \sum_{i=1}^{N} S_i(f) \mathrm{e}^{-\mathrm{j}2\pi f \frac{r\sin\varphi_i \cos\left(\frac{m-1}{M-1}\beta - \theta_i\right)}{c}} + N_m(f) \\ &= \sum_{i=1}^{N} S_i(f) \mathrm{e}^{-\mathrm{j}2\pi \frac{r\sin\varphi_i \cos\left(\frac{m-1}{M-1}\beta - \theta_i\right)}{\lambda}} + N_m(f) \end{aligned} \tag{2.56}$$

式中：λ 为对应频率 f 的波长。

将式（2.54）代入式（2.18），则可得均匀圆弧阵（或圆阵）远场接收窄带信号的一般模型：

$$
x_m(t)=\sum_{i=1}^{N}s_i(t)\mathrm{e}^{-\mathrm{j}2\pi f_0\tau_{im}}+n_m(t)=\sum_{i=1}^{N}s_i(t)\mathrm{e}^{-\mathrm{j}2\pi f_0\frac{r\sin\varphi_i\cos\left(\frac{m-1}{M-1}\beta-\theta_i\right)}{c}}+n_m(t)
$$

$$
=\sum_{i=1}^{N}s_i(t)\mathrm{e}^{-\mathrm{j}2\pi\frac{r\sin\varphi_i\cos\left(\frac{m-1}{M-1}\beta-\theta_i\right)}{\lambda_0}}+n_m(t) \tag{2.57}
$$

式中：λ_0 为窄带信号的波长。

2. 近场情况

将式（2.53）代入式（2.22），可得均匀圆弧阵（或圆阵）近场情况下目标 i 到阵元 m 的距离为

$$
r_{im}^{\text{均匀圆弧阵(或圆阵)近场}}=
$$

$$
\sqrt{(r_m\sin\varphi_m\cos\vartheta_m-r_i\sin\varphi_i\cos\theta_i)^2+(r_m\sin\varphi_m\sin\vartheta_m-r_i\sin\varphi_i\sin\theta_i)^2+(r_m\cos\varphi_m-r_i\cos\varphi_i)^2}
$$

$$
=\sqrt{r^2+r_i^2-2rr_i\sin\varphi_i\cos\left(\frac{m-1}{M-1}\beta-\theta_i\right)} \tag{2.58}
$$

式中：θ_i 为目标方位角；φ_i 为目标俯仰角；r_i 为目标 i 到参考点的距离。

阵元 m 接收到的第 i 个目标信号相对参考点接收到的信号 $s_i(t)$ 的时间时延量为

$$
\tau_{im}^{\text{均匀圆弧阵(或圆阵)近场}}=\frac{r_{im}-r_i}{c}=\frac{\sqrt{r^2+r_i^2-2rr_i\sin\varphi_i\cos\left(\frac{m-1}{M-1}\beta-\theta_i\right)}-r_i}{c} \tag{2.59}
$$

类似远场情况，将式（2.58）代入式（2.11），则可得均匀圆弧阵（或圆阵）近场接收数据时域一般模型：

$$
x_m(t)=\sum_{i=1}^{N}s_i(t-\tau_{im})+n_m(t)
$$

$$
=\sum_{i=1}^{N}s_i\left[t-\frac{\sqrt{r^2+r_i^2-2rr_i\sin\varphi_i\cos\left(\frac{m-1}{M-1}\beta-\theta_i\right)}-r_i}{c}\right]+n_m(t) \tag{2.60}
$$

式中：θ_i 为目标方位角；φ_i 为目标俯仰角。

将式（2.58）代入式（2.12），则可得均匀圆弧阵（或圆阵）近场接收数据频域一般模型：

$$
\begin{aligned}
X_m(f) &= \sum_{i=1}^{N} S_i(f)\mathrm{e}^{-\mathrm{j}2\pi f\tau_{im}} + N_m(f) = \sum_{i=1}^{N} S_i(f)\mathrm{e}^{-\mathrm{j}2\pi f\frac{\sqrt{r^2+r_i^2-2rr_i\sin\varphi_i\cos\left(\frac{m-1}{M-1}\beta-\theta_i\right)}-r_i}{c}} + N_m(f) \\
&= \sum_{i=1}^{N} S_i(f)\mathrm{e}^{-\mathrm{j}2\pi\frac{\sqrt{r^2+r_i^2-2rr_i\sin\varphi_i\cos\left(\frac{m-1}{M-1}\beta-\theta_i\right)}-r_i}{\lambda}} + N_m(f)
\end{aligned}
\tag{2.61}
$$

式中：λ 为对应频率 f 的波长。

将式（2.58）代入式（2.18），则可得均匀圆弧阵（或圆阵）近场接收窄带信号的一般模型：

$$
\begin{aligned}
x_m(t) &= \sum_{i=1}^{N} s_i(t)\mathrm{e}^{-\mathrm{j}2\pi f_0\tau_{im}} + n_m(t) = \sum_{i=1}^{N} s_i(t)\mathrm{e}^{-\mathrm{j}2\pi f_0\frac{\sqrt{r^2+r_i^2-2rr_i\sin\varphi_i\cos\left(\frac{m-1}{M-1}\beta-\theta_i\right)}-r_i}{c}} + n_m(t) \\
&= \sum_{i=1}^{N} s_i(t)\mathrm{e}^{-\mathrm{j}2\pi\frac{\sqrt{r^2+r_i^2-2rr_i\sin\varphi_i\cos\left(\frac{m-1}{M-1}\beta-\theta_i\right)}-r_i}{\lambda_0}} + n_m(t)
\end{aligned}
\tag{2.62}
$$

式中：λ_0 为窄带信号的波长。

2.3.3　三元组均匀线阵

假设三元组均匀线阵布置如图 2.7 所示，基阵由三条 M 个阵元均匀排列的线列阵组成，每条线列阵中阵元均匀间隔为 d，基阵的横切面为等边三角形，三个阵元均匀分布在半径为 r 的圆周上。目标方向向量为 $\boldsymbol{r}_i=(r_i\sin\varphi_i\cos\theta_i, r_i\sin\varphi_i\sin\theta_i, r_i\cos\varphi_i)$（远场情况下 $r_i=1$）。

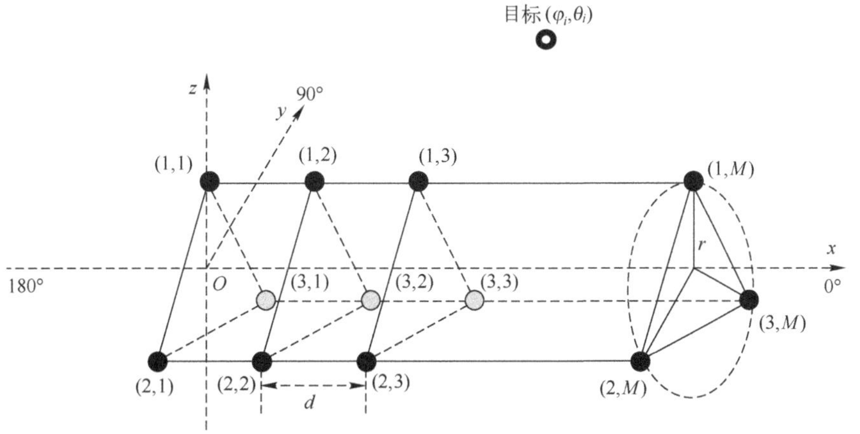

图 2.7　三元组线阵与波入射角

对比图 2.3 可以得到三元组阵阵元参数为

$$\begin{cases} r_{hm}=\sqrt{r^2+[(m-1)d]^2} & (h=1,2,3;m=1,2,\cdots,M) \\ \varphi_{hm}=\operatorname{acos}\left\{\dfrac{r\cos\left[\dfrac{2\pi}{3}(h-1)\right]}{r_{hm}}\right\} & (h=1,2,3;m=1,2,\cdots,M) \\ \vartheta_{hm}=\begin{cases} 0 & (h=1;m=1) \\ \operatorname{atan}\dfrac{r\sin\left[\dfrac{2\pi}{3}(h-1)\right]}{(m-1)d} & (h=1,2,3;m=2,3,\cdots,M) \end{cases} \end{cases} \tag{2.63}$$

将式（2.63）代入式（2.10）或式（2.23），则可分别得到远场情况和近场情况下阵元 m 接收到的第 i 个目标信号相对参考点接收到的信号 $s_i(t)$ 的时延量。类似均匀线列阵和均匀圆弧阵（或圆阵），将时间延迟代入式（2.11），则可得三元组均匀线阵接收数据时域一般模型；代入式（2.12），则可得三元组均匀线阵接收数据频域一般模型；代入式（2.18），则可得三元组均匀线阵接收窄带信号的一般模型。

2.3.4 圆台阵（或圆柱阵）

假设圆台阵布置如图 2.8 所示，整个基阵由 H 条 M 个阵元均匀排列的线列阵组成，每条线列阵中阵元均匀间隔为 d，每条线阵的倾角为 α，圆台下底的半径为 r，基阵的横切面为圆形，H 个阵元均匀分布在圆周上。显然，当倾角 $\alpha=90°$时，该基阵为圆柱阵。目标方向向量为 $\boldsymbol{r}_i=(r_i\sin\varphi_i\cos\theta_i, r_i\sin\varphi_i\sin\theta_i, r_i\cos\varphi_i)$（远场情况下 $r_i=1$）。

对比图 2.3 可以得到圆台阵（或圆柱阵）阵元参数为

$$\begin{cases} r_{hm}=\sqrt{r^2+[(m-1)d]^2-2r(m-1)d\cos\alpha} & (h=1,2,\cdots,H;m=1,2,\cdots,M) \\ \varphi_{hm}=\dfrac{\pi}{2}-\operatorname{acos}\left\{\dfrac{r^2+r_{hm}^2-[(m-1)d]^2}{2rr_{hm}}\right\} & (h=1,2,\cdots,H;m=1,2,\cdots,M) \\ \vartheta_{hm}=\dfrac{2\pi(h-1)}{H} & (h=1,2,\cdots,H;m=1,2,\cdots,M) \end{cases} \tag{2.64}$$

将式（2.64）代入式（2.10）或式（2.23），则可分别得到远场情况和近场情况下阵元 m 接收到的第 i 个目标信号相对参考原点接收到的信号 $s_i(t)$ 的时间延迟量。类似均匀线列阵和均匀圆弧阵（或圆阵），将时延代入式（2.11），则可得圆台阵（或圆柱阵）接收数据时域一般模型；代入式（2.12），则可得圆台阵（或圆柱阵）接收数据频域一般模型；代入式（2.18），则可得圆台阵（或圆柱阵）接收窄带信号的一般模型。

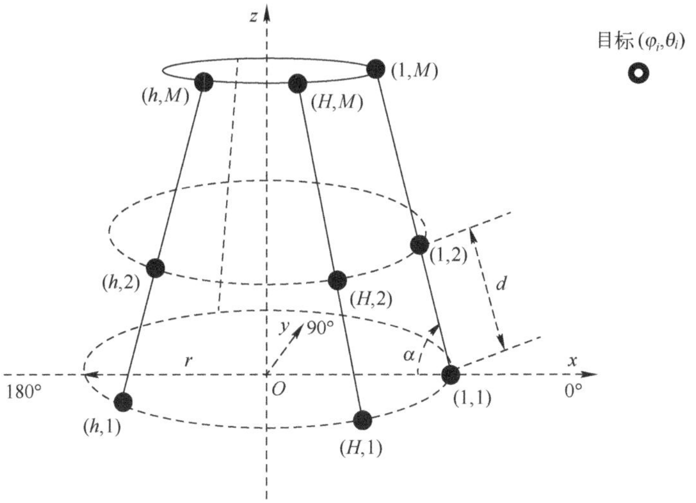

图 2.8　圆台阵与波入射角

2.4　任意基阵接收数据仿真

根据前面描述的基阵接收数据模型，下面分别阐述窄带和宽带情况下如何仿真产生基阵接收数据。

2.4.1　窄带接收数据仿真

假设目标信号是窄带信号，信号中心频率为 f_0，此时基阵接收信号的一般模型如式（2.18）所示。将式（2.18）写成离散的表示形式，则第 $m(m=1,2,\cdots,M)$ 个阵元上第 k 次观测的采样值为

$$x_m(k)=\sum_{i=1}^{N}s_i(k)\mathrm{e}^{-\mathrm{j}2\pi f_0\tau_{im}}+n_m(k) \tag{2.65}$$

式中：$n_m(k)$ 表示第 m 个阵元上的加性噪声。

将各阵元上第 k 次观测的采样写成矩阵形式为

$$\boldsymbol{X}(k)=\boldsymbol{A}(f_0,\boldsymbol{\Phi},\boldsymbol{\Theta})\boldsymbol{S}(k)+\boldsymbol{N}(k) \tag{2.66}$$

式中：$\boldsymbol{X}(k)=[x_1(k),x_2(k),\cdots,x_M(k)]^{\mathrm{T}}$ 为基阵接收信号矩阵；$\boldsymbol{S}(k)=[s_1(k),s_2(k),\cdots,s_N(k)]^{\mathrm{T}}$ 为信号源矩阵；$\boldsymbol{N}(k)=[n_1(k),n_2(k),\cdots,n_M(k)]^{\mathrm{T}}$

为加性噪声矩阵；矩阵 $\boldsymbol{A}(f_0,\boldsymbol{\Phi},\boldsymbol{\Theta})$ 为基阵的阵列流形，可表示为

$$\boldsymbol{A}(f_0,\boldsymbol{\Phi},\boldsymbol{\Theta})=\begin{bmatrix} \mathrm{e}^{-\mathrm{j}2\pi f_0\tau_{11}} & \mathrm{e}^{-\mathrm{j}2\pi f_0\tau_{21}} & \cdots & \mathrm{e}^{-\mathrm{j}2\pi f_0\tau_{N1}} \\ \mathrm{e}^{-\mathrm{j}2\pi f_0\tau_{12}} & \mathrm{e}^{-\mathrm{j}2\pi f_0\tau_{22}} & \cdots & \mathrm{e}^{-\mathrm{j}2\pi f_0\tau_{N2}} \\ \vdots & \vdots & \cdots & \vdots \\ \mathrm{e}^{-\mathrm{j}2\pi f_0\tau_{1M}} & \mathrm{e}^{-\mathrm{j}2\pi f_0\tau_{2M}} & \cdots & \mathrm{e}^{-\mathrm{j}2\pi f_0\tau_{NM}} \end{bmatrix}$$
$$=[\boldsymbol{a}(f_0,\varphi_1,\theta_1),\boldsymbol{a}(f_0,\varphi_2,\theta_2),\cdots,\boldsymbol{a}(f_0,\varphi_N,\theta_N)] \tag{2.67}$$

根据以上分析，可得基阵窄带接收数据仿真方法如图 2.9 所示。

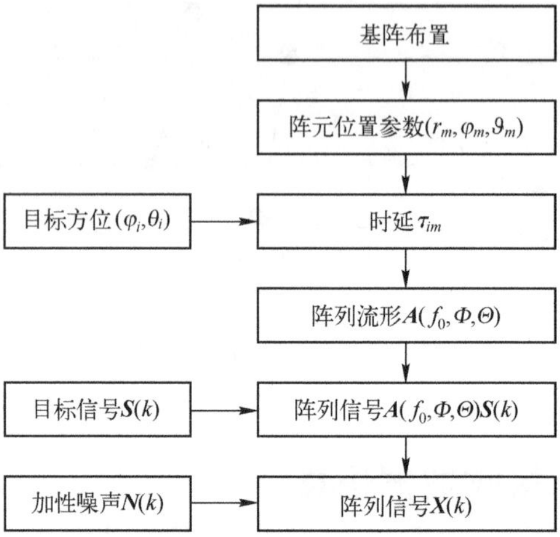

图 2.9　窄带接收数据仿真方法

需要说明的是，上面是按照式（2.18）所示的模型产生仿真数据，也可根据式（2.11）通过对目标信号进行时延滤波产生。

2.4.2　宽带接收数据仿真

根据前面描述的基阵接收数据宽带模型的时域和频域表达式，可分别从时域或频域产生仿真数据。时域上，可根据式（2.11）通过对目标信号进行时延滤波产生。下面主要描述根据式（2.14）从频域上仿真基阵宽带接收数据，实现方法如图 2.10 所示。首先根据基阵阵元位置参数和目标位置参数得到时延 τ_{im}；其次将目标时域信号进行傅里叶变换，根据宽带信号频率范围取出 $\boldsymbol{S}(f_j)(j=1,2,\cdots,J)$；然后根据频率 f_j 和时延 τ_{im} 构建对应频率 f_j 的阵列流形 $\boldsymbol{A}(f_j,\boldsymbol{\Phi},\boldsymbol{\Theta})$，并计算 $\boldsymbol{A}(f_j,\boldsymbol{\Phi},\boldsymbol{\Theta})\boldsymbol{S}(f_j)$，得到频域仿真接收数据；最后将频域仿真接收数据傅里叶逆变换并加上加性噪声 $\boldsymbol{N}(k)$ 即得到仿真的宽带接收

数据。

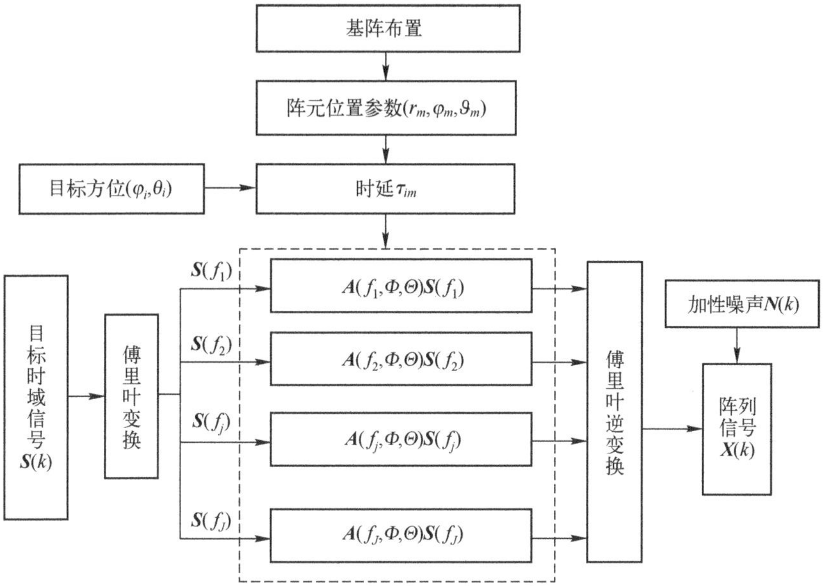

图 2. 10　宽带接收数据仿真方法

参考文献

[1] 刘庆云. 确定性时变信号的分析与处理方法研究 [D]. 西安：西北工业大学，2004.

[2] 冀雯宇. 波束域多目标 DOA 估计方法研究 [D]. 南京：南京航空航天大学，2011.

[3] 肖国有，屠庆平. 声信号处理及其应用 [M]. 西安：西北工业大学出版社，1994.

[4] 张小飞，汪飞，徐大专. 阵列信号处理的理论和应用 [M]. 北京：国防工业出版社，2010.

[5] 康春玉. 水中目标信号净化及军事应用研究 [D]. 大连：海军大连舰艇学院，2009.

[6] 杨益新. 声纳波束形成与波束域高分辨方位估计技术研究 [D]. 西安：西北工业大学，2002.

第 3 章　波 束 形 成

被动声纳信号处理中，噪声和干扰无处不在，通过滤波器滤除噪声和干扰的影响是单通道信号处理中的重要方法。阵列信号处理中，也常采用滤波来抑制噪声和干扰的影响，这种技术称为波束形成。本章主要介绍波束形成原理与波束响应、延迟求和波束形成、常规 Bartlett 波束形成、MVDR 波束形成及三维聚焦波束形成等内容。

3.1　波束形成原理与波束响应

3.1.1　波束形成原理

从第 2 章基阵接收数据模型可以发现，不同基阵布置下，无论是远场还是近场情况，信号源在基阵上响应的不同主要体现在时间延迟量上。且各阵元接收到目标信号间存在的时延差与阵元位置相关，波束形成正是利用这点实现在空间上抗噪声和混响场的目的，也是抗多目标混叠干扰常用的方法，不仅可以有效地提高信噪比，也为确定目标方位提供了基础。在后续讨论的波束形成中，一般做如下假设。[1-3]

（1）统计特性假设。如无特别说明，假设入射到基阵的目标信号是平稳的各态历经信号，也就是说处理时可以用时间平均来代替统计平均，且在一次处理中信号参数的变化可以忽略。另外，假设噪声为互不相关的空间白噪声。

（2）非模糊性假设。任意 N 个互不相等的方位所对应的方向向量集合形成一个线性独立的子集，且阵元之间不产生互耦。

研究表明，波束形成本质上是一个空间滤波器，其一般原理是对基阵中 M 个阵元上的信号进行加权，补偿搜索方位(φ_e,θ_b)（$e=1,2,\cdots,E;b=1,2,\cdots,B$；$E$ 为俯仰角搜索的总数；B 为方位角搜索的总数）信号到达各阵元间存在的时延差，使对搜索方位(φ_e,θ_b)的接收信号形成同相相加，如图 3.1 所示，用公式表示为

$$y(t)=\sum_{m=1}^{M}w_m(\varphi_e,\theta_b)x_m(t)=\boldsymbol{W}^{\mathrm{H}}(\varphi_e,\theta_b)\boldsymbol{X}(t) \tag{3.1}$$

式中：$\boldsymbol{X}(t)=[x_1(t),x_2(t),\cdots,x_M(t)]^{\mathrm{T}}$ 为基阵接收信号矩阵；$(\cdot)^{\mathrm{H}}$ 表示共轭转置；$\boldsymbol{W}(\varphi_e,\theta_b)=[w_1(\varphi_e,\theta_b),w_2(\varphi_e,\theta_b),\cdots,w_M(\varphi_e,\theta_b)]^{\mathrm{H}}$ 为搜索方位(φ_e,θ_b)的加权向量；$y(t)$为波束输出信号，即通常所说的波束输出，对应搜索方位(φ_e,θ_b)的空间谱值为

$$P(\varphi_e,\theta_b)=\sum|y(t)|^2=\sum|\boldsymbol{W}^{\mathrm{H}}(\varphi_e,\theta_b)\boldsymbol{X}(t)|^2 \tag{3.2}$$

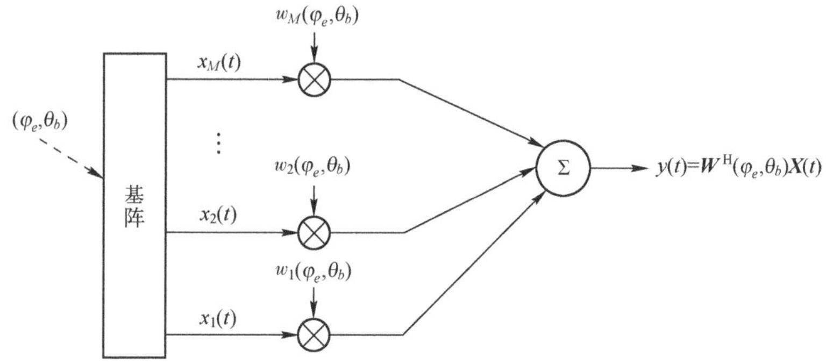

图 3.1　波束形成的一般原理

很显然，不同的加权向量 $\boldsymbol{W}(\varphi_e,\theta_b)$ 代表了不同的波束形成方法，也就是说，波束形成的核心是如何设计合适的权向量，使对搜索方位(φ_e,θ_b)的接收信号实现增强。

3.1.2　波束响应

波束响应也称为波束图案，是指对于一个给定加权向量 $\boldsymbol{W}(\varphi_e,\theta_b)$，波束形成输出在整个搜索方位$(\varphi,\theta)$上的响应，主要用来评估波束形成方法的性能。波束响应通过将波束形成器权向量 $\boldsymbol{W}(\varphi_e,\theta_b)$ 施加到所有搜索角度上的基阵响应向量进行计算得到，即

$$B(\varphi,\theta)=\boldsymbol{W}^{\mathrm{H}}(\varphi_e,\theta_b)\boldsymbol{a}(f,\varphi,\theta) \tag{3.3}$$

式中：$\boldsymbol{a}(f,\varphi,\theta)$为基阵对$(\varphi,\theta)$方向入射频率为 f 的信号的响应向量（或方向向量）。

理想情况下，我们希望波束形成器只允许搜索方位(φ_e,θ_b)的信号通过，而完全抑制其他方向来的信号，实际上这种情况是不可能实现的。波束响应可评估这种理想情况会逼近到何种程度。

波束形成器的空域频率响应为$|B(\varphi,\theta)|^2$，也称为波束图。

针对如何获得加权向量 $\boldsymbol{W}(\varphi_e,\theta_b)$，科研人员提出了不同的实现方式，下面主要介绍几种常见的波束形成实现方法。

3.2 延迟求和波束形成

3.2.1 基本原理

根据基阵接收数据模型和波束形成一般原理可以看出，只要对基阵接收信号选取一个合适的加权向量即可补偿各目标信号到达阵元之间的时延差，就可达到同相叠加的波束形成目的，从而在搜索方位上增大输出，形成一个主瓣波束，这就是最古老并且最简单的基阵波束形成方法，称为延迟求和波束形成，也常称为常规波束形成。其原理如图 3.2 所示。即将基阵阵元接收到的信号经过适当的加权、延迟，使其相互对准并相加到一起，达到同相叠加的波束形成目的，使搜索方位的信号相对于噪声或其他方向的信号得到增强。图 3.2 中，除阵元延迟外增加了对阵元信号的幅度加权，幅度加权的引入可以调节基阵的响应（波束图）。实际处理中，延迟求和波束形成器中均含有幅度加权处理单元，因此用加权-延迟-求和来描述常规波束形成器更符合其内在特征。

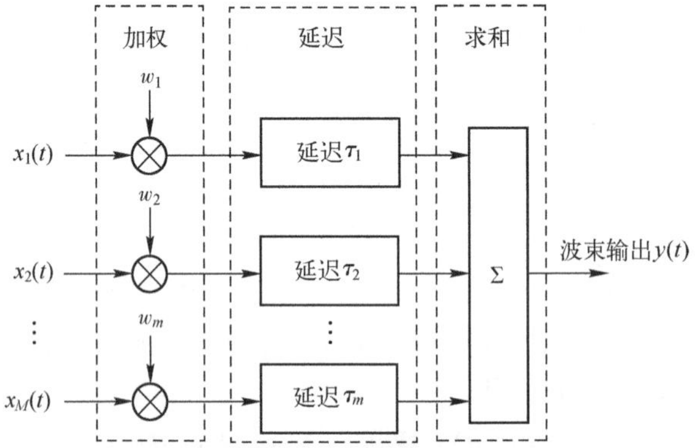

图 3.2 延迟求和波束形成

图 3.2 中：$x_m(t)(m=1,2,\cdots,M)$表示第 m 个阵元接收到的信号；$w_m(m=1,2,\cdots,M)$表示对第 m 个阵元接收信号的幅度加权值，$\tau_m(m=1,2,\cdots,M)$表示对第 m 个阵元接收到的信号的时延。

如图 3.2 所示，延迟求和波束形成的波束输出可描述为对 M 个阵元接收到的信号 $x_m(t)$经过一个延时 τ_m 和一个幅度加权 w_m 后进行求和得到，即得到搜索方位(φ_e,θ_b)上的波束输出 $y(t)$，用数学公式表示为

$$y(t)=\sum_{m=1}^{M} w_m x_m(t+\tau_m) \tag{3.4}$$

式中：τ_m 表示第 m 个阵元接收到的信号的时延；$w_m(m=1,2,\cdots,M)$ 表示对第 m 个阵元接收信号的幅度加权值。

此时，(φ_e,θ_b) 方位的空间谱值为

$$P(\varphi_e,\theta_b)=\sum |y(t)|^2 \tag{3.5}$$

如果以一定方位间隔对整个搜索空间 (Φ,Θ) 形成 $E\cdot B$ 个波束，即对空间每个方位 $(\varphi_e,\theta_b)(e=1,2,\cdots,E;b=1,2,\cdots,B)$ 都进行波束形成，则可得空间每个方位上的波束输出（目标信号估计）和空间谱值估计，搜索整个空间谱的峰值则可估计出目标的方位。

很显然，上述波束形成方法无论对窄带信号还是宽带信号都适用，其核心是如何对信号实现时延。针对该问题，目前主要有时域直接实现、时延滤波器实现和信号变换域实现等方法，下面给出一种基于傅里叶变换的时延实现方法。

3.2.2　基于傅里叶变换的时延实现方法

傅里叶变换时移特性表明，若信号 $x(t)$ 的傅里叶变换为 $x(f)$，则 $x(t+\tau)$（τ 为常数）的傅里叶变换为 $\mathrm{e}^{2\pi f\tau}x(f)$。根据该性质，我们就可实现 $x(t)$ 信号的时延[4]，具体步骤如下：

（1）对基阵接收信号 $x_m(t)$ 进行傅里叶变换得到 $x_m(f)$；

（2）根据频率范围和对应时延 τ_m（由对应搜索方位得到）构造 $\mathrm{e}^{2\pi f\tau}$，并计算 $\mathrm{e}^{2\pi f\tau}x(f)$；

（3）对 $\mathrm{e}^{2\pi f\tau}x(f)$ 进行傅里叶逆变换则得到 $x(t)$ 时延 τ_m 后的信号 $x(t+\tau_m)$；

（4）将时延后的阵列信号按式（3.4）加权求和，则得到搜索方位的波束输出；

（5）计算每一个搜索方位波束输出的能量，则可得到整个搜索空间的空间谱 $P(\theta)$。

因此，可以得到整个延迟求和波束形成傅里叶变换实现方法的框图，如图 3.3所示。

很显然，图 3.3 所示方法的好处是对窄带信号和宽带信号都适用，时延比较精确。不过，当基阵阵元数较多、积分时间较长时，计算量比较大。

例 3.1　假设 32 元均匀线列阵，阵元间隔为半波长，远场40°、80°和100°各存在一个宽带目标，采样频率为 25kHz，积分时间 1s，信噪比为−3dB，采用时延求和波束形成傅里叶变换实现方法估计的方位空间谱如图 3.4 所示。

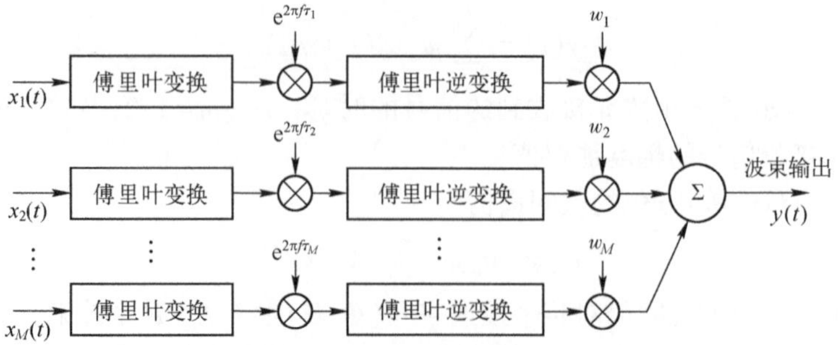

图 3.3　时延求和波束形成的傅里叶变换实现方法

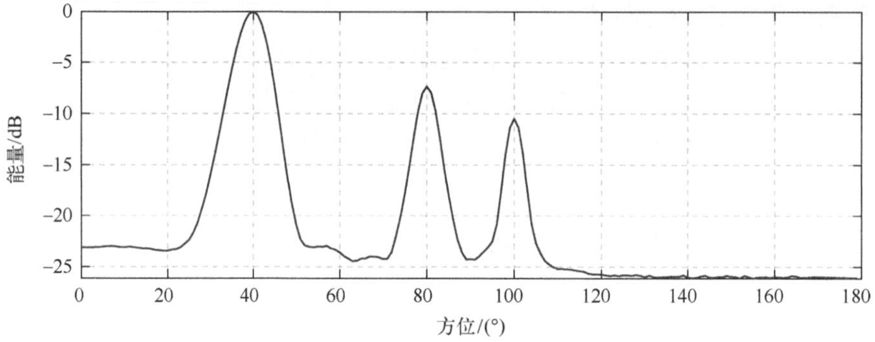

图 3.4　时延求和波束形成傅里叶变换实现方法估计的方位空间谱

3.3　窄带波束形成

根据窄带信号的时延可以表示为相移的性质以及宽带信号可以分成不同窄带的原理，窄带波束形成方法得到了广泛的研究，科研人员提出了很多的实现方法，下面介绍两种常用的方法。

3.3.1　窄带 Bartlett 波束形成

对于如式（2.18）所示的基阵窄带接收数据模型，将式（2.18）代入波束形成原理表达式（3.1），可得空间搜索方位(φ_e,θ_b)上的波束输出：

$$
\begin{aligned}
y(t) &= \sum_{m=1}^{M} w_m(\varphi_e,\theta_b)x_m(t) = \sum_{m=1}^{M} w_m(\varphi_e,\theta_b)\left[\sum_{i=1}^{N} s_i(t)\mathrm{e}^{-\mathrm{j}2\pi f_0\tau_{im}} + n_m(t)\right] \\
&= \boldsymbol{W}^{\mathrm{H}}(\varphi_e,\theta_b)\boldsymbol{X}(t)
\end{aligned}
\tag{3.6}
$$

式中：$\boldsymbol{X}(t)=[x_1(t),x_2(t),\cdots,x_M(t)]^{\mathrm{T}}$ 为基阵接收信号矩阵；$y(t)$ 为波束输出信号；$(\cdot)^{\mathrm{H}}$ 表示共轭转置；f_0 为窄带信号的中心频率。

很显然，当搜索方位(φ_e,θ_b)的加权向量为

$$\boldsymbol{W}(\varphi_e,\theta_b)=[w_1\mathrm{e}^{\mathrm{j}2\pi f_0\tau_1},w_2\mathrm{e}^{\mathrm{j}2\pi f_0\tau_2},\cdots,w_M\mathrm{e}^{\mathrm{j}2\pi f_0\tau_M}]^{\mathrm{H}} \tag{3.7}$$

时，可实现搜索方位(φ_e,θ_b)上信号的同相叠加。

式中：$\boldsymbol{w}=[w_1,w_2,\cdots,w_M]$为幅度加权值。

此时，(φ_e,θ_b)方位的空间谱值为

$$P(f_0,\varphi_e,\theta_b)=\sum|y(t)|^2=\sum|\boldsymbol{W}^{\mathrm{H}}(\varphi_e,\theta_b)\boldsymbol{X}(t)|^2 \tag{3.8}$$

如果以一定方位间隔对整个搜索空间$(\boldsymbol{\Phi},\boldsymbol{\Theta})$形成$E\cdot B$个波束，即对空间每个方位$(\varphi_e,\theta_b)(e=1,2,\cdots,E;b=1,2,\cdots,B)$都进行波束形成则可得空间每个方位上的波束输出（目标信号估计）和空间谱值估计，搜索整个空间谱的峰值则可估计出目标的方位。将上述过程写成矩阵形式为（常称为窄带 Bartlett 波束形成）

$$\boldsymbol{Y}(t)=\boldsymbol{W}^{\mathrm{H}}(\boldsymbol{\Phi},\boldsymbol{\Theta})\boldsymbol{X}(t) \tag{3.9}$$

式中：$\boldsymbol{W}(\boldsymbol{\Phi},\boldsymbol{\Theta})$为波束形成矩阵，表示为

$$\boldsymbol{W}(\boldsymbol{\Phi},\boldsymbol{\Theta})=[\boldsymbol{W}(\varphi_e,\theta_1)\ \ \boldsymbol{W}(\varphi_e,\theta_2)\ \ \cdots\ \ \boldsymbol{W}(\varphi_e,\theta_b)\ \ \cdots\ \ \boldsymbol{W}(\varphi_e,\theta_B)]^{\mathrm{H}}\quad(e=1,2,\cdots,E) \tag{3.10}$$

式中：加权向量 $\boldsymbol{W}(\varphi_e,\theta_b)$如式（3.7）所示。

从上面分析可以看出，Bartlett 波束形成是根据波束形成原理直接导出的，利用了窄带信号的特点，通过直接相移补偿了信号的时延。根据幅度加权方式$\boldsymbol{w}=[w_1,w_2,\cdots,w_M]$的值不同，Bartlett 波束形成可以分为均匀加权和非均匀加权两种方法。

1. 均匀加权 Bartlett 波束形成

所谓均匀加权是指对基阵各个阵元的输出信号进行相同的幅度加权，波束形成时施加以不同的时间延迟，即幅度加权向量的每一个值都相等，如取 $w_m=\frac{1}{\sqrt{M}}$，将其代入式（3.7）则可得到均匀加权 Bartlett 波束形成的权向量

$$\boldsymbol{W}(\varphi_e,\theta_b)=\frac{1}{\sqrt{M}}[\mathrm{e}^{\mathrm{j}2\pi f_0\tau_1},\mathrm{e}^{\mathrm{j}2\pi f_0\tau_2},\cdots,\mathrm{e}^{\mathrm{j}2\pi f_0\tau_M}]^{\mathrm{H}} \tag{3.11}$$

例 3.2　对于如图 2.5 所示的均匀线列阵，若以阵元 1 为参考阵元，对 θ_b 方向形成波束，则第 m 号阵元相对于阵元 1 的时间时延为

$$\tau_m=\frac{(m-1)d\cos\theta_b}{c} \tag{3.12}$$

式中：d 为均匀线列阵阵元间隔；c 为水中声传播速度。

将式（3.12）代入式（3.11），则可得到均匀线列阵均匀加权 Bartlett 波束形成的权向量为

$$\boldsymbol{W}(\theta_b)=\frac{1}{\sqrt{M}}\left[1,\mathrm{e}^{\mathrm{j}\frac{2\pi f_0}{c}d\cos\theta_b},\cdots,\mathrm{e}^{\mathrm{j}\frac{2\pi f_0}{c}(M-1)d\cos\theta_b}\right]^{\mathrm{H}} \tag{3.13}$$

2. 非均匀加权 Bartlett 波束形成

为了降低波束的旁瓣级，可以在补偿基阵各个输出之间的时间延迟的同时对其进行不同的幅度加权。常见加权方法如均匀线列阵中运用的道尔夫–切比雪夫（Dolph–Chebyshev）加权，用这种加权方式可以得到恒定的旁瓣级，将幅度加权值 $w_m(m=1,2,\cdots,M)$ 代入式（3.7），则可得到非均匀加权 Bartlett 波束形成的权向量：

$$\boldsymbol{W}(\varphi_e,\theta_b)=\left[w_1\mathrm{e}^{\mathrm{j}2\pi f_0\tau_1},w_2\mathrm{e}^{\mathrm{j}2\pi f_0\tau_2},\cdots,w_M\mathrm{e}^{\mathrm{j}2\pi f_0\tau_M}\right]^{\mathrm{H}} \tag{3.14}$$

例 3.3 对于如图 2.5 所示的均匀线列阵，若以阵元 1 为参考阵元，对 θ_b 方向形成波束，则根据第 m 号阵元相对于阵元 1 的时间时延，如式（3.12），可得到均匀线列阵非均匀加权常规波束形成的权向量为

$$\boldsymbol{W}(\theta_b)=\left[w_1,w_2\mathrm{e}^{\mathrm{j}\frac{2\pi f_0}{c}d\cos\theta_b},\cdots,w_M\mathrm{e}^{\mathrm{j}\frac{2\pi f_0}{c}(M-1)d\cos\theta_b}\right]^{\mathrm{H}} \tag{3.15}$$

式中：w_m 表示非均匀加权权系数，如道尔夫–切比雪夫权系数。

若均匀线列阵阵元数为 32，则旁瓣级–35dB 和旁瓣级–45dB 的道尔夫–切比雪夫权系数如图 3.5 所示。

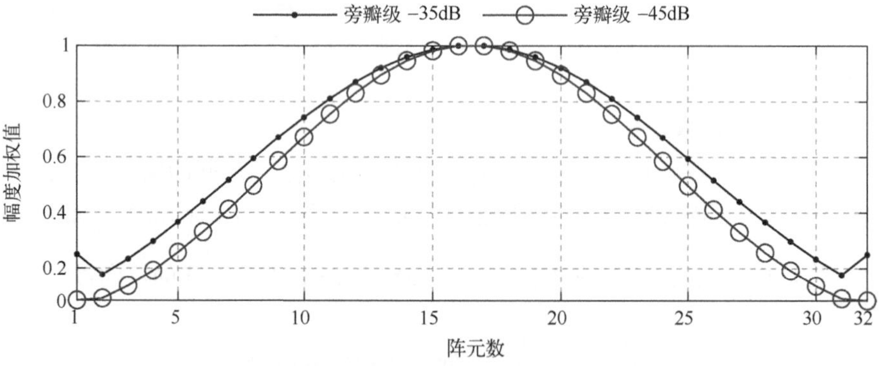

图 3.5 道尔夫–切比雪夫权系数

需要指出的是，常规波束形成时通过幅度加权可以降低旁瓣级，但会造成主瓣宽度增大，影响波束形成方法的空间分辨率。另外，道尔夫–切比雪夫加权只是均匀线列阵最常用的加权方式，对圆阵等其他常见基阵，如果要设计低

旁瓣级波束，需要采用其他的方法进行设计。

例 3.4　根据式（3.3）、式（3.13）和式（3.15），可以得到均匀线列阵采用 Bartlett 方法时的波束图。图 3.6 给出了 32 元均匀线列阵（阵元间隔为半波长）采取均匀加权或非均匀加权（道尔夫-切比雪夫加权），波束指向 $\theta=90°$、$\theta=40°$和 $\theta=140°$时的波束图。图中横坐标是方位角，纵坐标是以分贝为单位的幅度响应。从图 3.6 可以看出，幅度响应中均有多个瓣，其中幅度响应最大的瓣常称为主瓣（或主波束），图 3.6（a）中的主瓣以 $\theta=90°$为中心，即波束指向基阵的正横方向，图 3.6（b）中的主瓣指向 $\theta=40°$，图 3.6（c）中的主瓣指向 $\theta=140°$，其余幅度响应较小的瓣称为旁瓣。很显然，主瓣上波束响应值最大，而其余搜索方向的幅度响应均小于该值，表明当信号从这些方向入射时，信号功率将有损失，即达到期望输出（主瓣）最大，抑制其他方向输出的波束形成目的。波束形成器的分辨率由主瓣宽度（也称为波束宽度）决定，主瓣宽度越窄则方位分辨率越高。由于第一个旁瓣是主瓣以外所有旁瓣中幅度响应最大的一个，因此第一个旁瓣的高低常被用来定义波束图的旁瓣级，它决定了波束形成器对主瓣方向以外方向上到达信号（干扰）的抑制能力。对比图 3.6（a）、图 3.6（b）和图 3.6（c）还可发现，对于均匀线列阵，当主瓣偏离阵列正横方向时，主瓣宽度将随着偏离角的增大而逐渐变宽，这也说明，当目标位于线列阵正横位置时，线列阵的探测性能最佳。

从图 3.6 中也可看出，不同的加权方式，波束响应也不一样。道尔夫-切比雪夫加权具有很好的旁瓣抑制效果，能够达到恒定旁瓣级，但带来的损失是主瓣变宽。需要指出的是，基阵尺寸、阵元个数等也对波束图产生影响，这里不一一介绍。一般规律是基阵孔径越大，主瓣宽度越窄，阵元数越多，主瓣宽度也越窄。

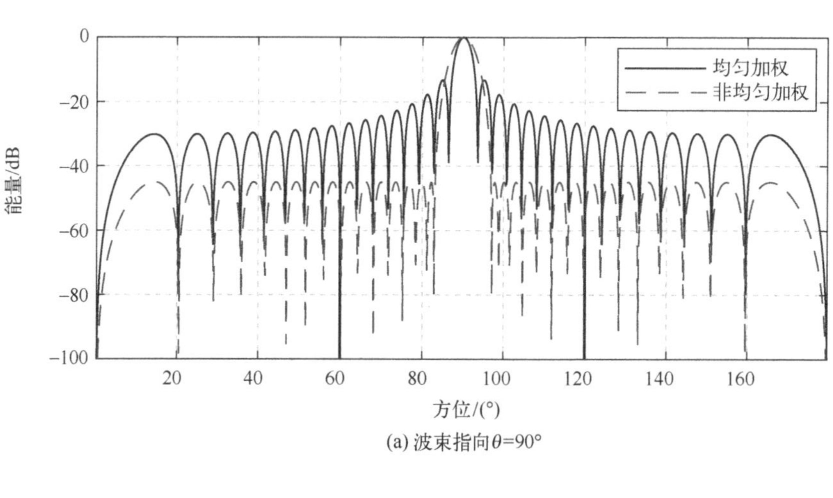

(a) 波束指向θ=90°

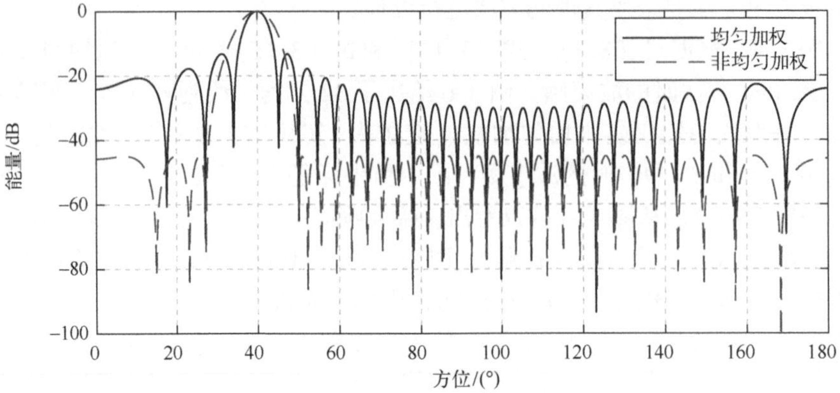

(b) 波束指向θ=40°

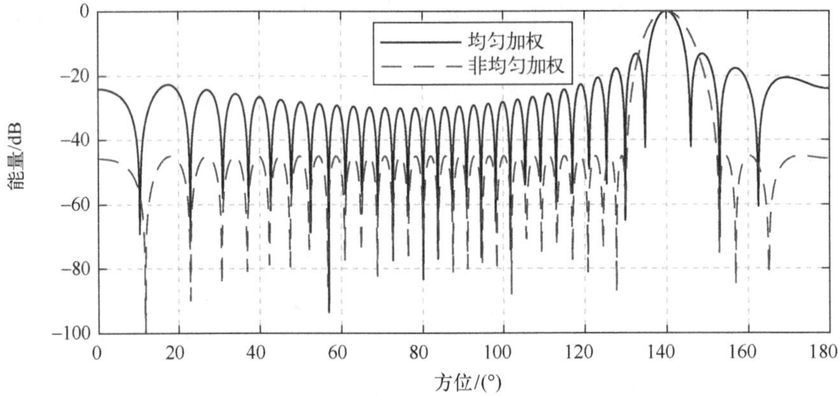

(c) 波束指向θ=140°

图 3.6　32 元均匀线列阵波束图（阵元间隔为半波长）

例 3.5　假设 32 元均匀线列阵阵元间隔为半波长，远场 40°、80°和 100°各存在一个窄带目标，采样频率为 10kHz，积分时间 1s，信噪比为-3dB，采用均匀加权和非均匀加权窄带 Bartlett 方法估计的方位空间谱如图 3.7 所示。

从图 3.7 可以看出，非均匀加权的旁瓣级降低，但主瓣明显变宽，与均匀加权一样，越远离正横，主瓣越宽。

3.3.2　窄带 MVDR 波束形成

常规波束形成等非自适应波束形成器很难适应不同的干扰环境，为了改善这一局限性，研究人员通过对不同环境做自适应处理，提出了一系列的改进方法。Capon[5] 提出的 MVDR 波束形成方法是在统计最佳准则下的一类自适应波

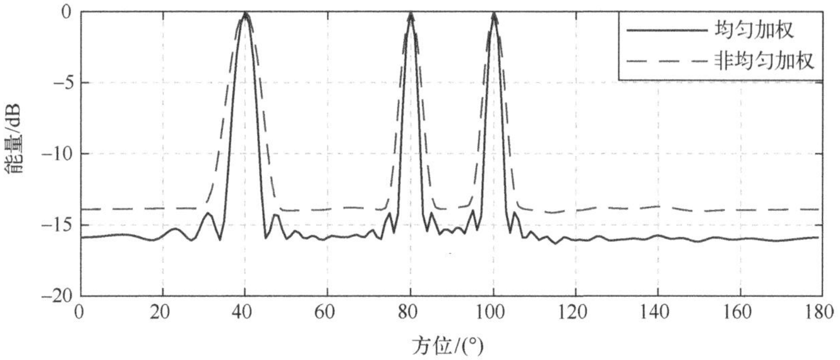

图 3.7　窄带 Bartlett 方法估计的方位空间谱

束形成方法。自提出以来，MVDR 波束形成以其简单的算法、良好的性能得到了广泛关注和应用。

1. 最佳权向量

基阵在波束指向方向上的输出是所有空间方向上共同激励的结果，既含有波束指向方向上的激励响应，也含有其他搜索方向上的激励响应。为了减小基阵对非搜索方位上的激励响应，Capon 提出了如下的优化准则，即在保证波束指向方向上信号的输出功率不变的前提条件下，抑制（或干扰）方向波束输出功率达到最小，即在干扰方向形成零陷。

假设空间中有一个我们感兴趣的信号 $d(t)$（或称期望信号，其波达方向为(φ_e,θ_b)）和 J 个不感兴趣的信号 $i_j(t),j=1,\cdots,J$（或称干扰信号，其波达方向为$(\varphi_{ij},\theta_{ij})$），所有信号均为窄带信号，中心频率为$f_0$。令每个阵元上的加性白噪声为 $n_m(t)$，它们都具有相同的方差 σ_n^2。在这些假设条件下，根据式（2.18）所示的基阵窄带信号接收模型，第 m 个阵元上的接收信号可以表示为

$$x_m(t)=\boldsymbol{a}(f_0,\varphi_e,\theta_b)d(t)+\sum_{j=1}^{J}\boldsymbol{a}(f_0,\varphi_{ij},\theta_{ij})i_j(t)+n_m(t) \tag{3.16}$$

式中：$\boldsymbol{a}(f_0,\varphi_h,\theta_h)(h=e,b,i1,i2,\cdots,iJ)$表示在波束指向$(\varphi_h,\theta_h)$方向入射频率为$f_0$ 的信号（或中心频率为f_0 的窄带信号）的响应向量（或方向向量）。

式（3.16）右边的三项分别表示信号、干扰和噪声在阵元上的响应。式（3.16）用矩阵形式表示为

$$\begin{bmatrix} x_1(t)\\ x_2(t)\\ \vdots\\ x_M(t)\end{bmatrix}=[\boldsymbol{a}(f_0,\varphi_e,\theta_b),\boldsymbol{a}(f_0,\varphi_{i1},\theta_{i1}),\cdots,\boldsymbol{a}(f_0,\varphi_{iJ},\theta_{iJ})]\begin{bmatrix} d(t)\\ i_2(t)\\ \vdots\\ i_J(t)\end{bmatrix}+\begin{bmatrix} n_1(t)\\ n_2(t)\\ \vdots\\ n_M(t)\end{bmatrix} \tag{3.17}$$

简写为

$$\boldsymbol{X}(t)=\boldsymbol{A}(f_0,\boldsymbol{\Phi},\boldsymbol{\Theta})\boldsymbol{S}(t)+\boldsymbol{N}(t)=\boldsymbol{a}(f_0,\varphi_e,\theta_b)d(t)+\sum_{j=1}^{J}\boldsymbol{a}(f_0,\varphi_{ij},\theta_{ij})i_j(t)+\boldsymbol{N}(t) \tag{3.18}$$

式（3.18）离散化后表示为

$$\boldsymbol{X}(k)=\boldsymbol{A}(f_0,\boldsymbol{\Phi},\boldsymbol{\Theta})\boldsymbol{S}(k)+\boldsymbol{N}(k)=\boldsymbol{a}(f_0,\varphi_e,\theta_b)d(k)+\sum_{j=1}^{J}\boldsymbol{a}(f_0,\varphi_{ij},\theta_{ij})i_j(k)+\boldsymbol{N}(k) \tag{3.19}$$

根据波束形成的一般原理，N 个快拍的波束形成器期望方向(φ_e,θ_b)输出为

$$y(k)=\boldsymbol{W}^{\mathrm{H}}(\varphi_e,\theta_b)\boldsymbol{X}(k)\quad(k=1,\cdots,N) \tag{3.20}$$

式中：$\boldsymbol{W}(\varphi_e,\theta_b)=[w_1(\varphi_e,\theta_b),w_2(\varphi_e,\theta_b),\cdots,w_M(\varphi_e,\theta_b)]^{\mathrm{H}}$ 为复加权向量。

波束输出的平均功率为

$$P(f_0,\varphi_e,\theta_b)=\frac{1}{N}\sum_{k=1}^{N}|y(k)|^2=\frac{1}{N}\sum_{k=1}^{N}|\boldsymbol{W}^{\mathrm{H}}(\varphi_e,\theta_b)\boldsymbol{X}(k)|^2 \tag{3.21}$$

即

$$\begin{aligned}P(f_0,\varphi_e,\theta_b)=&|\boldsymbol{W}^{\mathrm{H}}(\varphi_e,\theta_b)\boldsymbol{a}(f_0,\varphi_e,\theta_b)|^2\frac{1}{N}\sum_{k=1}^{N}|d(k)|^2\\&+\sum_{j=1}^{J}\left[\frac{1}{N}\sum_{k=1}^{N}|i_j(k)|^2\right]|\boldsymbol{W}^{\mathrm{H}}(\varphi_e,\theta_b)\boldsymbol{a}(f_0,\varphi_{ij},\theta_{ij})|^2\\&+\frac{1}{N}\|\boldsymbol{W}^{\mathrm{H}}(\varphi_e,\theta_b)\|^2\sum_{k=1}^{N}\|\boldsymbol{N}(k)\|^2\end{aligned} \tag{3.22}$$

这里忽略了不同目标信号之间的相互作用项，即交叉项 $i_j(k)i_k^*(k)$。当 $N\to\infty$ 时，式（3.21）可写为

$$\begin{aligned}P(f_0,\varphi_e,\theta_b)&=E\{|y(k)|^2\}\\&=\boldsymbol{W}^{\mathrm{H}}(\varphi_e,\theta_b)E\{\boldsymbol{X}(k)\boldsymbol{X}^{\mathrm{H}}(k)\}\boldsymbol{W}(\varphi_e,\theta_b)\\&=\boldsymbol{W}^{\mathrm{H}}(\varphi_e,\theta_b)\boldsymbol{R}_{XX}\boldsymbol{W}(\varphi_e,\theta_b)\end{aligned} \tag{3.23}$$

式中：$\boldsymbol{R}_{XX}=E\{\boldsymbol{X}(k)\boldsymbol{X}^{\mathrm{H}}(k)\}$表示阵列输出的协方差矩阵。

另外，当 $N\to\infty$ 时，根据各加性噪声具有相同的方差 σ_n^2 这一假设，式（3.22）可表示为

$$
\begin{aligned}
P(f_0,\varphi_e,\theta_b) = & E\{|d(k)|^2\}|\boldsymbol{W}^{\mathrm{H}}(\varphi_e,\theta_b)\boldsymbol{a}(f_0,\varphi_e,\theta_b)|^2 \\
& + \sum_{j=1}^{J} E\{|i_j(k)|^2\}|\boldsymbol{W}^{\mathrm{H}}(\varphi_e,\theta_b)\boldsymbol{a}(f_0,\varphi_{ij},\theta_{ij})|^2 \\
& + \sigma_n^2\|\boldsymbol{W}^{\mathrm{H}}(\varphi_e,\theta_b)\|^2
\end{aligned} \tag{3.24}
$$

很显然，式（3.23）和式（3.24）是表示波束形成器期望方向输出信号功率的两种形式。为了保证期望方向(φ_e,θ_b)信号的正确接收并完全抑制其他J个干扰，很容易根据式（3.24）得到关于权向量的约束条件：

$$
\begin{cases}
\boldsymbol{W}^{\mathrm{H}}(\varphi_e,\theta_b)\boldsymbol{a}(f_0,\varphi_e,\theta_b)=1 \\
\boldsymbol{W}^{\mathrm{H}}(\varphi_e,\theta_b)\boldsymbol{a}(f_0,\varphi_{ij},\theta_{ij})=0
\end{cases} \tag{3.25}
$$

约束条件式（3.25）强迫接收阵列波束方向图的“零点”指向所有J个干扰信号，习惯称为波束“置零条件”，在此约束条件下，式（3.24）简化为

$$
P(f_0,\varphi_e,\theta_b)=E\{|d(k)|^2\}+\sigma_n^2\|\boldsymbol{W}^{\mathrm{H}}(\varphi_e,\theta_b)\|^2 \tag{3.26}
$$

从提高信干噪比的角度来看，约束条件（3.25）的干扰置零并不是最佳的。因为选定的权值虽然可使干扰输出为零，但可能使噪声输出加大。因此，实际应用中抑制干扰和噪声应一同考虑。这样一来，结合式（3.23）和式（3.26），MVDR 波束形成最佳权向量的确定相当于求解如下的优化问题[5]（此时能保证信号输出最大，噪声和干扰得到较好的抑制）：

$$
\begin{cases}
\min\limits_{\boldsymbol{W}} \boldsymbol{W}^{\mathrm{H}}(\varphi_e,\theta_b)\boldsymbol{R}_{XX}\boldsymbol{W}(\varphi_e,\theta_b) \\
\text{s.t.}\ \ \boldsymbol{W}^{\mathrm{H}}(\varphi_e,\theta_b)\boldsymbol{a}(f_0,\varphi_e,\theta_b)=1
\end{cases} \tag{3.27}
$$

式中：$\boldsymbol{W}(\varphi_e,\theta_b)=[w_1(\varphi_e,\theta_b),w_2(\varphi_e,\theta_b),\cdots,w_M(\varphi_e,\theta_b)]^{\mathrm{H}}$为待求的复加权向量，$\boldsymbol{a}(f_0,\varphi_e,\theta_b)$为在波束指向$(\varphi_e,\theta_b)$方向入射频率为$f_0$的信号（或中心频率为$f_0$的窄带信号）的响应向量（或方向向量），如式（2.16）所示；$\boldsymbol{R}_{XX}=E[\boldsymbol{X}(k)\boldsymbol{X}^{\mathrm{H}}(k)]$为基阵输出的协方差矩阵。

这样，MVDR 波束形成就是求解式（3.27）的优化问题，最终得到最佳加权向量$\boldsymbol{W}_{\mathrm{opt}}(\varphi_e,\theta_b)$。求解上述问题等效于约束基阵的加权向量，使波束指向方向上形成一个单位幅度的输出，同时使基阵的均方输出达到最小。通常用拉格朗日法来求解上述的约束最优化问题。即构造一个代价函数：

$$
\begin{aligned}
J[\boldsymbol{W}(\varphi_e,\theta_b)] = & \boldsymbol{W}^{\mathrm{H}}(\varphi_e,\theta_b)\boldsymbol{R}_{XX}\boldsymbol{W}(\varphi_e,\theta_b) \\
& +\lambda[\boldsymbol{W}^{\mathrm{H}}(\varphi_e,\theta_b)\boldsymbol{a}(f_0,\varphi_e,\theta_b)-1]^{\mathrm{H}}[\boldsymbol{W}^{\mathrm{H}}(\varphi_e,\theta_b)\boldsymbol{a}(f_0,\varphi_e,\theta_b)-1]
\end{aligned} \tag{3.28}
$$

式中：$\boldsymbol{\lambda}$为拉格朗日常数。

式（3.28）左右两边对$\boldsymbol{W}(\varphi_e,\theta_b)$求微分得

$$\frac{\partial J[\boldsymbol{W}(\varphi_e,\theta_b)]}{\partial \boldsymbol{W}(\varphi_e,\theta_b)}=2\boldsymbol{R}_{XX}\boldsymbol{W}(\varphi_e,\theta_b)+2\lambda[\boldsymbol{a}(f_0,\varphi_e,\theta_b)\boldsymbol{a}(f_0,\varphi_e,\theta_b)^{\mathrm{H}}\boldsymbol{W}(\varphi_e,\theta_b)-\boldsymbol{a}(f_0,\varphi_e,\theta_b)] \tag{3.29}$$

令式（3.29）等于0，求解则可得最佳加权向量为

$$\begin{aligned}\boldsymbol{W}_{\mathrm{opt}}(\varphi_e,\theta_b)&=[\boldsymbol{R}_{XX}+\lambda\boldsymbol{a}(f_0,\varphi_e,\theta_b)\boldsymbol{a}(f_0,\varphi_e,\theta_b)^{\mathrm{H}}]^{-1}\boldsymbol{a}(f_0,\varphi_e,\theta_b)\\&=\left[\boldsymbol{R}_{XX}^{-1}-\frac{\lambda\boldsymbol{R}_{XX}^{-1}\boldsymbol{a}(f_0,\varphi_e,\theta_b)\boldsymbol{a}(f_0,\varphi_e,\theta_b)^{\mathrm{H}}\boldsymbol{R}_{XX}^{-1}}{1+\lambda\boldsymbol{a}(f_0,\varphi_e,\theta_b)^{\mathrm{H}}\boldsymbol{R}_{XX}^{-1}\boldsymbol{a}(f_0,\varphi_e,\theta_b)}\right]\boldsymbol{a}(f_0,\varphi_e,\theta_b)\end{aligned} \tag{3.30}$$

显然，式（3.30）中参数 λ 应该满足 $\boldsymbol{W}_{\mathrm{opt}}^{\mathrm{H}}(\varphi_e,\theta_b)\boldsymbol{a}(f_0,\varphi_e,\theta_b)=1$，也就是说：

$$\begin{aligned}\boldsymbol{W}_{\mathrm{opt}}^{\mathrm{H}}\boldsymbol{a}(f_0,\varphi_e,\theta_b)&=\boldsymbol{a}(f_0,\varphi_e,\theta_b)^{\mathrm{H}}\boldsymbol{R}_{XX}^{-1}\boldsymbol{a}(f_0,\varphi_e,\theta_b)-\frac{\lambda[\boldsymbol{a}(f_0,\varphi_e,\theta_b)^{\mathrm{H}}\boldsymbol{R}_{XX}^{-1}\boldsymbol{a}(f_0,\varphi_e,\theta_b)]^2}{1+\lambda\boldsymbol{a}(f_0,\varphi_e,\theta_b)^{\mathrm{H}}\boldsymbol{R}_{XX}^{-1}\boldsymbol{a}(f_0,\varphi_e,\theta_b)}\\&=\frac{\boldsymbol{a}(f_0,\varphi_e,\theta_b)^{\mathrm{H}}\boldsymbol{R}_{XX}^{-1}\boldsymbol{a}(f_0,\varphi_e,\theta_b)}{1+\lambda\boldsymbol{a}(f_0,\varphi_e,\theta_b)^{\mathrm{H}}\boldsymbol{R}_{XX}^{-1}\boldsymbol{a}(f_0,\varphi_e,\theta_b)}=1\end{aligned} \tag{3.31}$$

解式（3.31）可得

$$\lambda=\frac{\boldsymbol{a}(f_0,\varphi_e,\theta_b)^{\mathrm{H}}\boldsymbol{R}_{XX}^{-1}\boldsymbol{a}(f_0,\varphi_e,\theta_b)-1}{\boldsymbol{a}(f_0,\varphi_e,\theta_b)^{\mathrm{H}}\boldsymbol{R}_{XX}^{-1}\boldsymbol{a}(f_0,\varphi_e,\theta_b)} \tag{3.32}$$

将式（3.32）代入式（3.30）可得 MVDR 波束形成的最佳权向量为

$$\begin{aligned}\boldsymbol{W}_{\mathrm{opt}}(\varphi_e,\theta_b)&=\left\{\boldsymbol{R}_{XX}^{-1}-\frac{\dfrac{\boldsymbol{a}(f_0,\varphi_e,\theta_b)^{\mathrm{H}}\boldsymbol{R}_{XX}^{-1}\boldsymbol{a}(f_0,\varphi_e,\theta_b)-1}{\boldsymbol{a}(f_0,\varphi_e,\theta_b)^{\mathrm{H}}\boldsymbol{R}_{XX}^{-1}\boldsymbol{a}(f_0,\varphi_e,\theta_b)}\times\boldsymbol{R}_{XX}^{-1}\boldsymbol{a}(f_0,\varphi_e,\theta_b)\boldsymbol{a}(f_0,\varphi_e,\theta_b)^{\mathrm{H}}\boldsymbol{R}_{XX}^{-1}}{1+\left[\dfrac{\boldsymbol{a}(f_0,\varphi_e,\theta_b)^{\mathrm{H}}\boldsymbol{R}_{XX}^{-1}\boldsymbol{a}(f_0,\varphi_e,\theta_b)-1}{\boldsymbol{a}(f_0,\varphi_e,\theta_b)^{\mathrm{H}}\boldsymbol{R}_{XX}^{-1}\boldsymbol{a}(f_0,\varphi_e,\theta_b)}\right]\boldsymbol{a}(f_0,\varphi_e,\theta_b)^{\mathrm{H}}\boldsymbol{R}_{XX}^{-1}\boldsymbol{a}(f_0,\varphi_e,\theta_b)}\right\}\boldsymbol{a}(f_0,\varphi_e,\theta_b)\\&=\boldsymbol{R}_{XX}^{-1}\boldsymbol{a}(f_0,\varphi_e,\theta_b)-\frac{(\boldsymbol{a}(f_0,\varphi_e,\theta_b)^{\mathrm{H}}\boldsymbol{R}_{XX}^{-1}\boldsymbol{a}(f_0,\varphi_e,\theta_b)-1)\boldsymbol{R}_{XX}^{-1}\boldsymbol{a}(f_0,\varphi_e,\theta_b)}{\boldsymbol{a}(f_0,\varphi_e,\theta_b)^{\mathrm{H}}\boldsymbol{R}_{XX}^{-1}\boldsymbol{a}(f_0,\varphi_e,\theta_b)}\\&=\frac{\boldsymbol{R}_{XX}^{-1}\boldsymbol{a}(f_0,\varphi_e,\theta_b)}{\boldsymbol{a}(f_0,\varphi_e,\theta_b)^{\mathrm{H}}\boldsymbol{R}_{XX}^{-1}\boldsymbol{a}(f_0,\varphi_e,\theta_b)}\end{aligned} \tag{3.33}$$

此时，(φ_e,θ_b)方向的波束输出为

$$y(t)=\boldsymbol{W}_{\mathrm{opt}}^{\mathrm{H}}(\varphi_e,\theta_b)\boldsymbol{X}(t)=\left[\frac{\boldsymbol{R}_{XX}^{-1}\boldsymbol{a}(f_0,\varphi_e,\theta_b)}{\boldsymbol{a}(f_0,\varphi_e,\theta_b)^{\mathrm{H}}\boldsymbol{R}_{XX}^{-1}\boldsymbol{a}(f_0,\varphi_e,\theta_b)}\right]^{\mathrm{H}}\boldsymbol{X}(t) \tag{3.34}$$

相应的输出功率（或空间谱值）为

$$P(f_0,\varphi_e,\theta_b)=\boldsymbol{W}_{\mathrm{opt}}^{\mathrm{H}}(\varphi_e,\theta_b)\boldsymbol{R}_{XX}\boldsymbol{W}_{\mathrm{opt}}(\varphi_e,\theta_b)=\frac{1}{\boldsymbol{a}(f_0,\varphi_e,\theta_b)^{\mathrm{H}}\boldsymbol{R}_{XX}^{-1}\boldsymbol{a}(f_0,\varphi_e,\theta_b)} \tag{3.35}$$

从上述推导过程可以看出，上述的方法只适用于中心频率为f_0的情况，或中心频率为f_0的窄带信号情况。因为方向向量随着频率的不同而不同，所以对于宽带信号不能直接应用。另外，在计算最佳权向量过程中需要对协方差矩阵求逆，由于采样数据有限，可能协方差矩阵是奇异的，因此一般还需要对协方差矩阵进行对角加载，即对协方差矩阵进行修正。

2. 对角加载方法

对角加载的方法有很多，下面主要描述白噪声对角加载方法。

白噪声对角加载是一种最简单也是最常用的对角加载方法，即对协方差矩阵进行如下修正：

$$\widehat{\boldsymbol{R}}_{XX}=\boldsymbol{R}_{XX}+\lambda\boldsymbol{I} \tag{3.36}$$

式中：$\boldsymbol{R}_{XX}$为加载前的协方差矩阵；$\widehat{\boldsymbol{R}}_{XX}$为加载后的协方差矩阵；$\lambda$为对角加载值；$\boldsymbol{I}$为单位矩阵。

此时，只要将加载后的协方差矩阵$\widehat{\boldsymbol{R}}_{XX}$代入式（3.33）、式（3.34）和式（3.35）则可分别得到MVDR波束形成的最佳权向量、波束输出和空间谱值。

根据协方差矩阵的特性和式（3.36）可以发现，对$\boldsymbol{R}_{XX}$进行对角加载后，加大了$\boldsymbol{R}_{XX}$对角元素上的值，一定程度上减弱了小特征值所对应的噪声波束的影响，会提高波束形成器的稳健性，减小波束图畸变。但是，由于对角元素上的值增大，相应地弱化了非对角元素能量所占的比重，导致阵增益下降，阵列输出主瓣变宽。理论上，对角加载值λ越大，波束形成器的稳健性越好，但对应的阵增益和方位分辨率下降也越严重。因此，如何确定合适的加载值，引起了科研人员的广泛关注，提出了多种确定对角加载值的方法[6-8]。

文献［6］中，对角加载值λ取协方差矩阵$\boldsymbol{R}_{XX}$最小特征值的10倍，本书将其称为最小特征值对角加载，即

$$\lambda=10\lambda_{\min} \tag{3.37}$$

式中：$\lambda_{\min}$为协方差矩阵$\boldsymbol{R}_{XX}$的最小特征值。

另一种常用的对角加载值λ取协方差矩阵$\boldsymbol{R}_{XX}$的迹再除以阵元数，本书将其称为迹对角加载，即

$$\lambda = \frac{\mathrm{trace}(\boldsymbol{R}_{XX})}{M} \tag{3.38}$$

式中：trace(·)表示矩阵的迹；M 为阵元个数。

实际应用中，由于噪声的不确定性和复杂性，具体采用哪种加载方法，需要结合应用情况来确定。

例 3.6 仿真条件与例 3.5 一致。图 3.8 是对角加载前后各方法对应的波束图，图 3.9 是对角加载前后窄带 MVDR 方法得到的方位空间谱，其中迹对角加载时的加载值为 0.9999，最小特征值对角加载时的加载值为 6.2361。

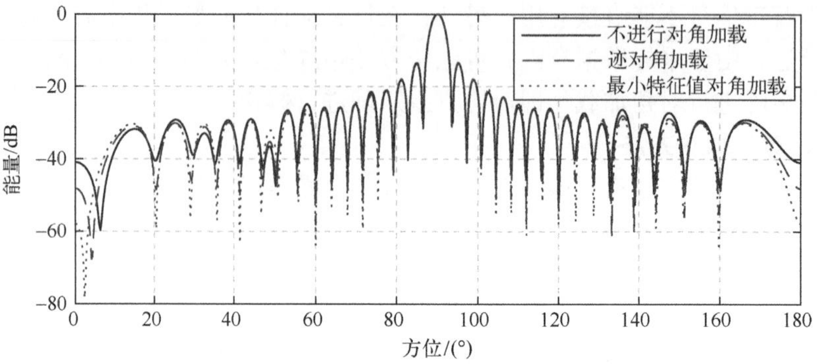

图 3.8 对角加载前后波束图（彩图见插页）

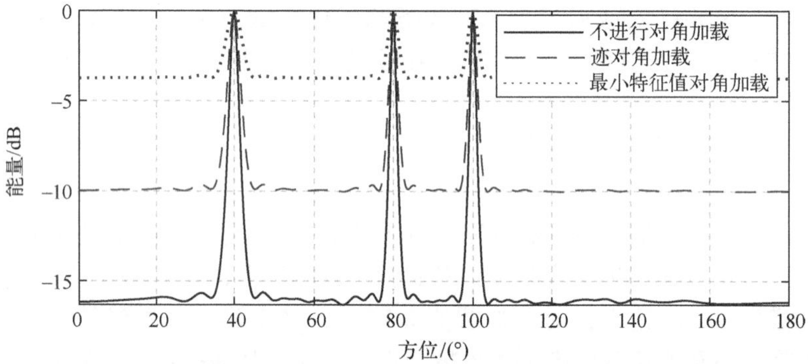

图 3.9 对角加载前后方位空间谱（彩图见插页）

从图 3.8 和图 3.9 中可以看出，采用对角加载后，主瓣变宽，旁瓣增大，而且加载值越大，影响越严重。

3.4 频域宽带波束形成

阵列信号处理特别是声纳阵列信号处理中，很多情况下需要处理的是宽带信号，前面所述的波束形成中，延迟求和波束形成虽然可以实现宽带目标的信号与方位估计，但时延滤波器的设计复杂，运算速度较慢，特别是在大基阵信号处理中很难保证实时性，根据宽带信号的特点和窄带波束形成的优势，科研人员提出了频域宽带波束形成方法，主要有 ISS 方法和 CSS 方法。ISS 方法首先将时域宽带信号变换到频域；然后将频域信号划分成多个窄带分量；其次对每个窄带信号进行波束形成；最后对所有窄带处理结果进行集成得到整个宽带信号的波束输出和空间谱估计。根据时域信号变换到频域所采用的方法不同，下面介绍两种实现框架。

3.4.1　短时傅里叶变换频域分子带实现框架

具体实现框架如图 3.10 所示。

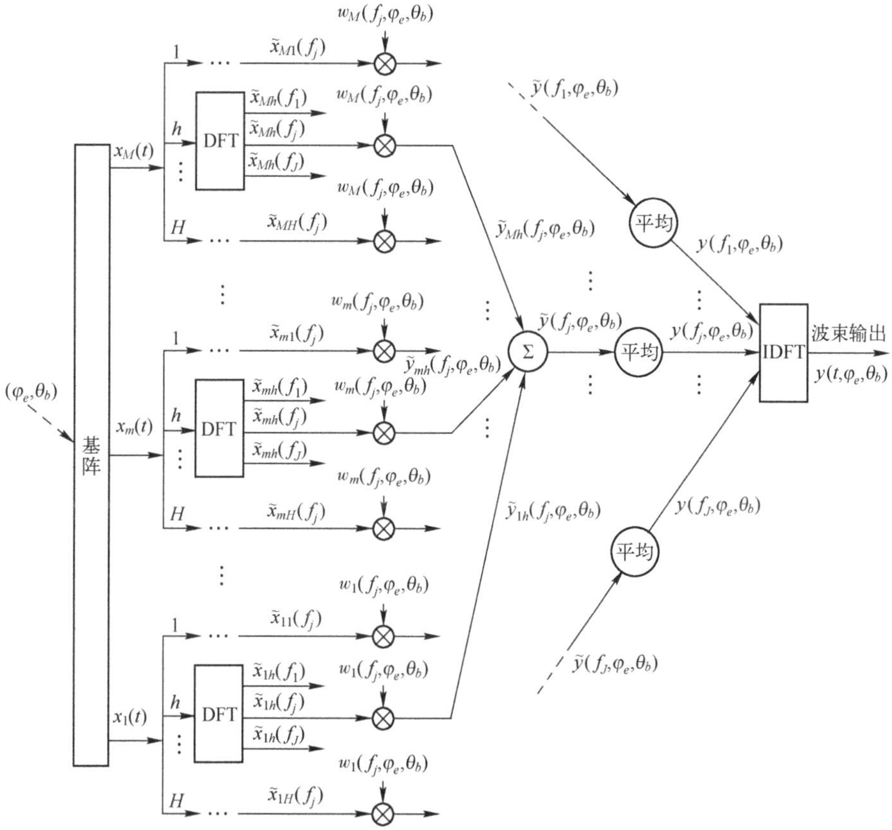

图 3.10　短时傅里叶变换频域分子带实现框架

图 3.10 中：(φ_e,θ_b)为搜索的目标方位（波束指向方位）；$x_m(t)(m=1,2,\cdots,M)$表示第 m 个阵元接收到的时域信号；M 为阵元个数；$\tilde{x}_{mh}(f_j)(j=1,2,\cdots,J;\ m=1,2,\cdots,M;\ h=1,2,\cdots,H)$表示从第 m 号阵元第 h 段信号的短时傅里叶变换中抽取的有效频点 j 对应的频域信号（对应频率为 f_j）；J 为有效频点总数；H 为时域信号分段的总数；$w_m(f_j,\varphi_e,\theta_b)$表示在波束指向$(\varphi_e,\theta_b)$方向第 j 个频点第 m 个阵元的加权值；$\tilde{y}_{mh}(f_j,\varphi_e,\theta_b)(j=1,2,\cdots,J;\ m=1,2,\cdots,M;\ h=1,2,\cdots,H)$表示在波束指向$(\varphi_e,\theta_b)$方向第 j 个频点第 m 个阵元在第 h 段的频域输出；$\tilde{y}(f_j,\varphi_e,\theta_b)(j=1,2,\cdots,J)$表示在波束指向$(\varphi_e,\theta_b)$方向第 j 个频点的所有 H 段的频域波束输出；$y(f_j,\varphi_e,\theta_b)(j=1,2,\cdots,J)$表示波束指向$(\varphi_e,\theta_b)$方向时第 j 个频点的频域波束输出；$y(t,\varphi_e,\theta_b)$为波束指向(φ_e,θ_b)方向时的时域波束输出。

具体实现步骤如下。

（1）对阵列接收到的时域信号 $\boldsymbol{X}(t)=[x_1(t),x_2(t),\cdots,x_M(t)]^{\mathrm{T}}$ 分成部分重叠（或不重叠）的 H 段，并对每段取下的信号进行 K 点傅里叶变换，变换到频域信号 $\tilde{x}_{mh}(f)(m=1,2,\cdots,M;\ h=1,2,\cdots,H)$。

（2）根据分析频带范围，确定有效频点总数 J（称为频点数），即将接收信号分为 J 个子带。

（3）将 M 个传感器所有 H 段频域信号中的第 $j(j=1,2,\cdots,J)$ 个频点对应的频域数据 $\tilde{x}_{mh}(f_j)$ 取出，组成新的第 j 子带信号频域接收数据矩阵 $\boldsymbol{X}(f_j)=[\tilde{x}_{1h}(f_j),\tilde{x}_{2h}(f_j),\cdots,\tilde{x}_{Mh}(f_j)]^{\mathrm{T}}$，维数为 $M\times H$，根据均匀线列阵频域接收数据模型，$\boldsymbol{X}(f_j)$表示为

$$\boldsymbol{X}(f_j)=\boldsymbol{A}(f_j,\boldsymbol{\Phi},\boldsymbol{\Theta})\boldsymbol{S}(f_j)+\boldsymbol{N}(f_j)\quad(j=1,2,\cdots,J)\tag{3.39}$$

式中：$\boldsymbol{X}(f_j)=[\tilde{x}_{1h}(f_j),\tilde{x}_{2h}(f_j),\cdots,\tilde{x}_{Mh}(f_j)]^{\mathrm{T}}$ 表示基阵接收信号第 j 子带的频域信号；$\boldsymbol{S}(f_j)=[S_1(f_j),S_2(f_j),\cdots,S_N(f_j)]^{\mathrm{T}}$ 表示源信号在第 j 子带的频域信号；$\boldsymbol{N}(f_j)=[N_1(f_j),N_2(f_j),\cdots,N_M(f_j)]^{\mathrm{T}}$ 表示加性噪声在第 j 子带的频域信号；$\boldsymbol{A}(f_j,\boldsymbol{\Phi},\boldsymbol{\Theta})=[\boldsymbol{a}(f_j,\varphi_1,\theta_1),\boldsymbol{a}(f_j,\varphi_2,\theta_2),\cdots,\boldsymbol{a}(f_j,\varphi_N,\theta_N)]^{\mathrm{T}}$ 表示第 j 子带所对应的方向向量。

（4）对第 j 子带的频域信号 $\boldsymbol{X}(f_j)$ 进行窄带波束形成，得到该子带的波束输出 $\tilde{y}(f_j,\varphi_e,\theta_b)$（长度为 H）和相应的空间谱 $P(f_j,\varphi_e,\theta_b)$：

$$\tilde{y}(f_j,\varphi_e,\theta_b)=\boldsymbol{W}^{\mathrm{H}}(f_j,\varphi_e,\theta_b)\boldsymbol{X}(f_j)\tag{3.40}$$

$$P(f_j,\varphi_e,\theta_b)=\sum|\tilde{y}(f_j,\varphi_e,\theta_b)|^2\tag{3.41}$$

式中：$\boldsymbol{W}(f_j,\varphi_e,\theta_b)=[w_1(f_j,\varphi_e,\theta_b),w_2(f_j,\varphi_e,\theta_b),\cdots,w_M(f_j,\varphi_e,\theta_b)]^{\mathrm{H}}$ 为加权向量。

(5) 对$\tilde{y}(f_j,\varphi_e,\theta_b)$进行平均，则可得到第 j 频点的频域输出，即 f_j 频率上的输出：

$$y(f_j,\varphi_e,\theta_b)=\frac{1}{H}\sum\tilde{y}(f_j,\varphi_e,\theta_b) \tag{3.42}$$

(6) 重复步骤 (3)~步骤 (5)，将所有频域输出 $\boldsymbol{y}(f,\varphi_e,\theta_b)=[y(f_1,\varphi_e,\theta_b), y(f_2,\varphi_e,\theta_b),\cdots,y(f_J,\varphi_e,\theta_b)]$进行傅里叶逆变换，得到最后搜索的$(\varphi_e,\theta_b)$方位上的目标信号估计 $y(t,\varphi_e,\theta_b)$，将所有子带空间谱进行求和则得到搜索的(φ_e,θ_b)方位上的空间谱值：

$$P(\varphi_e,\theta_b)=\sum_{j=1}^{J}P(f_j,\varphi_e,\theta_b) \tag{3.43}$$

3.4.2 傅里叶变换频域分子带实现框架

具体实现如图 3.11 所示。

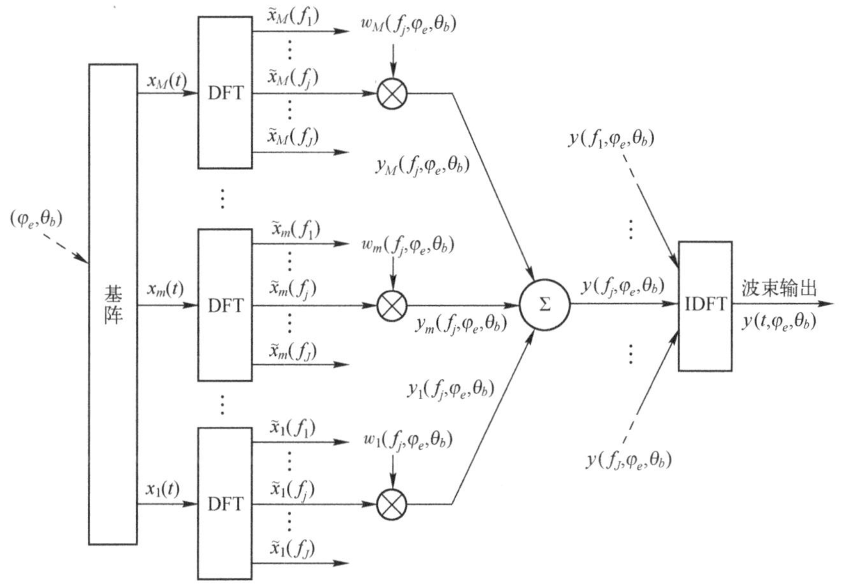

图 3.11　傅里叶变换频域分子带实现框架

图 3.11 中：(φ_e,θ_b)为搜索的目标方位（即波束指向方位）；$x_m(t)(m=1,2,\cdots,M)$表示第 m 个阵元接收到的时域信号；M 为阵元个数；$\tilde{x}_m(f_j)(m=1,\cdots,M;\ j=1,2,\cdots,J)$表示第 m 个阵元第 j 子带信号；$w_m(f_j,\varphi_e,\theta_b)$表示在波束指向$(\varphi_e,\theta_b)$方向第 j 个子带第 m 个阵元的加权值；$y_m(f_j,\varphi_e,\theta_b)(m=1,2,\cdots,M;\ j=1,2,\cdots,J)$表示在波束指向$(\varphi_e,\theta_b)$方向第$j$ 个子带第 m 个阵元的频

域输出；$y(f_j,\varphi_e,\theta_b)(j=1,2,\cdots,J)$表示波束指向$(\varphi_e,\theta_b)$方向时第$j$个子带的频域波束输出；$y(t,\varphi_e,\theta_b)$为波束指向$(\varphi_e,\theta_b)$方向时的波束输出。

具体实现步骤如下。

（1）对阵列接收到的时域信号$\boldsymbol{X}(t)=[x_1(t),x_2(t),\cdots,x_M(t)]^{\mathrm{T}}$进行$K$点傅里叶变换，变换到频域信号$\tilde{x}_m(f)(m=1,2,\cdots,M)$。

（2）根据分析频带范围，将接收信号在频域分成J个子带信号，并保证所取的子带满足窄带信号的条件，子带与子带之间可以部分重叠。

（3）将所有M个传感器的第$j(j=1,2,\cdots,J)$个子带信号$\tilde{x}_m(f_j)$取出，组成新的第j子带信号频域接收数据矩阵$\boldsymbol{X}(f_j)=[\tilde{x}_1(f_j),\tilde{x}_2(f_j),\cdots,\tilde{x}_M(f_j)]^{\mathrm{T}}$，根据基阵频域接收数据模型，$\boldsymbol{X}(f_j)$可表示为

$$\boldsymbol{X}(f_j)=\boldsymbol{A}(f_j,\boldsymbol{\Phi},\boldsymbol{\Theta})\boldsymbol{S}(f_j)+\boldsymbol{N}(f_j)\quad(j=1,2,\cdots,J)\tag{3.44}$$

式中：$\boldsymbol{X}(f_j)=[\tilde{x}_1(f_j),\tilde{x}_2(f_j),\cdots,\tilde{x}_M(f_j)]^{\mathrm{T}}$表示基阵接收信号第$j$子带的频域信号；$\boldsymbol{S}(f_j)=[S_1(f_j),S_2(f_j),\cdots,S_N(f_j)]^{\mathrm{T}}$表示源信号第$j$子带的频域信号；$\boldsymbol{N}(f_j)=[N_1(f_j),N_2(f_j),\cdots,N_M(f_j)]^{\mathrm{T}}$表示加性噪声第$j$子带的频域信号；$\boldsymbol{A}(f_j,\boldsymbol{\Phi},\boldsymbol{\Theta})=[\boldsymbol{a}(f_j,\varphi_1,\theta_1),\boldsymbol{a}(f_j,\varphi_2,\theta_2),\cdots,\boldsymbol{a}(f_j,\varphi_N,\theta_N)]^{\mathrm{T}}$表示第$j$子带所对应的方向向量。

（4）对第j子带的频域信号$\boldsymbol{X}(f_j)$进行窄带波束形成，得到该子带的波束输出$y(f_j,\varphi_e,\theta_b)$和相应的空间谱$P(f_j,\varphi_e,\theta_b)$：

$$y(f_j,\varphi_e,\theta_b)=\boldsymbol{W}^{\mathrm{H}}(f_j,\varphi_e,\theta_b)X(f_j)\tag{3.45}$$

$$P(f_j,\varphi_e,\theta_b)=\sum|y(f_j,\varphi_e,\theta_b)|^2\tag{3.46}$$

式中：$\boldsymbol{W}(f_j,\varphi_e,\theta_b)=[w_1(f_j,\varphi_e,\theta_b),w_2(f_j,\varphi_e,\theta_b),\cdots,w_M(f_j,\varphi_e,\theta_b)]^{\mathrm{H}}$为加权向量。

（5）重复步骤（3）和步骤（4），将所有频域输出$\boldsymbol{y}(f,\varphi_e,\theta_b)=[y(f_1,\varphi_e,\theta_b),y(f_2,\varphi_e,\theta_b),\cdots,y(f_J,\varphi_e,\theta_b)]$进行傅里叶逆变换，得到最后搜索的$(\varphi_e,\theta_b)$方位上的目标信号估计$y(t,\varphi_e,\theta_b)$。需要注意的是，如果子带与子带之间有重叠，则还需要对重叠的波束输出$\boldsymbol{y}(f_j,\varphi_e,\theta_b)$进行平均后才能进行傅里叶逆变换。将所有子带空间谱进行求和则得到搜索的(φ_e,θ_b)方位上的空间谱值：

$$P(\varphi_e,\theta_b)=\sum_{j=1}^{J}P(f_j,\varphi_e,\theta_b)\tag{3.47}$$

3.4.3 宽带 Bartlett 波束形成

宽带 Bartlett 波束形成方法就是在图 3.10 或图 3.11 所示的非相干信号子空间处理框架下，对各个子带信号$\boldsymbol{X}(f_j)$采用窄带 Bartlett 波束形成方法进行

处理。

对于子带信号 $\boldsymbol{X}(f_j)$，Bartlett 波束形成方法的权向量可表示为

$$\boldsymbol{W}(f_j,\varphi_e,\theta_b)=[w_1(f_j,\varphi_e,\theta_b)\mathrm{e}^{\mathrm{j}2\pi f_j\tau_1},w_2(f_j,\varphi_e,\theta_b)\mathrm{e}^{\mathrm{j}2\pi f_j\tau_2},\cdots,w_M(f_j,\varphi_e,\theta_b)\mathrm{e}^{\mathrm{j}2\pi f_j\tau_M}]^{\mathrm{H}} \tag{3.48}$$

对应子带信号 $\boldsymbol{X}(f_j)$ 的波束输出为

$$\boldsymbol{y}(f_j,\varphi_e,\theta_b)=\boldsymbol{W}^{\mathrm{H}}(f_j,\varphi_e,\theta_b)\boldsymbol{X}(f_j) \tag{3.49}$$

此时，第 j 个子带 (φ_e,θ_b) 方位的空间谱值为

$$P(f_j,\varphi_e,\theta_b)=\sum|\boldsymbol{W}^{\mathrm{H}}(f_j,\varphi_e,\theta_b)\boldsymbol{X}(f_j)|^2 \tag{3.50}$$

搜索的 (φ_e,θ_b) 方位上的空间谱值为

$$P(\varphi_e,\theta_b)=\sum_{j=1}^{J}P(f_j,\varphi_e,\theta_b) \tag{3.51}$$

例 3.7　对于如图 2.5 所示的均匀线列阵，若以阵元 1 为参考阵元，对 θ_b 方向进行均匀加权 Bartlett 波束形成，则权向量为

$$\boldsymbol{W}(f_j,\theta_b)=\frac{1}{\sqrt{M}}[1,\mathrm{e}^{\mathrm{j}\frac{2\pi f_j}{c}d\cos\theta_b},\cdots,\mathrm{e}^{\mathrm{j}\frac{2\pi f_j}{c}(M-1)d\cos\theta_b}]^{\mathrm{H}} \tag{3.52}$$

式中：d 为均匀线列阵阵元间隔；c 为水中声传播速度。

若对 θ_b 方向进行非均匀加权 Bartlett 波束形成，则权向量为

$$\boldsymbol{W}(f_j,\theta_b)=w_d[1,\mathrm{e}^{-\mathrm{j}\frac{2\pi f_j}{c}d\cos\theta_b},\cdots,\mathrm{e}^{-\mathrm{j}\frac{2\pi f_j}{c}(M-1)d\cos\theta_b}]^{\mathrm{H}} \tag{3.53}$$

式中：w_d 为非均匀加权系数。

此时，第 j 个子带 θ_b 方位的空间谱值为

$$P(f_j,\theta_b)=\sum|\boldsymbol{W}^{\mathrm{H}}(f_j,\theta_b)\boldsymbol{X}(f_j)|^2 \tag{3.54}$$

搜索的 θ_b 方位上的空间谱值为

$$P(\theta_b)=\sum_{j=1}^{J}P(f_j,\theta_b) \tag{3.55}$$

例 3.8　仿真条件与例 3.1 一致，采用短时傅里叶变换分子带均匀加权 Bartlett（简称为 STFTBartlett）波束形成方法和傅里叶变换分子带均匀加权 Bartlett（简称为 FFTBartlett）波束形成方法估计的方位空间谱如图 3.12 所示。

3.4.4　宽带 MVDR 波束形成

宽带 MVDR 波束形成方法就是在图 3.10 或图 3.11 所示的非相干信号子空间处理框架下，对各个子带信号 $\boldsymbol{X}(f_j)$ 采用窄带 MVDR 波束形成方法进行处理。

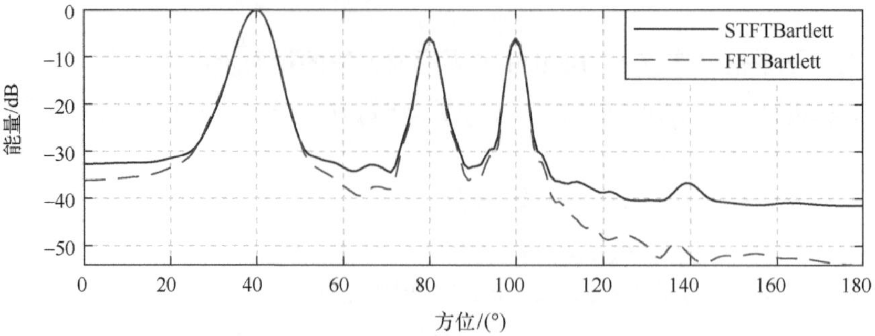

图 3.12　宽带 Bartlett 方法估计的方位空间谱

对于子带信号 $\boldsymbol{X}(f_j)$，MVDR 波束形成方法的最佳权向量 $\boldsymbol{W}(f_j,\varphi_e,\theta_b)$ 表示为

$$\boldsymbol{W}(f_j,\varphi_e,\theta_b)=\frac{\boldsymbol{R}_{\boldsymbol{X}(f_j)}^{-1}\boldsymbol{a}(f_j,\varphi_e,\theta_b)}{\boldsymbol{a}(f_j,\varphi_e,\theta_b)^{\mathrm{H}}\boldsymbol{R}_{\boldsymbol{X}(f_j)}^{-1}\boldsymbol{a}(f_j,\varphi_e,\theta_b)} \tag{3.56}$$

式中：$\boldsymbol{R}_{\boldsymbol{X}(f_j)}=E[\boldsymbol{X}(f_j)\boldsymbol{X}(f_j)^{\mathrm{H}}]$ 为第 j 子带接收信号 $\boldsymbol{X}(f_j)$ 的协方差矩阵；$\boldsymbol{a}(f_j,\varphi_e,\theta_b)$ 为阵列对 (φ_e,θ_b) 方向入射频率为 f_j 的信号的方向向量。

对应子带信号 $\boldsymbol{X}(f_j)$ 的波束输出为

$$y(f_j,\varphi_e,\theta_b)=\boldsymbol{W}^{\mathrm{H}}(f_j,\varphi_e,\theta_b)\boldsymbol{X}(f_j) \tag{3.57}$$

此时，第 j 个子带 (φ_e,θ_b) 方位的空间谱值为

$$P(f_j,\varphi_e,\theta_b)=\sum|\boldsymbol{W}^{\mathrm{H}}(f_j,\varphi_e,\theta_b)\boldsymbol{X}(f_j)|^2=\frac{1}{\boldsymbol{a}(f_j,\varphi_e,\theta_b)^{\mathrm{H}}\boldsymbol{R}_{\boldsymbol{X}(f_j)}^{-1}\boldsymbol{a}(f_j,\varphi_e,\theta_b)} \tag{3.58}$$

搜索的 (φ_e,θ_b) 方位上的空间谱值为

$$P(\varphi_e,\theta_b)=\sum_{j=1}^{J}P(f_j,\varphi_e,\theta_b)=\frac{1}{J}\sum_{j=1}^{J}\frac{1}{\boldsymbol{a}(f_j,\varphi_e,\theta_b)^{\mathrm{H}}\boldsymbol{R}_{\boldsymbol{X}(f_j)}^{-1}\boldsymbol{a}(f_j,\varphi_e,\theta_b)} \tag{3.59}$$

例 3.9　对于如图 2.5 所示的均匀线列阵，若以阵元 1 为参考阵元，第 j 子带 θ_b 方向的方向向量为

$$\boldsymbol{a}(f_j,\theta_b)=[1,\mathrm{e}^{-\mathrm{j}\frac{2\pi f_j}{c}d\cos\theta_b},\cdots,\mathrm{e}^{-\mathrm{j}\frac{2\pi f_j}{c}(M-1)d\cos\theta_b}]^{\mathrm{T}} \tag{3.60}$$

式中：d 为均匀线列阵阵元间隔；c 为水中声传播速度。

此时，第 j 个子带 θ_b 方位的空间谱值为

$$P(f_j,\theta_b)=\sum|\boldsymbol{W}^{\mathrm{H}}(f_j,\theta_b)\boldsymbol{X}(f_j)|^2=\frac{1}{\boldsymbol{a}(f_j,\theta_b)^{\mathrm{H}}\boldsymbol{R}_{\boldsymbol{X}(f_j)}^{-1}\boldsymbol{a}(f_j,\theta_b)} \tag{3.61}$$

搜索的 θ_b 方位上的空间谱值为

$$P(\theta_b)=\sum_{j=1}^{J}P(f_j,\theta_b) \tag{3.62}$$

例 3.10　仿真条件与例 3.1 一致，采用短时傅里叶变换分子带 MVDR（简称为 STFTMVDR）波束形成方法和傅里叶变换分子带 MVDR（简称为 FFT-MVDR）波束形成方法估计的方位空间谱如图 3.13 所示。

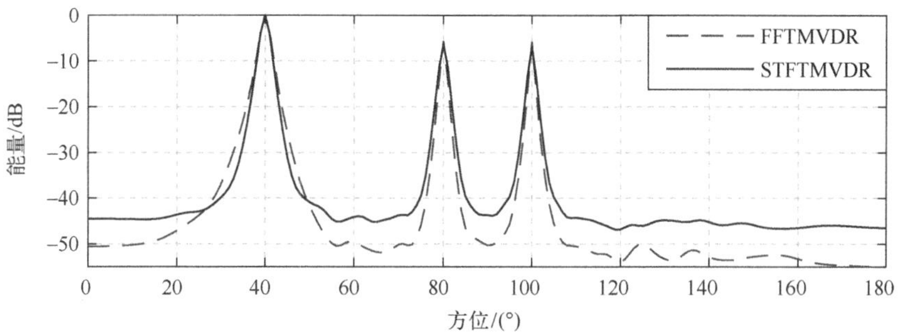

图 3.13　宽带 MVDR 方法估计的方位空间谱

3.5　三维聚焦波束形成

聚焦波束形成是近场情况下目标定位常用方法之一，通过获得扫描区域的空间能量分布，比较不同位置能量的大小实现对目标方位和距离的估计。下面阐述三维聚焦波束形成的基本原理，以及 Bartlett 和 MVDR 三维聚焦波束形成方法。

3.5.1　三维聚焦波束形成基本原理

从式（2.23）可以看出，近场情况下，阵元 m 接收到的第 i 个目标信号相对参考点接收到的信号 $s_i(t)$ 的时间延迟量不仅与目标方位有关，而且与目标距离有关。二维聚焦波束形成中，一般在距离和方位扫描平面上对全部位置点进行扫描，获得该平面的空间谱图，当扫描点与目标位置重合时，聚焦波束形成输出会出现峰值，即可得到目标的距离和方位的二维位置信息[9-10]。三维聚焦波束形成中，时延量包含方位角、俯仰角和距离三个位置信息，因此需要在二维聚焦基础上增加一维搜索，基本原理如图 3.14 所示。

首先，以基阵参考点 O 为中心将所设定的目标搜索空间$[R_{\min},R_{\max}]$等间距 Δd（如 50m）切割为 $S\left(S=\dfrac{R_{\max}-R_{\min}}{\Delta d}+1\right)$个扫描球面 $r_s(s=1,2,\cdots,S)$，如

图 3.15 所示。

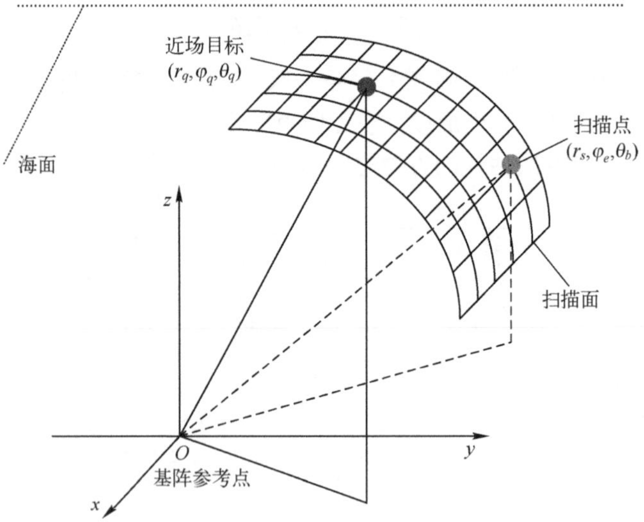

图 3.14　三维聚焦波束形成原理

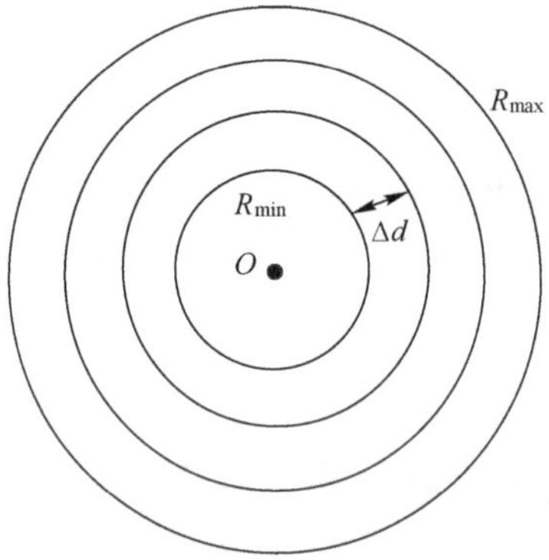

图 3.15　切割球面的正视图

每一个扫描球面 r_s 再以一定方位间隔$(\Delta\varphi,\Delta\theta)$（如 1°），将扫描球面 r_s 在垂直（俯仰）方向切割 $E=\dfrac{180°}{\Delta\varphi}+1$ 次，在水平（方位）方向切割 $B=\dfrac{360°}{\Delta\theta}$ 次，如图 3.16 所示，那么在整个三维搜索空间中，就会产生 $S\cdot E\cdot B$ 个扫描点。

然后对 r_s 扫描球面上每一个扫描点$(\varphi_e,\theta_b)(e=1,2,\cdots,E;b=1,2,\cdots,B)$进行波束形成，得到该扫描点的波束输出为

$$y(r_s,\varphi_e,\theta_b,t)=\boldsymbol{W}^{\mathrm{H}}(r_s,\varphi_e,\theta_b)\boldsymbol{X}(t) \tag{3.63}$$

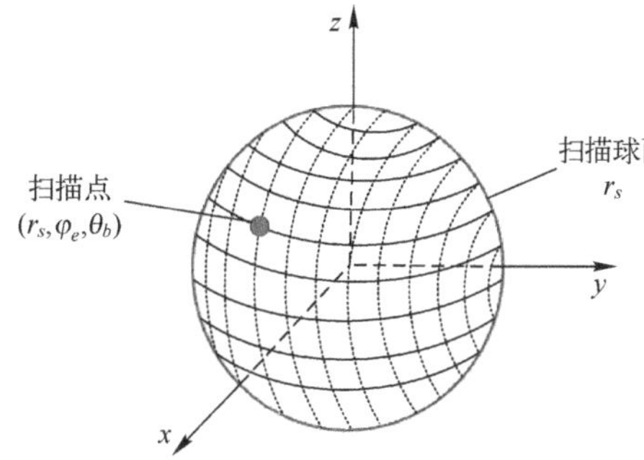

图 3.16　每个扫描球面的扫描点分布

式中：$\boldsymbol{W}(r_s,\varphi_e,\theta_b)$为波束形成的权值。

此时，(r_s,φ_e,θ_b)位置的空间谱值为

$$P(r_s,\varphi_e,\theta_b)=\sum |y(r_s,\varphi_e,\theta_b,t)|^2=\sum |\boldsymbol{W}^{\mathrm{H}}(r_s,\varphi_e,\theta_b)\boldsymbol{X}(t)|^2 \tag{3.64}$$

将所有扫描球面上得到的空间谱 $P(r_s,\varphi_e,\theta_b)$ 进行求和，得到整个扫描的空间谱值 $P(\varphi,\theta)$，即

$$P(\varphi,\theta)=\sum_{s=1}^{S}P(r_s,\varphi_e,\theta_b) \tag{3.65}$$

搜索空间谱 $P(\varphi,\theta)$ 的最大值得到目标俯仰角和方位角的估计$(\hat{\varphi}_i,\hat{\theta}_i)$。

最后从所有扫描(r_s,φ_e,θ_b)位置的空间谱 $P(r_s,\varphi_e,\theta_b)$ 中提取$(\hat{\varphi}_i,\hat{\theta}_i)$位置上整个扫描距离上的空间谱值 $P(r_s,\hat{\varphi}_i,\hat{\theta}_i)$，通过搜索距离域空间谱 $P(r_s,\hat{\varphi}_i,\hat{\theta}_i)$ 的最大空间谱峰值，即

$$P_{\max}=\max_{s=1,2,\cdots,S}\{P(r_s,\hat{\varphi}_i,\hat{\theta}_i)\} \tag{3.66}$$

则 $P_{\max}$ 出现的扫描距离即为目标$(\hat{\varphi}_i,\hat{\theta}_i)$的距离估计。

3.5.2　窄带三维聚焦波束形成

从上面聚焦波束形成的原理可以看出，其核心是对每一个扫描点进行波束形成时权值 $\boldsymbol{W}(r_s,\varphi_e,\theta_b)$ 的确定。

1. Bartlett 三维聚焦波束形成

很显然，近场情况下，当搜索位置(r_s,φ_e,θ_b)的加权向量为

$$\boldsymbol{W}(r_s,\varphi_e,\theta_b)=[w_1\mathrm{e}^{\mathrm{j}2\pi f_0\tau_1},w_2\mathrm{e}^{\mathrm{j}2\pi f_0\tau_2},\cdots,w_M\mathrm{e}^{\mathrm{j}2\pi f_0\tau_M}]^{\mathrm{H}} \tag{3.67}$$

时，可实现搜索方位(r_s,φ_e,θ_b)上信号的同相叠加。式中，$\boldsymbol{w}=[w_1,w_2,\cdots,w_M]$

为幅度加权值，与远场情况一样可采用均匀加权或非均匀加权，$\tau_{im}(i=1,2,\cdots,N;\ m=1,2,\cdots,M)$为时延，如式（2.23）所示。

2. MVDR 三维聚焦波束形成

与远场情况一样，MVDR 三维聚焦波束形成在搜索位置(r_s,φ_e,θ_b)的最佳加权向量为

$$\boldsymbol{W}(r_s,\varphi_e,\theta_b)=\frac{\boldsymbol{R}_{XX}^{-1}\boldsymbol{a}(f_0,r_s,\varphi_e,\theta_b)}{\boldsymbol{a}(f_0,r_s,\varphi_e,\theta_b)^{\mathrm{H}}\boldsymbol{R}_{XX}^{-1}\boldsymbol{a}(f_0,r_s,\varphi_e,\theta_b)} \tag{3.68}$$

相应搜索位置(r_s,φ_e,θ_b)的输出功率（或空间谱值）为

$$\begin{aligned}P(f_0,r_s,\varphi_e,\theta_b)&=\boldsymbol{W}^{\mathrm{H}}(r_s,\varphi_e,\theta_b)\boldsymbol{R}_{XX}\boldsymbol{W}(r_s,\varphi_e,\theta_b)\\&=\frac{1}{\boldsymbol{a}(f_0,r_s,\varphi_e,\theta_b)^{\mathrm{H}}\boldsymbol{R}_{XX}^{-1}\boldsymbol{a}(f_0,r_s,\varphi_e,\theta_b)}\end{aligned} \tag{3.69}$$

3.5.3 宽带三维聚焦波束形成

对于宽带情况，同样可采用短时傅里叶变换或傅里叶变换频域分子带实现框架，将宽带信号变换到频域，得到 J 个频域子带接收数据矩阵 $\boldsymbol{X}(f_j)\,(j=1,2,\cdots,J)$，然后对每个子带 $\boldsymbol{X}(f_j)$采用窄带三维聚焦波束形成的框架进行处理，具体实现框图如图 3.17 所示。

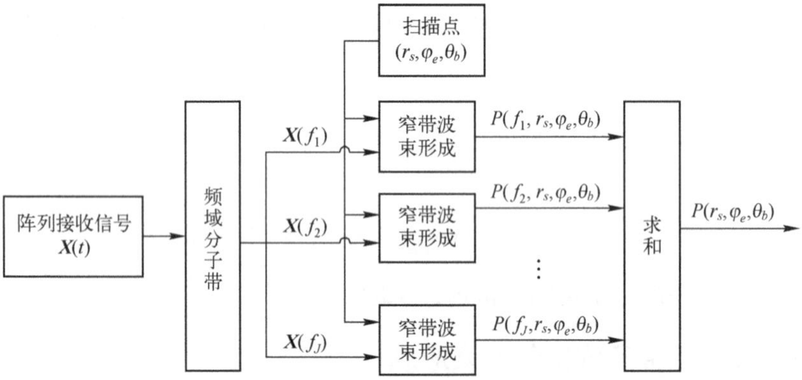

图 3.17　宽带三维聚焦波束形成

与窄带三维聚焦波束形成一样，得到每个搜索子带的空间谱 $P(f_j,r_s,\varphi_e,\theta_b)$后，按式（3.70）求和得到搜索球面$(r_s,\varphi_e,\theta_b)$的空间谱值 $P(r_s,\varphi_e,\theta_b)$：

$$P(r_s,\varphi_e,\theta_b)=\sum_{j=1}^{J}P(f_j,r_s,\varphi_e,\theta_b) \tag{3.70}$$

按式（3.65）将所有扫描球面上得到的空间谱 $P(r_s,\varphi_e,\theta_b)$进行求和，得

到整个扫描的空间谱值 $P(\varphi,\theta)$，搜索空间谱 $P(\varphi,\theta)$ 的最大值得到目标俯仰角和方位角的估计 $(\hat{\varphi}_i,\hat{\theta}_i)$。最后从所有扫描 (r_s,φ_e,θ_b) 位置的空间谱 $P(r_s,\varphi_e,\theta_b)$ 中提取 $(\hat{\varphi}_i,\hat{\theta}_i)$ 位置上整个扫描距离上的空间谱值 $P(r_s,\hat{\varphi}_i,\hat{\theta}_i)$，按式（3.66）搜索距离域空间谱 $P(r_s,\hat{\varphi}_i,\hat{\theta}_i)$ 的峰值，即可得到目标 $(\hat{\varphi}_i,\hat{\theta}_i)$ 的距离估计。

例 3.11　假设圆截面半径为 5m、高度 2.5m 的圆柱阵由 32 条均匀分布的线阵组成，每条线阵上有 6 个阵元，近场(100m,30°,30°)、(200m,50°,180°)和(300m,70°,320°)位置各存在一个宽带目标，采样频率为 25kHz，积分时间 1s，信噪比为-3dB，采用 Bartlett 和 MVDR 三维聚焦波束形成，所有搜索距离上总的方位空间谱 $P(\varphi,\theta)$ 如图 3.18 所示，搜索图 3.18 中 $P(\varphi,\theta)$ 的峰值得到目标俯仰角和方位角估计 $(\hat{\varphi}_i,\hat{\theta}_i)$，然后提取对应目标位置 $(\hat{\varphi}_i,\hat{\theta}_i)$ 所有距离上的空间谱 $P(r_s,\hat{\varphi}_i,\hat{\theta}_i)$，如图 3.19 所示。

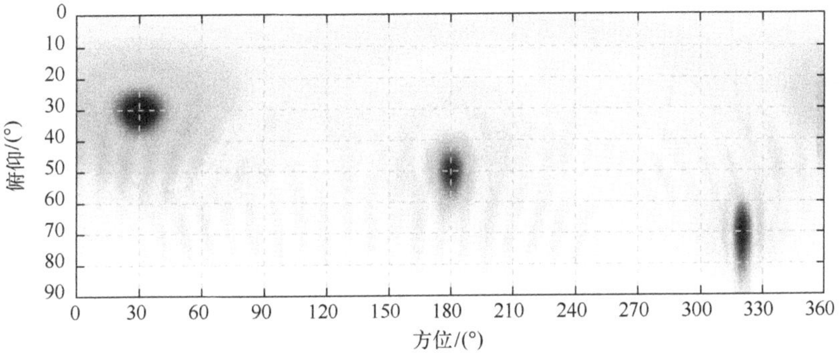

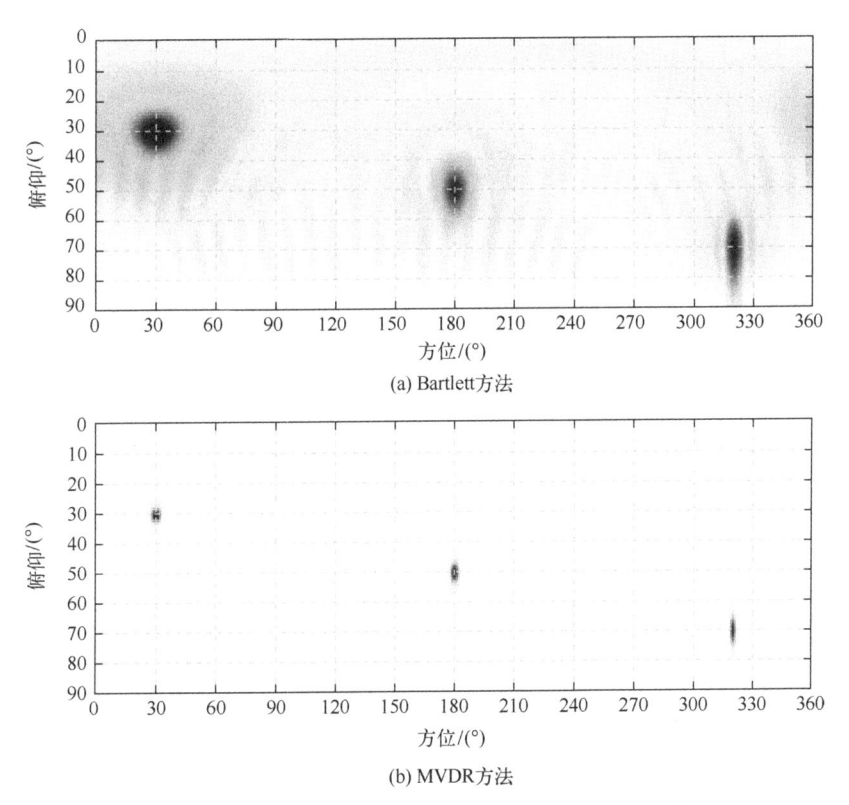

(a) Bartlett方法

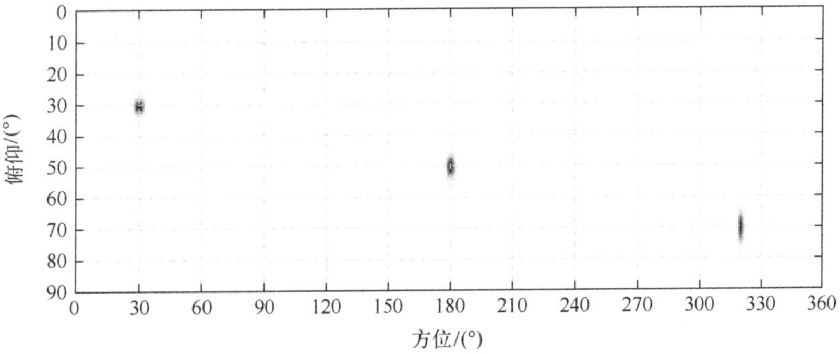

(b) MVDR方法

图 3.18　三维聚焦波束形成方法估计的方位空间谱

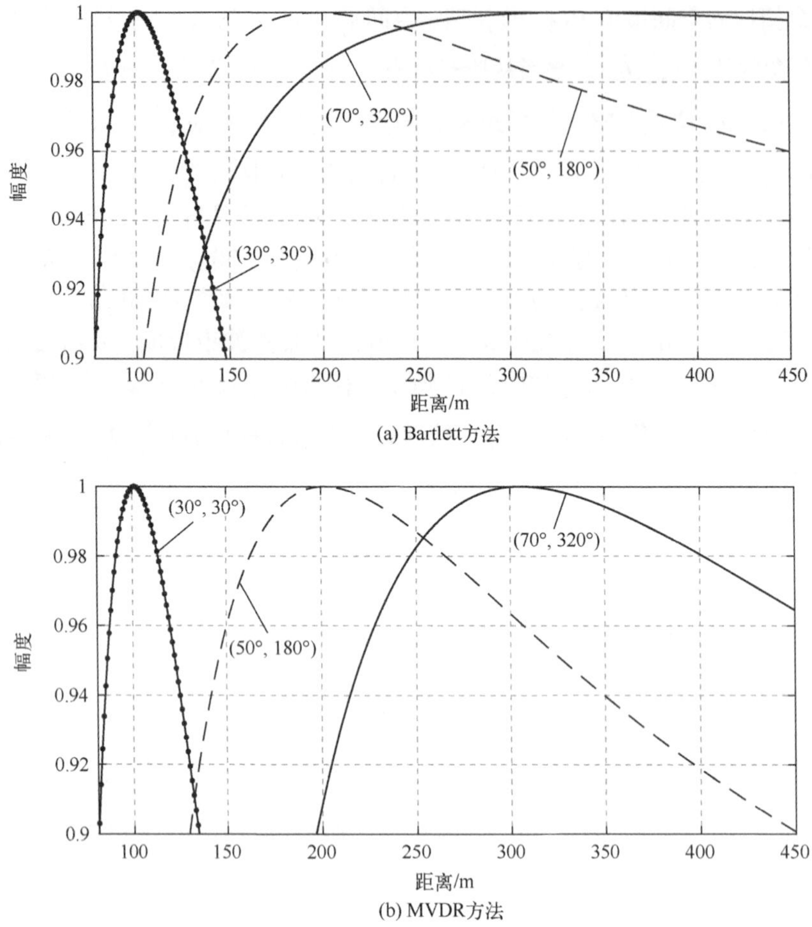

(a) Bartlett方法

(b) MVDR方法

图 3.19　三维聚焦波束形成方法估计的距离域空间谱

参考文献

[1] 康春玉．水中目标信号净化及军事应用研究［D］．大连：海军大连舰艇学院，2009.

[2] 孙超，李斌．加权子空间拟合算法理论与应用［M］．西安：西北工业大学出版社，1994.

[3] 武思军．稳健的自适应波束形成算法研究［D］．哈尔滨：哈尔滨工程大学，2005.

[4] 马令坤，黄建国，谢达．宽带数字信号精确时延实现［J］．计算机工程与应用，2008，44（15）：158-160，172.

[5] CAPON J. High-resolution Frequency-wavenumber Apectrum Analysis［J］. Proceedings of

the IEEE, 1969, 57 (8): 1408-1418.

[6] CARLSON B D. Covariance Matrix Estimation Erros and Diagonal Loading in Adaptive Arrays [J]. IEEE Transactions on Aerospace and Electronic Systems, 1988, 24 (4): 397-401.

[7] NING M, GOH J T. Efficient Method to Determine Diagonal Loading Value [C]. IEEE International Conference on Acoustics, Speech and Signal Pocessing, Hong Kong, 2003: V-341.

[8] KIM Y L, PILLAI S U, GUEREI J R. Optimal Loading Factor for Minimal Sample Support Space-Time Adaptive Radar [C]. IEEE International Conference on Acoustics, 1998: 2505-2508.

[9] 冯建婷. 基于阵列的近场声聚焦算法研究 [D]. 哈尔滨：哈尔滨工程大学，2014.

[10] 付学瑞. 基于高阶累积量的半圆阵声聚焦技术研究 [D]. 哈尔滨：哈尔滨工程大学，2012.

第 4 章　盲信号处理及应用

盲信号处理是现代数字信号处理一个十分活跃的领域，国际上已经发展了多种有效的盲源分离算法[1-8]。从现有研究结果来看，各种盲处理算法在一定条件下对信号恢复取得了很好的效果，可以分离信信比相差较大、方位上几乎重叠的目标，而且很多算法也可辨识通道参数。因此，其比较适合被动声纳信号处理，具有重要的军事意义。近年来，随着盲信号处理研究的不断深入，表明无论是多源还是单源盲源分离算法，在获得信号源波形的同时还可以辨识信号的方向向量，对盲源分离问题来说就是估计混合矩阵，因此，盲源分离算法还可以用来盲估计阵列流形，从而进行阵列流形的校准和方位估计。在信号检测中，依据得到的信号方向向量可提高常规高分辨算法的估计精度，也可以大大改善最优波束形成的性能。本书重点讨论盲源分离及其在被动声纳信号处理中的应用。

4.1　问题描述

盲信号处理问题原理框图如图 4.1 所示[1-2,5]，图中：$\boldsymbol{S}(k)=[s_1(k),s_2(k),\cdots,s_N(k)]^{\mathrm{T}}$ 是未知源信号（或目标信号），$\boldsymbol{X}(k)=[x_1(k),x_2(k),\cdots,x_M(k)]^{\mathrm{T}}$ 是混合信号（或称为观测信号、传感器检测信号、基阵接收信号等），$\boldsymbol{N}(k)=[n_1(k),n_2(k),\cdots,n_M(k)]^{\mathrm{T}}$ 是噪声信号，输出 $\boldsymbol{Y}(k)=[y_1(k),y_2(k),\cdots,y_N(k)]^{\mathrm{T}}$ 为待求的分离信号（或目标信号 $\boldsymbol{S}(k)$ 的估计），$\boldsymbol{A}=(a_{ij})_{M\times N}$ 是未知满秩混合矩阵（或源信号传输通道混合特性矩阵），$\boldsymbol{W}=(w_{ji})_{N\times M}$ 是待求的分离矩阵（也称解混矩阵）。

盲信号处理中，图 4.1 中的源信号个数、源信号分量、源信号特性、源信号传输混合通道特性、噪声特性等都是未知的，仅观测信号 $\boldsymbol{X}(k)$ 为已知量。$\boldsymbol{X}(k)$ 中含有未知（或盲的）源信号和未知混合系统的特性，处理具有盲特性的信号 $\boldsymbol{X}(k)$，以分离出源信号或辨识出混合系统特性就是盲信号处理的主要任务[1-2]。

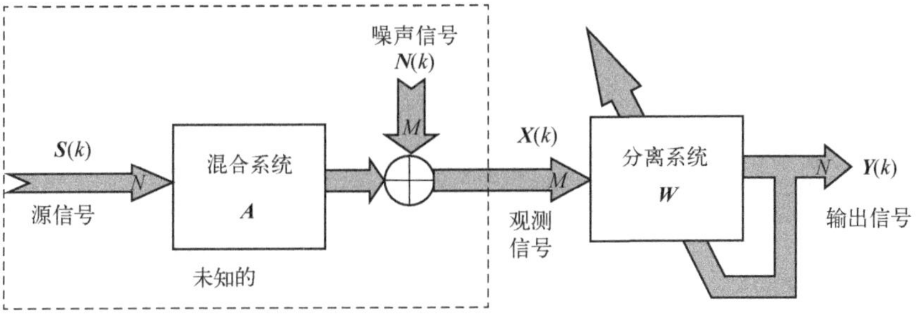

图 4.1　盲信号处理原理

4.2　数学模型

盲信号处理的数学模型根据混合方式的不同有不同的数学模型，下面两种是最基本也是最常用的数学模型[2]。

4.2.1　线性瞬态混合模型

假设有 N 个相互独立的目标信号 $\boldsymbol{S}(k)=[s_1(k),s_2(k),\cdots,s_N(k)]^{\mathrm{T}}$ 经过一个未知参数的混合矩阵 $\boldsymbol{A}=[a_{ij}]_{M\times N}$传输到 M 个传感器，M 个传感器的观测信号为 $\boldsymbol{X}(k)=[x_1(k),x_2(k),\cdots,x_M(k)]^{\mathrm{T}}$，$x_i(k)$是 N 个目标信号在同一时刻的不同线性组合，也称线性瞬态混合。不失一般性，假设 $x_i(k)$的均值为零，则观测信号写成矩阵的形式为[1-2]

$$\boldsymbol{X}(k)=\boldsymbol{AS}(k) \tag{4.1}$$

需要说明的是，式（4.1）所示模型没有考虑噪声情况，但被动声纳信号处理中，噪声无处不在，如果考虑传感器附加有噪声 $\boldsymbol{N}(k)=[n_1(k),n_2(k),\cdots,n_M(k)]^{\mathrm{T}}$，并假设 $n_i(k)$相互独立，与目标信号 $x_i(k)$也独立，则此时线性瞬态混合模型为[1-2]

$$\boldsymbol{X}(k)=\boldsymbol{AS}(k)+\boldsymbol{N}(k) \tag{4.2}$$

显然，式（4.2）与基阵窄带信号接收模型式（2.19）具有类似的结构，这也为盲源分离算法用于被动声纳阵列信号处理提供了理论依据。

4.2.2　线性卷积混合模型

水声环境中，目标信号都会经过多途传播到达接收基阵，即常说的水声通道具有多途效应，因此传感器观测到的信号是多目标信号经多途、多延时的线性（或非线性）组合，解决此类模型的盲信号处理方法称为盲解卷积[1-2]。若这种卷积关系是线性的则称为线性卷积混合模型。假设有 N 个相互独立的目标信号 $\boldsymbol{S}(k)=[s_1(k),s_2(k),\cdots,s_N(k)]^{\mathrm{T}}$ 经过一个未知参数的混合矩阵 $\boldsymbol{A}=[a_{ij}]_{M\times N}$ 传输到 M 个传感器，M 个传感器的观测信号为 $\boldsymbol{X}(k)=[x_1(k),x_2(k),\cdots,x_M(k)]^{\mathrm{T}}$，并假设目标信号到每个传感器（阵元）间的传输函数为因果、有限冲激响应（Finite Impulse Response，FIR），则混合观测信号的卷积形式写成矩阵的形式为[1-2]

$$\boldsymbol{X}(k)=\boldsymbol{A}*\boldsymbol{S}(k) \tag{4.3}$$

式中：$*$ 代表线性卷积；$\boldsymbol{A}=[a_{ij}]_{M\times N}$，$a_{ij}$ 是第 j 个声源到第 i 个传感器的脉冲响应。

与线性瞬态混合模型一样，若考虑传感器附加有噪声 $\boldsymbol{N}(k)=[n_1(k),n_2(k),\cdots,n_M(k)]^{\mathrm{T}}$，并假设 $n_i(k)$ 相互独立，与目标信号 $x_i(k)$ 也独立，则此时线性卷积混合模型为

$$\boldsymbol{X}(k)=\boldsymbol{A}*\boldsymbol{S}(k)+\boldsymbol{N}(k) \tag{4.4}$$

每个传感器上的输出表示为

$$x_i(k)=\sum_{j=1}^{N}\sum_{h=0}^{L}a_{ij}(h)s_j(k-h)+n_i(k)\quad(i=1,2,\cdots,M) \tag{4.5}$$

式中：$a_{ij}(h)$ 和 L 分别表示从第 j 个信号源到第 i 个传感器的 FIR 滤波器的第 h 个系数和最大延时阶数。若 $L=0$ 表示没有源信号的延时向量，卷积模型退化为线性瞬态盲信号处理问题。

对式（4.4）两边取傅里叶变换，则

$$\boldsymbol{X}(f)=\boldsymbol{A}(f)\boldsymbol{S}(f)+\boldsymbol{N}(f) \tag{4.6}$$

式中：$\boldsymbol{X}(f)=[X_1(f),X_2(f),\cdots,X_M(f)]^{\mathrm{T}}$ 表示基阵接收信号的傅里叶变换；$\boldsymbol{S}(f)=[S_1(f),S_2(f),\cdots,S_N(f)]^{\mathrm{T}}$ 表示目标信号的傅里叶变换；$\boldsymbol{N}(f)=[N_1(f),N_2(f),\cdots,N_M(f)]^{\mathrm{T}}$ 表示加性噪声的傅里叶变换；$\boldsymbol{A}(f)$ 表示混合矩阵的傅里叶变换。

显然，式（4.6）与基阵宽带阵列模型式（2.14）具有类似的结构，即线性卷积混合模型与被动声纳宽带接收数据模型具有类似的结构。

4.3 盲源分离方法

根据基阵接收数据模型和盲信号处理混合模型，下面主要阐述瞬态混合下的盲源分离算法，对于卷积混合下的盲源分离则可把观测数据变换到频域再采用瞬态盲源分离的方法来实现的方案。

4.3.1　空间解相关技术

一般来说，基阵接收到的混合信号 $\boldsymbol{X}(k)$（即传感器信号）各分量 $x_i(k)$ $(i=1,2,\cdots,M)$ 是互相关的，此时协方差矩阵 $\boldsymbol{R}_{XX}=E\{\boldsymbol{X}\boldsymbol{X}^{\mathrm{H}}\}$ 不是对角阵，但一般盲分离算法要求混合信号各分量互不相关，因此首先要对接收信号进行归一化空间解相关（也称预白化或球化）处理[2]，即构造一个白化矩阵 $\boldsymbol{Q}_{N\times M}$，使得白化后信号 $\overline{\boldsymbol{X}}(k)=\boldsymbol{Q}\boldsymbol{X}(k)$ 的协方差矩阵 $E\{\overline{\boldsymbol{X}}(k)\overline{\boldsymbol{X}}(k)^{\mathrm{H}}\}$ 为单位阵 $\boldsymbol{I}_{N\times N}$，即

$$\boldsymbol{R}_{\overline{X}\overline{X}}=E\{\overline{\boldsymbol{X}}(k)\overline{\boldsymbol{X}}(k)^{\mathrm{H}}\}=E\{\boldsymbol{Q}\boldsymbol{X}(k)\boldsymbol{X}(k)^{\mathrm{H}}\boldsymbol{Q}^{\mathrm{H}}\}=\boldsymbol{Q}\boldsymbol{R}_{XX}\boldsymbol{Q}^{\mathrm{H}}=\boldsymbol{I}_{N\times N} \tag{4.7}$$

此时白化后的信号分量互不相关，并具有单位方差。

另外，白化变换还有一个好处，即如果 $M>N$，并且目标信号的个数 N 已知，则白化在保证信号分量不相关的同时，把数据向量的维数从 M 降到了 N，简化了后续的处理。同时从式（4.7）可以看出，白化矩阵 $\boldsymbol{Q}$ 不是唯一的。下面介绍归一化空间解相关和鲁棒空间解相关两种空间解相关技术[2]。

1. 归一化空间解相关

基阵接收信号 $\boldsymbol{X}(k)$ 的协方差矩阵通常对称正定，根据特征值分解，有

$$\boldsymbol{R}_{XX}=E\{\boldsymbol{X}\boldsymbol{X}^{\mathrm{H}}\}=\boldsymbol{V}_X\boldsymbol{\Lambda}_X\boldsymbol{V}_X^{\mathrm{H}}=\boldsymbol{V}_X\boldsymbol{\Lambda}_X^{1/2}\boldsymbol{\Lambda}_X^{1/2}\boldsymbol{V}_X^{\mathrm{H}} \tag{4.8}$$

式中：$\boldsymbol{V}_X$ 是相应的特征值向量组成的矩阵，为正交矩阵；$(\cdot)^{\mathrm{H}}$ 表示共轭转置；$\boldsymbol{\Lambda}_X=\mathrm{diag}\{\lambda_1,\lambda_2,\cdots,\lambda_M\}$ 为对角线上元素为特征值的对角阵，其特征值 $\lambda_1\geqslant\lambda_2\geqslant\cdots\geqslant\lambda_M>0$。

根据信息论准则，取前面 N 个大的特征值可作为信号特征值 $\hat{\boldsymbol{\Lambda}}_X=\mathrm{diag}\{\lambda_1,\lambda_2,\cdots,\lambda_N\}$，相对应的特征向量 $\hat{\boldsymbol{V}}_X=[\boldsymbol{v}_1,\boldsymbol{v}_2,\cdots,\boldsymbol{v}_N]$ 张成的空间可作为信号子空间的估计，则可由式（4.9）计算白化矩阵 $\boldsymbol{Q}$：

$$\boldsymbol{Q}=\hat{\boldsymbol{\Lambda}}_X^{-1/2}\hat{\boldsymbol{V}}_X^{\mathrm{H}}=\mathrm{diag}\left\{\frac{1}{\sqrt{\lambda_1}},\frac{1}{\sqrt{\lambda_2}},\cdots,\frac{1}{\sqrt{\lambda_N}}\right\}\hat{\boldsymbol{V}}_X^{\mathrm{H}} \tag{4.9}$$

或者

$$\boldsymbol{Q}=\boldsymbol{U}\hat{\boldsymbol{\Lambda}}_X^{-1/2}\hat{\boldsymbol{V}}_X^{\mathrm{H}} \tag{4.10}$$

式中：$\boldsymbol{U}$ 为一个任意的正交矩阵。

经白化后的基阵观测信号表示为

$$\overline{\boldsymbol{X}}(k)=\boldsymbol{Q}\boldsymbol{X}(k) \tag{4.11}$$

白化后信号 $\overline{\boldsymbol{X}}$ 的协方差矩阵为

$$\begin{aligned}\boldsymbol{R}_{\overline{X}\overline{X}}&=E\{\overline{\boldsymbol{X}}(k)\overline{\boldsymbol{X}}(k)^{\mathrm{H}}\}=\boldsymbol{Q}\boldsymbol{R}_{XX}\boldsymbol{Q}^{\mathrm{H}}\\&=(\boldsymbol{U}\hat{\boldsymbol{\Lambda}}_X^{-1/2}\hat{\boldsymbol{V}}_X^{\mathrm{H}})\boldsymbol{V}_X\boldsymbol{\Lambda}_X^{1/2}\boldsymbol{\Lambda}_X^{1/2}\boldsymbol{V}_X^{\mathrm{H}}(\boldsymbol{U}\hat{\boldsymbol{\Lambda}}_X^{-1/2}\hat{\boldsymbol{V}}_X^{\mathrm{H}})^{\mathrm{H}}\\&=\boldsymbol{U}\hat{\boldsymbol{\Lambda}}_X^{-1/2}\hat{\boldsymbol{V}}_X^{\mathrm{H}}\boldsymbol{V}_X\boldsymbol{\Lambda}_X^{1/2}\boldsymbol{\Lambda}_X^{1/2}\boldsymbol{V}_X^{\mathrm{H}}\hat{\boldsymbol{V}}_X(\hat{\boldsymbol{\Lambda}}_X^{-1/2})^{\mathrm{H}}\boldsymbol{U}^{\mathrm{H}}=\boldsymbol{I}_{N\times N}\end{aligned} \tag{4.12}$$

显然满足式（4.7），即白化后信号各分量为单位方差，且互不相关。

2. 鲁棒空间解相关

归一化空间解相关技术是盲信号处理中常用的预处理方法，但其存在一个缺点，就是无法抑制加性噪声的影响。因此人们提出了一种鲁棒空间解相关技术[2]，也称为鲁棒正交化。该方法利用了传感器信号不同时间延迟的相关矩阵，能够更好地抑制加性噪声的影响。

基阵信号 $\boldsymbol{X}(k)$ 不同时间延迟 $\tau(\tau\neq 0)$ 相关矩阵的计算如下：

$$\begin{aligned}\boldsymbol{R}_{XX}(\tau) &= \sum\nolimits_{\tau}(\mathbf{X}) = E\{\boldsymbol{X}(k)\boldsymbol{X}^{\mathrm{H}}(k+\tau)\} \\ &= E\{\boldsymbol{A}\boldsymbol{S}(k)\boldsymbol{S}^{\mathrm{H}}(k+\tau)\boldsymbol{A}^{\mathrm{H}}\} + E\{\boldsymbol{N}(k)\boldsymbol{N}^{\mathrm{H}}(k+\tau)\} = \boldsymbol{A}\boldsymbol{R}_{SS}(\tau)\boldsymbol{A}^{\mathrm{H}}\end{aligned} \tag{4.13}$$

鲁棒空间解相关就是利用不同时间延迟相关矩阵 $\boldsymbol{R}_{XX}(\tau)$ $(\tau\neq 0)$ 来进行基阵接收信号的白化，相对于利用协方差矩阵 $\boldsymbol{R}_{XX}(0)$ 来说，能抑制加性白噪声信号的影响，更好地将数据映射到信号子空间。然而，对于不同的时间延迟，相关矩阵 $\boldsymbol{R}_{XX}(\tau)$ 不能保证总是正定的，对于这些延迟获得的相关矩阵不能用来进行信号白化。为了解决该问题，实际实现过程中，常用对不同时间延迟获得的相关矩阵进行线性组合后再进行空间解相关。即首先按式（4.14）计算不同时间延迟相关矩阵的线性组合 $\boldsymbol{C}_{XX}$，然后再进行白化处理。

$$\boldsymbol{C}_{XX} = \sum_{i=1}^{J} \alpha_i \boldsymbol{M}_{XX}(\tau_i) \tag{4.14}$$

其中

$$\boldsymbol{M}_{XX}(\tau_i) = \frac{1}{2}[\boldsymbol{R}_{XX}(\tau_i) + \boldsymbol{R}_{XX}^{\mathrm{H}}(\tau_i)] \tag{4.15}$$

合理选择加权系数 $\alpha_i(i=1,2,\cdots,K)$，可保证 $\boldsymbol{C}_{XX}$ 为正定矩阵，方法可参考相关文献[3]。

当 $\boldsymbol{C}_{XX}$ 为正定矩阵时，可对其进行特征值分解：

$$\boldsymbol{C}_{XX} = \boldsymbol{U}_C \boldsymbol{D}_C \boldsymbol{U}_C^{\mathrm{H}} \tag{4.16}$$

式中：$\boldsymbol{U}_C$ 为相应的特征值向量组成的矩阵，为正交矩阵，其中 $(\cdot)^{\mathrm{H}}$ 表示共轭转置；$\boldsymbol{D}_C = \mathrm{diag}\{\lambda_1,\lambda_2,\cdots,\lambda_M\}$ 为对角阵，其特征值 $\lambda_1\geqslant\lambda_2\geqslant\cdots\geqslant\lambda_M>0$。

根据信息论准则，取前面 N 个大的特征值作为信号特征值 $\hat{\boldsymbol{\Lambda}}_C = \mathrm{diag}\{\lambda_1,\lambda_2,\cdots,\lambda_N\}$；相对应的特征向量 $\hat{\boldsymbol{U}}_C = [\boldsymbol{u}_1,\boldsymbol{u}_2,\cdots,\boldsymbol{u}_N]$ 张成的空间作为信号子空间的估计，则白化矩阵：

$$\boldsymbol{Q} = \hat{\boldsymbol{\Lambda}}_C^{-1/2}\hat{\boldsymbol{U}}_C^{\mathrm{H}} = \mathrm{diag}\left\{\frac{1}{\sqrt{\lambda_1}},\frac{1}{\sqrt{\lambda_2}},\cdots,\frac{1}{\sqrt{\lambda_N}}\right\}\hat{\boldsymbol{U}}_C^{\mathrm{H}} \tag{4.17}$$

经白化后的基阵观测信号表示为

$$\bar{\boldsymbol{X}}(k)=\boldsymbol{Q}\boldsymbol{X}(k) \tag{4.18}$$

上述鲁棒正交化的具体实现步骤可总结如下[2]。

（1）由基阵信号 $\boldsymbol{X}(k)$，根据式（4.13）计算一组时间延迟相关矩阵 $\boldsymbol{R}_{XX}(\tau_i)$（$\tau\neq0$），并构造一新的 $M\times MJ$ 维矩阵：

$$\boldsymbol{M}=[\boldsymbol{M}_{XX}(\tau_1),\boldsymbol{M}_{XX}(\tau_2),\cdots,\boldsymbol{M}_{XX}(\tau_J)] \tag{4.19}$$

对 $\boldsymbol{M}$ 进行奇异值分解，即

$$\boldsymbol{M}=\boldsymbol{U}_M\boldsymbol{\Sigma}_M\boldsymbol{V}_M^{\mathrm{H}} \tag{4.20}$$

式中：$\boldsymbol{U}_M$ 和 $\boldsymbol{V}_M$ 分别为相应的左奇异矩阵和右奇异矩阵，都为正交矩阵，其中 $(\cdot)^{\mathrm{H}}$ 表示共轭转置；$\boldsymbol{\Sigma}_M=\mathrm{diag}\{\lambda_1,\lambda_2,\cdots,\lambda_M\}$ 为对角阵，其奇异值 $\lambda_1\geqslant\lambda_2\geqslant\cdots\geqslant\lambda_M>0$。

根据信息论准则，取前面 N 个大的奇异值作为信号子空间维数的估计，此时，记 $\hat{\boldsymbol{\Sigma}}_M=\mathrm{diag}\{\lambda_1,\lambda_2,\cdots,\lambda_N\}$，相对应的左奇异向量 $\hat{\boldsymbol{U}}_M=[\boldsymbol{u}_1,\boldsymbol{u}_2,\cdots,\boldsymbol{u}_N]$ 张成的空间作为信号子空间的估计。

（2）计算：

$$\boldsymbol{F}_i=\boldsymbol{U}_M^{\mathrm{H}}\boldsymbol{M}_{XX}(\tau_i)\boldsymbol{U}_M \quad (i=1,2,\cdots,J) \tag{4.21}$$

（3）选择任意初始值 $\boldsymbol{\alpha}=[\alpha_1,\alpha_2,\cdots,\alpha_J]^{\mathrm{T}}$。

（4）计算 $\boldsymbol{F}=\sum\limits_{i=1}^{J}\alpha_i\boldsymbol{F}_i$。

（5）对矩阵 $\boldsymbol{F}$ 进行特征值分解，并判断 $\boldsymbol{F}$ 是否正定，若正定则跳至步骤（7），否则继续下一步骤。

（6）选择矩阵 $\boldsymbol{F}$ 最小特征值对应的特征向量 $\boldsymbol{u}_{\min}$，用 $\boldsymbol{\alpha}+\boldsymbol{\delta}$ 更新 $\boldsymbol{\alpha}$，返回步骤（4），其中 $\boldsymbol{\delta}=\dfrac{[\boldsymbol{u}_{\min}^{\mathrm{H}}F_1\boldsymbol{u}_{\min}\boldsymbol{u}_{\min}^{\mathrm{H}}F_2\boldsymbol{u}_{\min},\cdots,\boldsymbol{u}_{\min}^{\mathrm{H}}F_J\boldsymbol{u}_{\min}]^{\mathrm{H}}}{\|[\boldsymbol{u}_{\min}^{\mathrm{H}}F_1\boldsymbol{u}_{\min}\boldsymbol{u}_{\min}^{\mathrm{H}}F_2\boldsymbol{u}_{\min},\cdots,\boldsymbol{u}_{\min}^{\mathrm{H}}F_J\boldsymbol{u}_{\min}]\|}$。

（7）按式（4.14）计算 $\boldsymbol{C}_{XX}$，对其进行特征值分解，得到信号特征值估计 $\hat{\boldsymbol{\Lambda}}_C=\mathrm{diag}\{\lambda_1,\lambda_2,\cdots,\lambda_N\}$ 和相对应的主特征向量 $\hat{\boldsymbol{U}}_C=[\boldsymbol{u}_1,\boldsymbol{u}_2,\cdots,\boldsymbol{u}_N]$。则白化矩阵 $\boldsymbol{Q}=\hat{\boldsymbol{\Lambda}}_C^{-1/2}\hat{\boldsymbol{U}}_C^{\mathrm{H}}$，白化后的基阵观测信号表示为 $\bar{\boldsymbol{X}}(k)=\boldsymbol{Q}\boldsymbol{X}(k)$。

4.3.2　基于时间延迟相关矩阵的复数域盲源分离方法

联合利用二阶统计量（不同时间延迟相关矩阵）和目标信号时序结构的特性，混合矩阵的盲辨识问题可转换成标准的特征值分解、广义特征值分解和同时对角化问题[2]。根据基阵接收模型和水声信号处理特点，下面将两种实数域盲源分离方法推广应用到复数域盲源分离。

1. 时间解相关复数域盲源分离方法

把时间解相关源分离算法（Temporal Decorrelation Source SEParation, TDSEP）推广到复数域，来完成盲源分离。即将文献［9］中的转置用共轭转置代替，就可应用于复数域盲源分离，在本书中称为 CTDSEP 方法。其具体步骤如下：

（1）对观测信号 $\boldsymbol{X}(k)$ 进行鲁棒空间解相关处理，得到白化后的观测信号 $\overline{\boldsymbol{X}}(k)=\boldsymbol{Q}\boldsymbol{X}(k)$，其中 $\boldsymbol{Q}$ 为白化矩阵。

（2）根据白化后的观测信号 $\overline{\boldsymbol{X}}(k)$ 估计一组时间延迟相关矩阵 $\boldsymbol{R}_{\overline{X}\overline{X}}(\tau)=E\{\overline{\boldsymbol{X}}(k)\overline{\boldsymbol{X}}^{\mathrm{H}}(k+\tau)\}$，其中 $\tau=1,2,\cdots,D$，最大时延 D 的确定可参考文献［10］的方法。

（3）对得到的时间延迟相关矩阵 $\boldsymbol{R}_{\overline{X}\overline{X}}(\tau)$ 进行同时对角化，得到一旋转矩阵 $\boldsymbol{T}$。

（4）根据白化矩阵和旋转矩阵得到解混矩阵 $\hat{\boldsymbol{A}}=\boldsymbol{Q}^{-1}\boldsymbol{T}$ 和源信号的估计 $\hat{\boldsymbol{S}}(k)=\hat{\boldsymbol{A}}^{+}\boldsymbol{X}(k)=[\hat{s}_1(k),\hat{s}_2(k),\cdots,\hat{s}_N(k)]$，其中 $(\cdot)^{+}$ 表示求矩阵的伪逆。

2. 平均时间延迟相关矩阵复数域盲源分离方法

实际被动声纳信号处理中，仅有有限的被噪声污染的信号样本，不同时间延迟的相关矩阵不严格地共享相同的特征结构，仅由单个矩阵确定的特征结构通常会导致不满意的结果，甚至错误的结果[2]。从统计的角度来看，为了提高稳健性和精确度，有必要考虑平均特征结构。将文献［2］中稳健 SVD 算法推广应用于复数域，并称为平均时间延迟相关矩阵盲源分离（Average Time Delay Correlation Matrix, ATDCM）方法，其具体步骤如下：

（1）对观测信号 $\boldsymbol{X}(k)$ 进行鲁棒空间解相关处理，得到白化后的观测信号 $\overline{\boldsymbol{X}}(k)=\boldsymbol{Q}\boldsymbol{X}(k)$，其中 $\boldsymbol{Q}$ 为白化矩阵。

（2）根据白化后的观测信号 $\overline{\boldsymbol{X}}(k)$ 估计一组时间延迟相关矩阵 $\boldsymbol{R}_{\overline{X}\overline{X}}(\tau)=E\{\overline{\boldsymbol{X}}(k)\overline{\boldsymbol{X}}^{\mathrm{H}}(k+\tau)\}$，其中 $\tau=1,2,\cdots,D$，最大时延 D 的确定可参考文献［10］的方法。

（3）对得到的时间延迟相关矩阵 $\boldsymbol{R}_{\overline{X}\overline{X}}(\tau)$ 按下式计算其线性组合：

$$\overline{\hat{\boldsymbol{R}}}_{\overline{X}\overline{X}}=\sum_{i=1}^{D}\beta_i\boldsymbol{R}_{\overline{X}\overline{X}}(\tau_i) \tag{4.22}$$

式中：系数 β_i 随机选择，但保证其和为 1，初始值可设为 $\beta_i=1/D$。

（4）对 $\overline{\hat{\boldsymbol{R}}}_{\overline{X}\overline{X}}$ 进行奇异值分解：

$$\overline{\hat{\boldsymbol{R}}}_{\overline{X}\overline{X}}=\boldsymbol{U}_{\overline{X}}\boldsymbol{\Sigma}_{\overline{X}}\boldsymbol{V}_{\overline{X}}^{\mathrm{H}} \tag{4.23}$$

式中：$\boldsymbol{U}_{\overline{X}}$ 和 $\boldsymbol{V}_{\overline{X}}$ 分别为左奇异矩阵和右奇异矩阵；$\boldsymbol{\Sigma}_{\overline{X}}$ 为奇异值构成的对角阵。

判断所有的奇异值是否不同，如果相同或非常接近，则改变参数β_i，重复步骤（3）和步骤（4），直到所有奇异值不同并彼此远离。

（5）根据得到的奇异值确定信号子空间的维数 N 和相应的信号子空间估计$\hat{\boldsymbol{U}}_{\bar{\boldsymbol{X}}}=[\boldsymbol{u}_1,\boldsymbol{u}_2,\cdots,\boldsymbol{u}_N]$，则此时估计的解混矩阵$\hat{\boldsymbol{A}}=\boldsymbol{Q}^{+}\hat{\boldsymbol{U}}_{\bar{\boldsymbol{X}}}$，其中$(\cdot)^{+}$表示求矩阵的伪逆，相应分离的源信号估计为$\hat{\boldsymbol{S}}(k)=\hat{\boldsymbol{U}}_{\bar{\boldsymbol{X}}}^{\mathrm{H}}\boldsymbol{Q}\boldsymbol{X}(k)=[\hat{s}_1(k),\hat{s}_2(k),\cdots,\hat{s}_N(k)]$。

4.4 基于盲源分离解混矩阵的方位估计方法

被动声纳阵列信号处理中，接收信号来自多个目标信号，而且目标信号一般是未知的，海洋声传输通道也是未知和时变的。这些不确定性降低了高分辨率 DOA 估计算法在被动声纳中的性能。研究发现，盲源分离技术具有对海洋环境和目标信号样式的宽容性，并且可以较好地分离空间临近的目标，国内外学者在盲源分离基础上，提出了 DOA 盲估计的概念[5,11-15]，即在未知通道特性的情况下估计信号波达方向。盲源分离方法发展至今已有很多成熟的算法，各种算法对信号恢复取得了很好的效果，但并不是所有盲源分离方法都能用来实现 DOA 估计。本书推广得到的 CTDSEP 和 ATDCM 方法在完成对目标信号恢复的同时，其解混矩阵估计$\hat{\boldsymbol{A}}$可作为阵列流形的估计。因此，对于被动拖曳线列阵声纳，可以直接由盲源分离解混矩阵实现目标方位估计[16,18]。

4.4.1 直接由盲源分离解混矩阵进行方位估计

对盲源分离方法估计出的基阵阵列流形$\hat{\boldsymbol{A}}$进行如下的归一化处理[16-17]：

$$\hat{\boldsymbol{B}}=\left[\frac{\hat{\boldsymbol{a}}_1}{\hat{a}_{11}},\frac{\hat{\boldsymbol{a}}_2}{\hat{a}_{12}},\cdots,\frac{\hat{\boldsymbol{a}}_N}{\hat{a}_{1N}}\right] \tag{4.24}$$

式中：$\hat{a}_{1n}(n=1,2,\cdots,N)$表示$\hat{\boldsymbol{A}}$的第一行第 n 列元素；$\hat{\boldsymbol{a}}_i(i=1,2,\cdots,N)$表示$\hat{\boldsymbol{A}}$的第 i 列。

事实上，上述归一化处理就是把$\hat{\boldsymbol{A}}$化成具有阵列流形 $\boldsymbol{A}$ 的形式（以阵元 1 为参考），即归一化阵列流形$\hat{\boldsymbol{B}}$的第一行全为 1。因此，对比归一化阵列流形$\hat{\boldsymbol{B}}$的第二行的相位和阵列流形 $\boldsymbol{A}$ 的第二行的相位，应该对应相等，因此可实现目标方位的估计。

对于均匀线列阵情况，则

$$\frac{2\pi}{\lambda}d\sin\theta_{2n}=\arctan\left[\frac{\mathrm{Im}(\hat{b}_{2n})}{\mathrm{Re}(\hat{b}_{2n})}\right]=\arctan\left[\frac{\mathrm{Im}(\hat{a}_{2n}/\hat{a}_{1n})}{\mathrm{Re}(\hat{a}_{2n}/\hat{a}_{1n})}\right] \tag{4.25}$$

式中：$\hat{b}_{2n}(n=1,2,\cdots,N)$表示归一化阵列流形$\hat{\boldsymbol{B}}$的第二行第 n 列元素；$\mathrm{Im}(\cdot)$ 和 $\mathrm{Re}(\cdot)$分别表示取复数的实部和虚部。

由式（4.25）可得估计的方位，如式（4.26）所示，这也是参考文献［15］的方法：

$$\hat{\theta}_{2n}=\arcsin\left(\frac{\lambda}{2\pi d}\arctan\left[\frac{\mathrm{Im}(\hat{a}_{2n}/\hat{a}_{1n})}{\mathrm{Re}(\hat{a}_{2n}/\hat{a}_{1n})}\right]\right) \tag{4.26}$$

事实上，根据归一化阵列流形$\hat{\boldsymbol{B}}$的第 3 ~ M 行都可相应估计出目标方位 $\hat{\theta}_{mn}(m=3,4,\cdots,M;n=1,2,\cdots,N)$，具体计算公式为

$$\hat{\theta}_{mn}=\arcsin\left(\frac{\lambda}{2\pi d}\arctan\left[\frac{\mathrm{Im}(\hat{a}_{mn}/\hat{a}_{(m-1)n})}{\mathrm{Re}(\hat{a}_{mn}/\hat{a}_{(m-1)n})}\right]\right) \tag{4.27}$$

因此，对上面估计出的每列方位进行平均可得到最后的目标估计方位，即

$$\hat{\theta}_n=\frac{1}{M-1}\sum_{m=2}^{M}\hat{\theta}_{mn} \tag{4.28}$$

本书称其为解混矩阵平均方法。

4.4.2 子阵相位延迟进行方位估计

对于均匀线列阵，根据旋转不变技术估计信号参数（Estimation of Signal Parameters via Rotational Invariance Techniques，ESPRIT）的思想[19]，前 $M-1$ 个阵元的响应与后 $M-1$ 个阵元的响应刚好相差一个相位延迟，即

$$\boldsymbol{J}_1\hat{\boldsymbol{a}}_n\exp(-\mathrm{j}\hat{\varphi}_n)=\boldsymbol{J}_2\hat{\boldsymbol{a}}_n \tag{4.29}$$

式中：$\boldsymbol{J}_1=[\boldsymbol{I}_{(M-1)\times(M-1)}\quad \boldsymbol{0}_{(M-1)\times 1}]$；$\boldsymbol{J}_2=[\boldsymbol{0}_{(M-1)\times 1}\quad \boldsymbol{I}_{(M-1)\times(M-1)}]$；$\hat{\varphi}_n=\frac{2\pi d}{\lambda}\sin\hat{\theta}_n$；$\hat{\boldsymbol{a}}_n$ 表示$\hat{\boldsymbol{A}}$的第 n 列，即估计的方向向量。

显然，由式（4.29）可得 $\exp(-\mathrm{j}\hat{\varphi}_i)=(\boldsymbol{J}_1\hat{\boldsymbol{a}}_i)^{+}\boldsymbol{J}_2\hat{\boldsymbol{a}}_i$，即$-\mathrm{j}\hat{\varphi}_i=\ln[(\boldsymbol{J}_1\hat{\boldsymbol{a}}_i)^{+}\boldsymbol{J}_2\hat{\boldsymbol{a}}_i]$，$\ln(\cdot)$表示取 e 为底的对数，由此可得

$$-\mathrm{j}\frac{2\pi d}{\lambda}\sin\hat{\theta}_i=\ln[(\boldsymbol{J}_1\hat{\boldsymbol{a}}_i)^{+}\boldsymbol{J}_2\hat{\boldsymbol{a}}_i] \tag{4.30}$$

解式（4.30）即可得到相应目标的方位估计[18,20]：

$$\hat{\theta}_n=\sin^{-1}\left[\frac{\lambda}{2\pi d}\hat{\varphi}_n\right]=\sin^{-1}\left[-\frac{\lambda}{2\pi d\mathrm{j}}\ln((\boldsymbol{J}_1\hat{\boldsymbol{a}}_n)^{+}\boldsymbol{J}_2\hat{\boldsymbol{a}}_n)\right] \tag{4.31}$$

式中：(·)$^+$表示求矩阵的伪逆；ln(·)表示取 e 为底的对数。

4.5 基于子空间分解的盲波束形成方法

所谓盲波束形成就是在不知道信号或信道的性质、不发射训练信号，也不知道阵列方向向量以及干扰与噪声的空间自相关矩阵等先验知识的情况下进行的波束形成过程，相应的波束形成器就称为盲波束形成器。图 4.2 给出了盲波束形成器框图[21]。

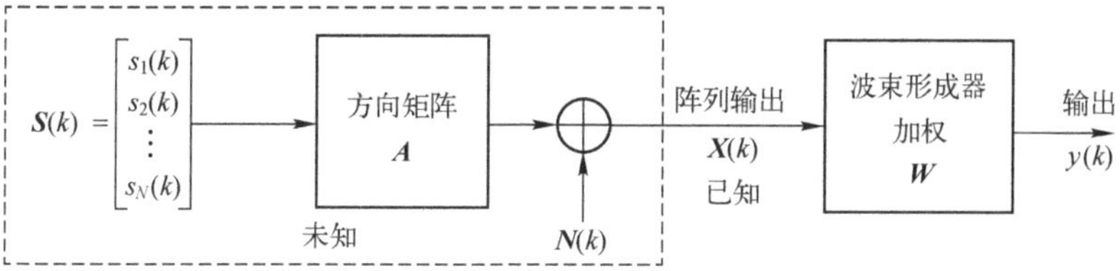

图 4.2　盲波束形成器

2004 年，Coviello 和 Sibul 基于传感器接收信号矩阵的奇异值分解和 ESPRIT 的思想提出了一种盲波束形成方法[13]。如果传感器接收信号矩阵较大，计算量明显增大，奇异值分解将非常困难，甚至在普通计算机上难以完成，特别不好推广应用于宽带背景。实际应用过程中，当传感器数目较多或快拍数取较大时就会发生上述情况。因此，该盲波束形成方法在实际应用中受到很大的限制。基于协方差矩阵的奇异值分解同样可得到信号子空间的原理，提出一种改进的盲波束形成方法[22]，并将其推广应用于宽带背景下。

4.5.1 窄带信号盲波束形成

通过对数据矩阵或协方差矩阵进行奇异值分解，可以得到隐藏的低秩信息。特别地，利用奇异值的大小可将协方差矩阵的几何子空间分为信号子空间和噪声子空间两部分[24]。基于此，采用平均协方差矩阵代替文献［13］中的数据矩阵，对其方法进行改进[23]。

首先根据基阵接收窄带信号 $\boldsymbol{X}(k)$ 按下式估计一组时间延迟协方差矩阵[9]：

$$\boldsymbol{R}_{XX}(\tau)=E\{\boldsymbol{X}(k)\boldsymbol{X}^{\mathrm{T}}(k+\tau)\} \tag{4.32}$$

式中：$\tau=1,2,\cdots,D$，最大时延 D 的确定可参考文献［10］的方法。

对估计出的时间延迟协方差矩阵取平均得到平均时间延迟协方差矩阵

$\bar{\hat{R}}_{XX}=\frac{1}{D}\sum_{\tau=1}^{D}[R_{XX}(\tau)]$。

对上述得到的平均协方差矩阵$\bar{\hat{R}}_{XX}$进行奇异值分解：

$$\bar{\hat{R}}_{XX}=U\Sigma V^{H} \tag{4.33}$$

式中：$U=U_{M\times M}=[u_1,u_2,\cdots,u_M]$为左奇异矩阵；$V=V_{M\times M}=[v_1,v_2,\cdots,v_M]$为右奇异矩阵；$(\cdot)^{H}$为共轭转置；$\Sigma=\mathrm{diag}(\lambda_1,\lambda_2,\cdots,\lambda_M)$为奇异值构成的对角阵，$M$为阵元个数。

采用信息准则方法估计信号子空间的维数，即目标信号的个数N，然后得到降维后的左奇异矩阵$\hat{U}=U_{N\times N}=[u_1,u_2,\cdots,u_N]$。很显然，$\hat{U}$和阵列流形$A$张成了同一信号子空间，也就是说存在一满秩矩阵$F$使得下式成立[13]：

$$\hat{U}=AF \tag{4.34}$$

因此，联合基阵窄带信号接收模型和式（4.34）可得到盲波束形成器的输出为[13]

$$\hat{S}(k)=WX(k)=(F\hat{U}^{H})X(k) \tag{4.35}$$

余下的问题是如何找到一满秩矩阵F，使之满足上述要求。

对于均匀线列阵，根据ESPRIT的思想，前$M-1$个阵元（即从第1个阵元到$M-1$个阵元）的响应与后$M-1$个阵元（从第2个阵元到第M个阵元）的响应刚好相差一个相位延迟。即有如下关系式成立[13]：

$$J_1a(\hat{\theta}_n)\mathrm{e}^{-\mathrm{j}\hat{\varphi}_n}=J_2a(\hat{\theta}_n) \tag{4.36}$$

式中：$J_1=[I_{(N-1)\times(N-1)}\quad 0_{(N-1)\times1}]$；$J_2=[0_{(N-1)\times1}\quad I_{(N-1)\times(N-1)}]$；$\hat{\varphi}_n=\frac{2\pi d}{\lambda}\sin\hat{\theta}_n$，$d$为阵元间隔，$\lambda$为窄带信号波长，$\hat{\theta}_n$即为待估计的第$n$目标信号的方位。

式（4.36）还可写为

$$J_1A\phi=J_2A \tag{4.37}$$

式中：$\phi=\mathrm{diag}[\mathrm{e}^{-\mathrm{j}\hat{\varphi}_1},\mathrm{e}^{-\mathrm{j}\hat{\varphi}_2},\cdots,\mathrm{e}^{-\mathrm{j}\hat{\varphi}_N}]$。

令$\hat{U}_1=J_1\hat{U}$，$\hat{U}_2=J_2\hat{U}$，由式（4.34）和式（4.37）可得

$$\hat{U}_1=J_1\hat{U}=J_1AF \tag{4.38}$$

$$\hat{U}_2=J_2\hat{U}=J_2AF=J_1A\phi F=J_1AFF^{-1}\phi F \tag{4.39}$$

将式（4.38）代入式（4.39）得$\hat{U}_2=J_1AFF^{-1}\phi F=\hat{U}_1F^{-1}\phi F$，从而得到$\hat{U}_1^{+}\hat{U}_2=F^{-1}\phi F$，其中，$\hat{U}_1^{+}$表示$\hat{U}_1$的伪逆。

因此，如果对$\hat{\boldsymbol{U}}_1^+\hat{\boldsymbol{U}}_2$进行特征值分解，则可得所要求的满秩矩阵$\boldsymbol{F}$，即$\hat{\boldsymbol{U}}_1^+\hat{\boldsymbol{U}}_2$进行特征值分解后对应的特征向量矩阵，代入式（4.35）就可达到恢复信号的目的。同时根据$\hat{\boldsymbol{U}}_1^+\hat{\boldsymbol{U}}_2$特征值分解得到的特征值矩阵$\boldsymbol{\phi}=\mathrm{diag}[\mathrm{e}^{-\mathrm{j}\hat{\phi}_1},\mathrm{e}^{-\mathrm{j}\hat{\phi}_2},\cdots,\mathrm{e}^{-\mathrm{j}\hat{\phi}_N}]$还可实现对信号方位的估计。

4.5.2 宽带信号盲波束形成

从上述盲波束形成的推导过程可以看出，由于在原理上用到了阵列流形$\boldsymbol{A}$，而对于宽带信号，其阵列流形对于不同的频率是不同的。因此，上述的方法同样只适用于中心频率为f_0的情况，或窄带信号情况，对于宽带信号不能直接应用。但同样可采用 ISS 方法来实现。根据图 3.10 或图 3.11 的方案，即短时傅里叶变换或傅里叶变换频域分子带的方法，将宽带信号分成若干窄带信号，然后对每个子带采用上述的子空间窄带盲波束形成，最后通过合成完成宽带波束形成，其实现如图 4.3 所示。图中，$\boldsymbol{X}(f_j)$表示基阵接收信号第$j(j=1,2,\cdots,J)$个子带的频域表达式，$\tilde{y}_n(f_j)(j=1,2,\cdots,J)$表示第$n$目标频率分量为$f_j$所对应的频域波束输出，$y_n(t)$表示第$n$目标的时域输出。

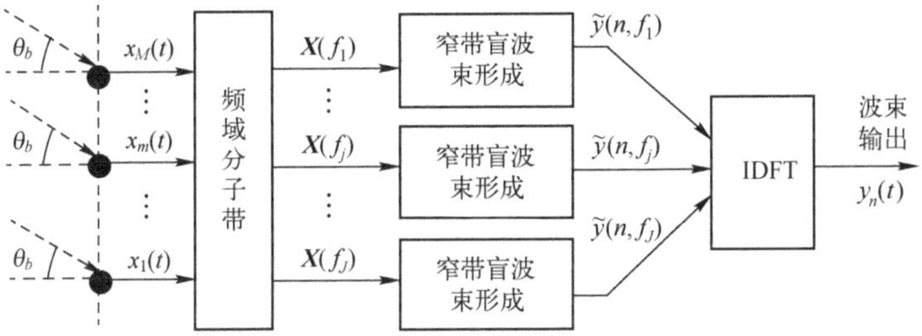

图 4.3　频域分子带宽带盲波束形成

若记第$j(j=1,2,\cdots,J)$个子带的频率为f_j，则f_j子带的阵列信号可根据均匀线列阵时宽带接收信号模型表示，如式（2.14）所示。此时阵列接收信号具有与窄带接收模型类似的表达形式，只是此时表示的是阵列接收信号的频域表达式。因此，可以采用窄带情况下的盲波束形成方法进行处理。

根据下式计算数据协方差矩阵：

$$\bar{\hat{\boldsymbol{R}}}_{\boldsymbol{X}(f_j)}=\frac{1}{L}\sum_{\tau=1}^{L}\hat{\boldsymbol{R}}_{\boldsymbol{X}(f_j)}(\tau) \tag{4.40}$$

式中：$\hat{\boldsymbol{R}}_{\boldsymbol{X}(f_j)}(\tau)=\frac{1}{H}\sum_{h=1}^{H}E[\boldsymbol{X}_h(f_j)\boldsymbol{X}_h(f_j+\tau)^{\mathrm{H}}]$为第$j$子带接收信号延迟为$\boldsymbol{\tau}$的协方差矩阵。然后按照窄带盲波束形成的方法对每个子带进行波束形成，得到

每个目标、每个子带对应的频率分量为 f_j 时的频域波束输出。

最后利用傅里叶逆变换回时域信号，则得到宽带信号波束输出结果，即 $y_n(t)=\mathrm{IFFT}[Y_n(f)]$，其中 $Y_n(f)=[\tilde{y}_n(f_1),\tilde{y}_n(f_2),\cdots,\tilde{y}_n(f_J)]$ 表示第 n 目标的频域输出。

对于此时宽带下的目标方位估计可通过下述方法完成：将每个窄带波束形成时得到的目标方位映射到空间谱，即在有目标出现的方位给予空间谱赋值，而没有目标出现的方位赋零，然后将所有窄带波束形成时得到的空间谱进行求和，得到宽带信号下的空间谱，搜索其峰值实现最后目标方位的估计。

例 4.1 仿真条件与例 3.1 一致，采用短时傅里叶变换分子带的盲波束形成方法（简称为 STFTBlindBeam）和傅里叶变换分子带的盲波束形成方法（简称为 FFTBlindBeam）估计的方位空间谱如图 4.4 所示。

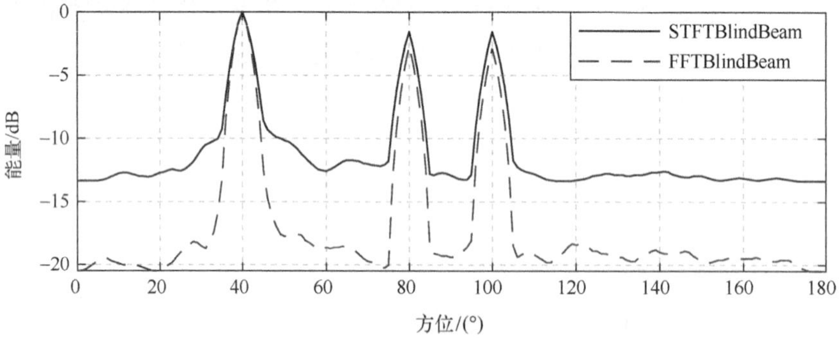

图 4.4 子空间分解的盲波束形成方法估计的方位空间谱

4.6 盲源分离和波束形成结合方法

研究表明，在已知信息相对较少的情况下，盲源分离能分离空间上几乎重叠的独立源，而且可分离强弱非常明显的目标信号，对提高信噪比有非常重要的作用。但盲源分离过程中需要估计目标信号数目，这在低信噪比的被动声纳信号处理中是很难准确估计的，这样就会导致基于解混矩阵进行方位估计的不准确。融合盲源分离和波束形成方法各自的优势，下面阐述盲源分离和波束形成结合的方位估计与信号恢复方法[25-27]。

4.6.1 窄带信号下的实现

对于窄带信号，方位估计和信号恢复模型如图 4.5 所示。首先对基阵接收到的信号进行预处理；然后采用复数域盲源分离方法进行分离，对分离出来的信号进行聚类分析，抑制环境噪声等的影响；其次对聚类后的分离信号利用解混矩阵进行重构，得到其对应的基阵接收信号；最后对重构的基阵信号采用波束形成方法得到目标信号估计和空间谱，搜索空间谱的谱峰得到目标方位的估计。

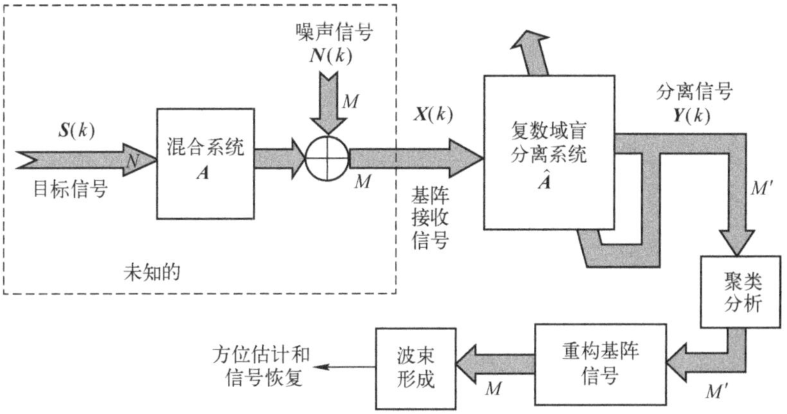

图 4.5　窄带信号盲源分离与波束形成结合的方位估计和信号恢复

上述模型中比较关键的两步是盲源分离和基阵接收信号的重构，复数域盲源分离可采用 CTDSEP 方法、ATDCM 方法或其他可估计基阵解混矩阵的方法，基阵信号的重构通过下式实现[2]：

$$\boldsymbol{X}_r=\hat{\boldsymbol{A}}^{+}\boldsymbol{Y}_r \tag{4.41}$$

式中：$\hat{\boldsymbol{A}}^{+}$表示解混矩阵$\hat{\boldsymbol{A}}$的伪逆；$\boldsymbol{Y}_r=[Y_r(1),Y_r(2),\cdots,Y_r(M)]^{\mathrm{T}}$ 为从分离信号 $\boldsymbol{Y}$ 中选择的信号独立成分；$\boldsymbol{X}_r=[X_r(1),X_r(2),\cdots,X_r(M)]^{\mathrm{T}}$ 为感兴趣成分 $\boldsymbol{Y}_r$ 对应的基阵接收信号。

由于通过盲源分离和重构后，得到的仍然是基阵在时域的接收信号，盲源分离所起的作用主要是提高接收信号的信噪比，因此，此时可以采用任意的阵列信号处理方法来进行处理，也就是图 4.5 中的波束形成方法可以是任何的波束形成方法，也可以是其他的阵列处理方法，如高分辨方法等。本书中主要研究波束形成采用 Bartlett 方法和 MVDR 方法的情况，当采用 Bartlett 方法时，将整个方法称为 BSS+Bartlett 方法，当采用 MVDR 方法时，将整个方法称为 BSS+MVDR 方法。

4.6.2　宽带信号下的实现

对宽带信号，采用短时傅里叶变换或傅里叶变换频域分子带方法。首先把阵元域信号变换到频域，然后取分析的子频带信号进行频域盲源分离，由分离结果进行聚类，抑制环境噪声等的影响；其次对聚类后的分离信号采用反盲源分离方法进行重构得到相对应的阵元域信号，并进行波束形成得到相应的子带空间谱；最后将各个子带的结果进行求和，得到总的空间谱，实现强弱目标信号的同时检测，如图 4.6 所示。

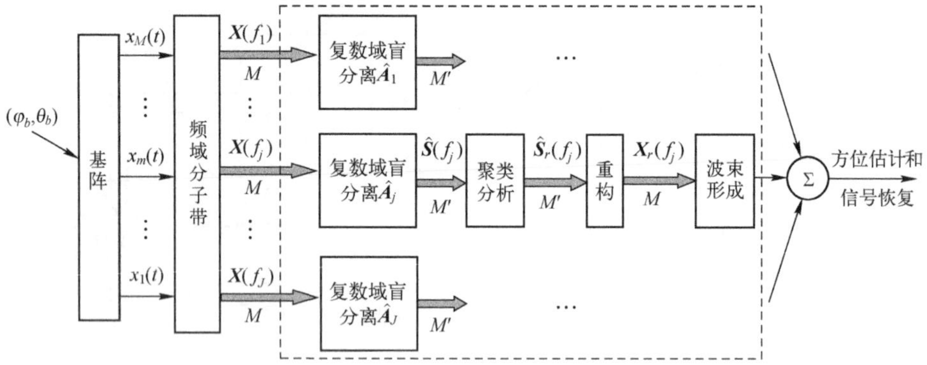

图 4.6　宽带信号盲源分离与波束形成结合的方位估计和信号恢复

具体实现步骤如下。

(1) 对基阵接收到的时域信号 $x_m(t)(m=1,2,\cdots,M)$ 进行预处理和频域分子带，将宽带信号划分为多个子带阵列信号 $\boldsymbol{X}(f_j)=[\tilde{x}_1(f_j),\tilde{x}_2(f_j),\cdots,\tilde{x}_M(f_j)]^{\mathrm{T}}(j=1,2,\cdots,J)$，$J$ 表示子带数目，f_j 表示第 j 个子带的中心频率，$\tilde{x}_m(f_j)(m=1,2,\cdots,M)$ 表示第 m 个阵元第 j 个子带的信号。

(2) 根据式 (2.14) 可得子带信号 $\boldsymbol{X}(f_j)=\boldsymbol{A}(f_j,\boldsymbol{\Phi},\boldsymbol{\Theta})\boldsymbol{S}(f_j)+\boldsymbol{N}(f_j)$，采用 CTDSEP 方法、ATDCM 方法或其他可估计基阵解混矩阵的复数域盲源分离方法对 $\boldsymbol{X}(f_j)$ 进行盲分离，得到子带解混矩阵估计 $\hat{\boldsymbol{A}}(f_j,\boldsymbol{\Phi},\boldsymbol{\Theta})$ 和子带频域分离信号的估计 $\hat{\boldsymbol{S}}(f_j)=[\hat{S}_1(f_j),\hat{S}_2(f_j),\cdots,\hat{S}_{M'}(f_j)]^{\mathrm{T}}$，$\hat{S}_i(f_j)(i=1,2,\cdots,M')$ 表示估计的第 i 个目标第 j 个子带的信号。

(3) 对分离信号 $\hat{\boldsymbol{S}}(f_j)$ 进行聚类分析，即如果分离信号被判断为噪声，则对应分离信号置零，如若第二个分离信号被判断为噪声，则聚类分析后的分离信号变为 $\hat{\boldsymbol{S}}_r(f_j)=[\hat{S}_1(f_j),0,\cdots,\hat{S}_{M'}(f_j)]^{\mathrm{T}}$。

(4) 根据估计的子带解混矩阵 $\hat{\boldsymbol{A}}(f_j,\boldsymbol{\Phi},\boldsymbol{\Theta})$ 和处理后的分离信号 $\hat{\boldsymbol{S}}_r(f_j)$，采用下式重构子带阵列信号 $\boldsymbol{X}_r(f_j)$，即抑制噪声影响后对应的频域子带阵列信号：

$$\boldsymbol{X}_r(f_j)=\hat{\boldsymbol{A}}^{+}(f_j,\boldsymbol{\Phi},\boldsymbol{\Theta})\hat{\boldsymbol{S}}_r(f_j) \tag{4.42}$$

式中：$\hat{\boldsymbol{A}}^{+}(f_j,\boldsymbol{\Phi},\boldsymbol{\Theta})$表示解混矩阵$\hat{\boldsymbol{A}}(f_j,\boldsymbol{\Phi},\boldsymbol{\Theta})$的伪逆。

（5）对重构的子带阵列信号$\boldsymbol{X}_r(f_j)$采用波束形成方法进行空间谱估计，得到第j个子带的空间谱$P(f_j,\boldsymbol{\Phi},\boldsymbol{\Theta})$。

（6）将各子带得到的空间谱$P(f_j,\boldsymbol{\Phi},\boldsymbol{\Theta})$进行求和得到总的空间谱估计$P(\boldsymbol{\Phi},\boldsymbol{\Theta})=\sum_{j=1}^{J}P(f_j,\boldsymbol{\Phi},\boldsymbol{\Theta})$，搜索总空间谱$P(\boldsymbol{\Phi},\boldsymbol{\Theta})$则可得到目标方位估计，根据波束输出还可以得到目标信号估计。

例 4.2　仿真条件与例 3.1 一致，采用短时傅里叶变换分子带的盲源分离与 Bartlett 结合的方法（简称为 STFT-BSSBartlett）、盲源分离与 MVDR 结合的方法（简称为 STFT-BSSMVDR）、傅里叶变换分子带盲源分离与 Bartlett 结合的方法（简称为 FFT-BSSBartlett）和盲源分离与 MVDR 结合的方法（简称为 FFT-BSSMVDR）估计的方位空间谱，如图 4.7 所示。

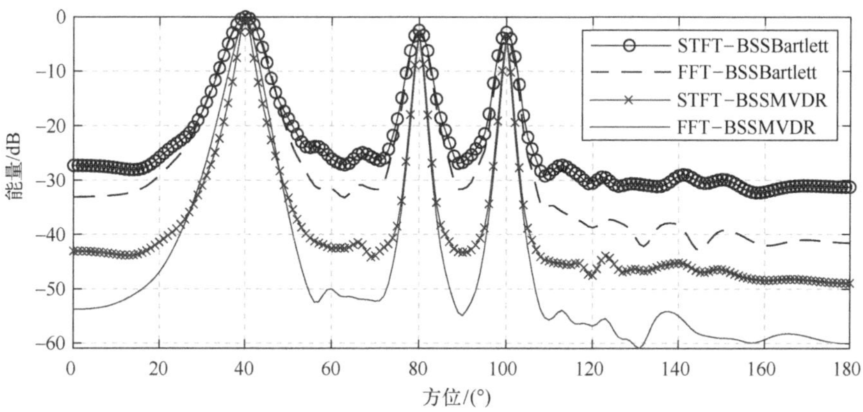

图 4.7　盲源分离与波束形成结合方法估计的方位空间谱

参考文献

[1] 马建仓，牛奕龙，陈海洋. 盲信号处理［M］. 北京：国防工业出版社，2006.

[2] ANDRZEJ C，SHUN-ICHI A. 自适应盲信号与图像处理［M］. 吴正国，唐劲松，章林柯，等译. 北京：电子工业出版社，2005.

[3] TONG L，INOUYE Y，LIU R. A Finite-step Global Convergence Algorithm for the Parameter Estimation of Multichannel MA Processes［J］. IEEE Transactions Signal Processing，1992，40（10）：2547-2559.

[4] MANSOUR A，NABIH B，CEDRIC G. Blind Separation of Underwater Acoustic Signals

[C]//Proceedings of the 6th International Conference on Independent Component Analysis and Blind Signal Separation, 2006: 181-188.

[5] MICHAEL S P, JAN L, ULRIK K, et al. A Survey of Convolutive Blind Source Separation Methods [Z]. Springer Handbook on Speech Processing and Speech Communication, 2006: 1-34.

[6] 张安清. 盲分离技术及其在水声信号中的应用研究 [D]. 大连: 大连理工大学, 2006.

[7] 章新华, 张安清, 康春玉, 等. 一种盲信号恢复的特征向量算法 [J]. 系统工程与电子技术, 2003, 25 (12): 1492-1494.

[8] NATANAEL N M, SEIXAS J M, WILLIAM S F, et al. Independent Component Analysis for Optimal Passive Sonar Signal Detection [C]//7th International Conference on Intelligent Systems Design and Applications, 2007: 671-675.

[9] ANDREAS Z, MULLER K R. TDSEP-An Efficient Algorithm for Blind Separation using Time Structrure [C]//Proceedings of the 8th International Conference on Artifical Neural Networks, ICANN'98, Springer Verlag: 675-680.

[10] SUN Z L, HUANG D S, ZHENG C H, et al. Optimal Section of Time Lags for TDSEP Based on Genetic Algorithm [J]. Neurocomputing, 2006, (69): 884-887.

[11] LUCAS C P. Steerable Frequency-Invariant Beamforming for Arbitrary Arrays [J]. Journal of the American Statistical Association, 2006, 119 (6): 3839-3847.

[12] SALERNO M L. An Independent Component Analysis Blind Beamformer [R]. The Pennsylvania State University Applied Research Lab Technical Report, 2000.

[13] COVIELLO C M, SIBUL L H. Blind Source Separation and Beamforming: Algebraic Technique Analysis [J]. IEEE Transactions on Aerospace and Electronic Systems, 2004, 40 (1): 221-235.

[14] SARUWATARI H, KAWAMURA T, NISHIKAWA T, et al. Blind Source Separation Based on a Fast-Convergence Algorithm Combining ICA and Beamforming [J]. IEEE Transactions on Audio, Speech, and Language Processing, March, 2006, 14 (2): 666-678.

[15] 冯丹凤. 基于盲源分离技术的多目标辨识与定向技术研究 [D]. 西安: 西北工业大学, 2006.

[16] 康春玉, 章新华. 盲源分离用于 DOA 估计研究 [J]. 声学技术, 2008.27 (5): 654-657.

[17] KANG C Y, FAN W T, ZHANG X H, et al. A Kind of Mehtod for Direction of Arrival Estimation Based on Blind Source Separation Demixing Matrix [C]//8th International Conference on Natural Computation, 2012: 134-137.

[18] 康春玉, 章新华, 韩东. 一种基于盲源分离的 DOA 估计方法 [J]. 自动化学报, 2008, 34 (10): 1324-1326.

[19] PAULRAJ A, ROY R, KAILATH T. Estimation of Signal Parameters via Rotational Invariance Techniques-ESPRIT [C]//Proceeding 19th Asilomar conference on Circuits, System and Computer, 1985: 83-89.
[20] KUNIHIKO Y, NOZOMU H. ICA-Based Separation and DOA Estimation of Analog Modulated Signals in Multipath Enviroment [J]. IEICE Transactions Community, 2005, 88 (11): 42464249.
[21] 李洪升. 基于计算智能的声纳盲波束形成算法研究 [D]. 西安: 西北工业大学, 2004.
[22] 常崇崇, 康春玉. 一种宽带盲波束形成方法 [J]. 声学技术, 2008, 27 (5): 436-437.
[23] 康春玉, 章新华, 吴清华. 一种实用的盲波束形成和 DOA 估计方法 [J]. 数据采集与处理, 2009, 24 (S1): 79-83.
[24] 张贤达. 现代信号处理 (第二版) [M]. 北京: 清华大学出版社, 2002.
[25] 康春玉, 章新华, 韩东. 一种盲源分离与高分辨融合的 DOA 估计方法 [C]// 2009 年全国水声学学术交流会议论文集, 2009: 96-98.
[26] 康春玉, 章新华, 韩东. 盲源分离与高分辨融合的 DOA 估计与信号恢复方法 [J]. 自动化学报, 2010, 36 (03): 442-445.
[27] KANG C Y, ZHANG X H, HAN D. A New Kind of Method for DOA Estimation Based on Blind Source Separation and MVDR Beamforming [C]//Fifth International Conference on Natural Computation, 2009: 486-490.

第 5 章　压缩感知及应用

压缩感知是一种全新信息获取与处理的理论框架，它将压缩与采样合并进行，在已知信号具有稀疏性或可压缩性的条件下，可保证以远少于传统“奈奎斯特”采样定理所要求的采样数精确或高概率地重建原始信号，已成为很多领域的研究热点，有着广阔的应用前景。本章主要介绍压缩感知数学模型、关键步骤及其在被动声纳目标方位估计与信号恢复中的应用。

5.1　数学模型

压缩感知理论起源于 Kashin 的泛函分析和逼近理论，并且和线性代数、解析几何以及图论等有很大的联系[1]。研究表明，只要某高维信号是可压缩的或在某个变换域上具有稀疏性，就可用一个与变换基不相关的测量矩阵将该信号投影到一个低维空间上，然后通过求解一个最优化问题以较高的概率从这些少量的投影测量中重构出原始信号，突破了“奈奎斯特”采样定理对信号采样频率的限制，能够以较少的采样资源、较高的采样速度和较低的软硬件复杂度获得原始信号的测量值。从理论上来说，任何信号都具有可压缩性或者稀疏性。只是要找到与信号相对应的稀疏变换域，使得信号在该稀疏变换域上可以稀疏地表示，那么就可以有效应用压缩感知理论对信号进行处理。

设长度为 N 的信号 $\boldsymbol{X}=[x(1),x(2),\cdots,x(N)]^{\mathrm{T}}\in R^{N}$ 在某组正交基或紧框架 $\boldsymbol{\Psi}$ 上的变换系数是稀疏的，如果用一个与变换基 $\boldsymbol{\Psi}\in R^{N\times N'}$ 不相关的观测基 $\boldsymbol{\Phi}\in R^{M\times N}(M\ll N)$ 对 $\boldsymbol{X}$ 进行观测，并得到观测集 $\boldsymbol{Y}\in R^{M}$，那么就可以利用优化求解方法从观测集 $\boldsymbol{Y}$ 中精确或高概率地重构原始信号 $\boldsymbol{X}$，实现在采样的同时完成压缩的目的，整个过程如图 5.1 所示[2-3]。

压缩感知的详细过程如下[4-5]：

（1）对信号 $\boldsymbol{X}\in R^{N}$ 在某个正交基或紧框架 $\boldsymbol{\Psi}\in R^{N\times N'}$ 上进行稀疏表示，即寻找某稀疏基 $\boldsymbol{\Psi}$，使式（5.1）成立：

$$\boldsymbol{X}=\boldsymbol{\Psi\Theta} \tag{5.1}$$

式中：$\boldsymbol{\Theta}\in R^{N'}$ 为待求解的稀疏系数向量，也称为变换基 $\boldsymbol{\Psi}$ 的等价或逼近的稀疏表示。

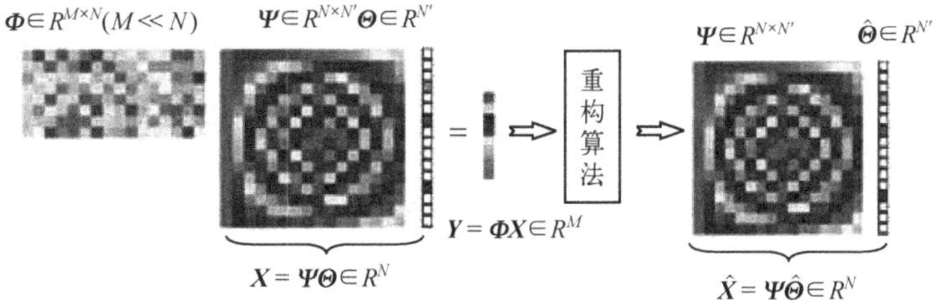

图 5.1　压缩感知过程

（2）设计一个平稳的、与变换基 $\boldsymbol{\Psi}$ 不相关的 $M\times N$（$M\ll N$）维观测矩阵 $\boldsymbol{\Phi} \in R^{M\times N}$，对 $\boldsymbol{X}$ 进行观测得到观测序列 $\boldsymbol{Y} \in R^{M}$，即

$$\boldsymbol{Y}=\boldsymbol{\Phi X}=\boldsymbol{\Phi\Psi\Theta} \tag{5.2}$$

（3）根据观测序列 $\boldsymbol{Y}$ 求解 $\boldsymbol{\Theta}$ 的问题转变为 l_0 范数意义下的优化问题，即

$$\begin{aligned}&\min\|\boldsymbol{\Psi\Theta}\|_0\\&\text{s. t.}\quad \boldsymbol{Y}=\boldsymbol{\Phi X}=\boldsymbol{\Phi\Psi\Theta}=\wp\boldsymbol{\Theta}\end{aligned} \tag{5.3}$$

式中：$\wp=\boldsymbol{\Phi\Psi}$ 表示推广后的测量矩阵，也称为感知矩阵（Sensing Matrix）。

式（5.3）等价于

$$\begin{aligned}&\min\|\boldsymbol{\Theta}\|_0\\&\text{s. t.}\quad \boldsymbol{Y}=\wp\boldsymbol{\Theta}\end{aligned} \tag{5.4}$$

但是求解 l_0 范数问题是一个 NP 问题[6]，Chen 等[7]指出，求解更简单 l_1 优化问题会产生同等的解，即（5.4）式变为

$$\begin{aligned}&\min\|\boldsymbol{\Theta}\|_1\\&\text{s. t.}\quad \boldsymbol{Y}=\boldsymbol{\Phi\Psi\Theta}=\wp\boldsymbol{\Theta}\end{aligned} \tag{5.5}$$

这就使问题变成了一个凸优化问题。

（4）根据求解得到的信号稀疏系数向量 $\hat{\boldsymbol{\Theta}} \in R^{N'}$，通过下式恢复信号：

$$\hat{\boldsymbol{X}}=\boldsymbol{\Psi}\hat{\boldsymbol{\Theta}} \tag{5.6}$$

5.2　关键步骤

压缩感知将压缩和采样合并进行，突破了“奈奎斯特”采样定理的瓶颈，从压缩感知的整个过程可以看出，其关键的步骤如图 5.2 所示[3]。

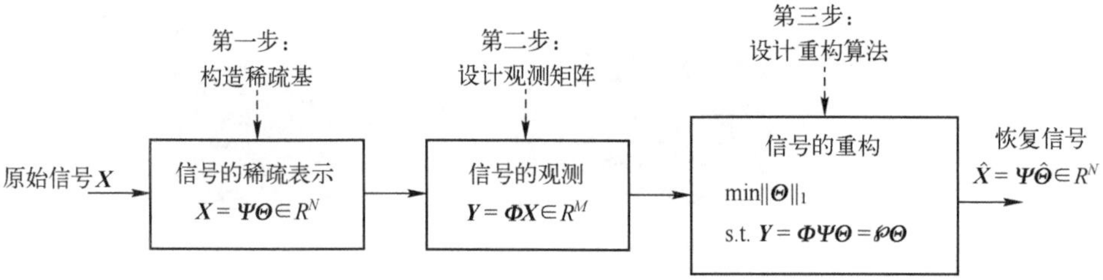

图 5.2　压缩感知关键步骤

5.2.1　构造稀疏基

设信号 $\boldsymbol{X}=[x(1),x(2),\cdots,x(N)]^{\mathrm{T}}$ 是 R^N 的有限维子空间向量，如果 $\boldsymbol{X}$ 的绝大多数元素都为 0，则称 $\boldsymbol{X}$ 是严格稀疏的。然而，这个条件一般很难满足，即信号在时域上往往是不稀疏的，但压缩感知理论应用的基础和前提是信号要具有稀疏特性。因此，压缩感知的第一步就是要对时域不稀疏的信号 $\boldsymbol{X}$ 进行某种变换，使其在该变换域下是稀疏的，即需要构造稀疏基来对信号 $\boldsymbol{X}$ 进行稀疏表示，而且需要构造合适的基来表示信号才能保证信号的稀疏度，进而保证压缩感知重构时信号的恢复精度。

根据信号的基分解，可以用 N' 个基本波形的线性组合来建模 $\boldsymbol{X}$。考虑 R^N 空间一个实值的有限长一维离散时间信号 $\boldsymbol{X}$，假设 $\{g_k\}_{k=1,2,\cdots,N'}$ 是 R^N 的一组基向量，则 R^N 空间的任何信号 $\boldsymbol{X}$ 可以线性表示为

$$\boldsymbol{X}=\sum_{k=1}^{N'}a_k g_k \text{ 或 } \boldsymbol{X}=\boldsymbol{\Psi\Theta} \tag{5.7}$$

式中：$\boldsymbol{\Psi}=[g_1,g_2,\cdots g_k,\cdots,g_{N'}]$ 为 $N\times N'$ 的基矩阵；$\boldsymbol{\Theta}=[a_1,a_2,\cdots,a_k,\cdots,a_{N'}]^{\mathrm{T}}$ 为 $\boldsymbol{X}$ 在 $\boldsymbol{\Psi}$ 域的变换向量，且 $a_k=\langle X,g_k\rangle$。

显然，对于信号 $\boldsymbol{X}$，$\boldsymbol{\Theta}$ 是 $\boldsymbol{X}$ 的等价表示，$\boldsymbol{X}$ 是信号在时域上的表示，$\boldsymbol{\Theta}$ 是信号在 $\boldsymbol{\Psi}$ 域的表示。如果 $\boldsymbol{\Theta}$ 仅仅有 K 个非零项，且 $K\ll N$，或者 $\boldsymbol{\Theta}$ 中的各个分量按一定量级呈现指数衰减，具有非常少的大系数（K 个）和许多小系数，则称 $\boldsymbol{\Theta}$ 是 K 项稀疏的，或称 $\boldsymbol{X}$ 在 $\boldsymbol{\Psi}$ 域是 K 项稀疏的，此时 $\boldsymbol{\Psi}$ 也称为稀疏基。图 5.3 是信号 $\boldsymbol{X}$ 在 $\boldsymbol{\Psi}$ 域稀疏表示的形象描述，图中 $\boldsymbol{\Theta}$ 为信号 $\boldsymbol{X}$ 在 $\boldsymbol{\Psi}$ 域的变换向量，且 $\boldsymbol{\Theta}$ 仅包含 3 个非零分量（用图中的非空白格子表示），即信号 $\boldsymbol{X}$ 是 3 项稀疏的。

对于长度为 N 的信号 $\boldsymbol{X}\in R^N$，如何根据信号特性找到某组正交基或紧框架 $\boldsymbol{\Psi}\in R^{N\times N'}$，使信号 $\boldsymbol{X}$ 在变换基 $\boldsymbol{\Psi}$ 上的变换系数是稀疏的，称为构造稀疏基问题，也常称为信号的稀疏表示问题。

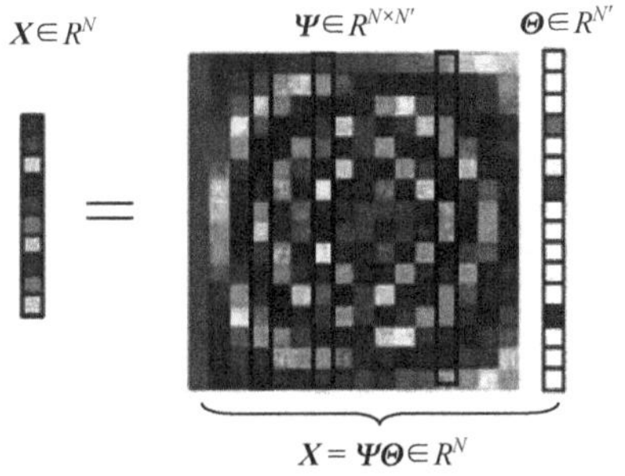

图 5.3 $\boldsymbol{X}$ 在 $\boldsymbol{\Psi}$ 域的稀疏表示

5.2.2 设计观测矩阵

观测过程也称为随机测量，实际就是利用 $M \times N$ 维观测矩阵 $\boldsymbol{\Phi} \in R^{M \times N}$ 的 M 个行向量 $\{\phi_j\}_{j=1}^{M}$ 对稀疏系数向量 $\boldsymbol{\Theta}$ 进行投影，即计算 $\boldsymbol{\Theta}$ 和各个观测向量 $\{\phi_j\}_{j=1}^{M}$ 之间的内积，得到 M 个观测值 $y_j = \langle \boldsymbol{\Theta}, \phi_j \rangle (j=1,2,\cdots,M)$，记观测向量 $\boldsymbol{Y} = [y_1, y_2, \cdots, y_M]$，如式（5.2）所示。也就是说将原始信号 $\boldsymbol{X}$ 投影到这个观测矩阵（观测基）上得到新的信号表示 $\boldsymbol{Y}$。显然，在这个投影过程中，如果破坏了 $\boldsymbol{X}$ 中的信息，重构是不可能的。因此，需要设计一个平稳的、与变换基 $\boldsymbol{\Psi}$ 不相关的 $M \times N(M \ll N)$ 维观测矩阵 $\boldsymbol{\Phi} \in R^{M \times N}$，保证稀疏向量 $\boldsymbol{\Theta}$ 从 N 维降到 M 维时重要信息不遭破坏，能高概率地从 M 次观测中重构出原信号 $\boldsymbol{X}$ 或信号 $\boldsymbol{X}$ 在基 $\boldsymbol{\Psi}$ 下的稀疏系数向量 $\boldsymbol{\Theta} \in R^{N'}$。也就是说，压缩感知观测过程中，观测矩阵必须保证信号的不完备观测集能够保留原始信号的绝大部分重要信息；压缩感知恢复过程中，观测矩阵必须保证恢复算法能够从尽可能少的观测数据中重建原始信号。

那么，观测矩阵需要具备什么样的性质才能满足要求呢？Candes 和 Tao[8] 指出观测矩阵 $\boldsymbol{\Phi} \in R^{M \times N}$ 需要满足约束等距条件（RIP），即对于 $\boldsymbol{X} \in R^N$，如果测量矩阵 $\boldsymbol{\Phi} \in R^{M \times N}$ 的约束等距常数满足 $\delta_{2K} + \delta_{3K} < 1$，则能够从 $K\log \dfrac{N}{K}$ 个测量值中精确恢复出原始信号。

定义 1 给出了约束等距常数 δ_K 的定义[8]。

定义 1 对于矩阵 $\boldsymbol{\Phi} \in R^{M \times N}$ 和所有 K 项稀疏信号 $\boldsymbol{X} \in R^N$，满足

$$(1-\delta_K) \|\boldsymbol{X}\|_2^2 \leqslant \|\boldsymbol{\Phi X}\|_2^2 \leqslant (1+\delta_K) \|\boldsymbol{X}\|_2^2 \tag{5.8}$$

的最小数值 δ_K 定义为测量矩阵 $\boldsymbol{\Phi}$ 的约束等距常数（Restricted Isometry Constant，RIC）。如果 $\delta_K \in (0,1)$，就说矩阵 $\boldsymbol{\Phi}$ 满足 K 阶约束等距性。

然而在实际中证明一个测量矩阵是否满足 RIP 特性是非常困难的。

Baraniuk 从测量矩阵 $\boldsymbol{\Phi}$ 和稀疏基 $\boldsymbol{\Psi}$ 的不相干性来探讨感知矩阵 $\wp=\boldsymbol{\Phi}\boldsymbol{\Psi}$ 是否满足 RIP。

定义 2 测量矩阵 $\boldsymbol{\Phi}$ 和稀疏基 $\boldsymbol{\Psi}$ 之间的相干系数定义为

$$\mu(\boldsymbol{\Phi},\boldsymbol{\Psi})=\sqrt{N}\max_{i\leqslant M,j\leqslant N}|\langle\phi_i,g_j\rangle| \tag{5.9}$$

相干系数 $\mu(\boldsymbol{\Phi},\boldsymbol{\Psi})\in[1,\sqrt{N}]$ 反映了测量矩阵 $\boldsymbol{\Phi}$ 和稀疏基 $\boldsymbol{\Psi}$ 之间的相关性。μ 越大，$\boldsymbol{\Phi}$ 和 $\boldsymbol{\Psi}$ 之间的相关性越强。根据压缩感知理论，如果信号 $\boldsymbol{X}$ 在某个变换域上是稀疏的并且和 $\boldsymbol{\Phi}$ 高度不相关，则感知矩阵 $\wp=\boldsymbol{\Phi}\boldsymbol{\Psi}$ 会以较高的概率满足 RIP 性质，可以从信号的不完备测量集中以较高的概率重构出原始信号[9]。

另一个被广泛使用的稀疏重构条件是互不相干性条件[10]（Mutual Incoherence Property，MIP）。设 $\Omega=\{\Omega_i\}_{i=1}^{N}$ 为归一化字典，Ω_i 为字典中的原子，则字典的相关性 μ 可以表示为

$$\mu=\max_{j\neq k}|\langle\Omega_j,\Omega_k\rangle| \tag{5.10}$$

式中：〈〉表示两个原子的内积。

文献［10］指出，针对无噪声情况，当字典 Ω 为正交基的组合时，若信号的稀疏度 k 满足

$$k<\frac{1}{2}\left(\frac{1}{\mu}+1\right) \tag{5.11}$$

则可以从最优化问题中精确地重构出原始信号。此后，又有许多研究学者将其推广到更为普遍的存在噪声的情况，此 MIP 条件仍正确。从式（5.11）可以看出，当字典的相关性 μ 越小时，对信号稀疏度的限制就越少，就越容易精确地重构原始信号。因此，也可以说感知矩阵中任意两列的相关性越小，则稀疏重构的性能越好。该定理的提出改善了关于信号重构条件的相关结论，使此理论能够适用于更为广泛的冗余字典，使得对感知矩阵重构条件的计算与判断更加简便，易于实现。

随机矩阵与任何稀疏基都具有很大的不相干性，例如独立同分布的高斯随机矩阵、独立同分布的伯努力随机矩阵，都可以用来作为压缩感知的测量矩阵。目前常用的测量矩阵还有部分正交矩阵和稀疏随机矩阵等。

5.2.3 设计重构算法

重构算法就是如何从线性观测序列 $\boldsymbol{Y}\in R^M$ 中精确或高概率地重构原始信号 $\boldsymbol{X}$，以及研究如何减少准确重构原始信号所需的压缩测量值个数，提高算法的鲁棒性。目前，主要集中在如何构造稳定的、计算复杂度较低的、对观测数

量要求较少的重构算法来精确地恢复原信号[2,11]。下面主要介绍基追踪算法和匹配追踪算法。

1. 基追踪算法

Chen 和 Donoho 等[12]提出的基追踪算法采用 l_1 范数作为稀疏性度量函数，即用最小 l_1 范数替代最小 l_0 范数，将式（5.3）所描述的问题转化为如式（5.5）所示的凸优化问题。

这一微妙的修改转化了问题的性质。由于 l_1 范数既是凸函数也是凹函数（非严格凹函数），是一种临界状态，因此在一定条件下，式（5.5）的解也具有稀疏表示能力。而且式（5.5）可以转化为线性规划问题加以求解，这种方法称为基追踪算法（简称 BP 算法）。

基追踪算法并不能很好地适用于实际信号，因为在整个字典空间中存在确切稀疏表示的概率为一个 Lebesgue 测度为零的集。对于基追踪存在的这个问题，Donoho 等又提出了基追踪去噪算法（简称 BPDN 算法），将式（5.5）修改为如下形式：

$$\min\left\{\frac{1}{2}\|\boldsymbol{Y}-\boldsymbol{\Phi\Psi\Theta}\|_2^2+\lambda\|\boldsymbol{\Theta}\|_1\right\} \tag{5.12}$$

通常，因为有很多方法可以对其进行求解，基追踪及基追踪去噪算法看起来更像是一种定义和思想，而不是确切的算法，对于式（5.12）问题的求解，很大程度上取决于拉格朗日乘子 λ 的值，因为它的变化调节着上式两项之间的权重。因此，可以通过不断调整 λ 直到满足精度要求。

2. 匹配追踪算法

匹配追踪算法是一种将寻找全局最优解转化为在局部寻找次最优解的贪婪算法[13-14]，得到了广泛的研究。

1）基本的匹配追踪算法

在统计学界，匹配追踪（MP）称为投影跟踪（Projection Pursuit），在逼近学领域，称为纯贪婪算法（Pure Greedy Algorithm）[15]。其基本过程如下：令 H 为 Hilbert 空间，$\wp=\{g_{\gamma_k}(n)\}_{\gamma\in\Gamma}\subset H$，$\Gamma$ 为参数集合，g_{γ_k} 为由参数 γ 定义的原子，且 $\|g_{\gamma_k}\|=1$。初始化时，令 $R_0=Y$，通过在 $\Re$ 中进行正交投影，则 Y 可以分解为

$$Y=\langle R_0,g_{\gamma_0}\rangle g_{\gamma_0}+R_1 \tag{5.13}$$

式中：R_1 表示 Y 在最佳原子 g_{γ_0} 方向上进行逼近后的残留信号；$g_{\gamma_0}\in\Re$ 为使残留信号能量最小的最佳原子。

为了使得逼近后的残留信号 R_1 尽可能小，选择的最佳原子 g_{γ_0} 应当满足

$$g_{\gamma_0}: |\langle R_0, g_{\gamma_0}\rangle| = \max_{\gamma \in \Gamma_\alpha} |\langle R_0, g_\gamma\rangle| \geqslant \alpha \sup_{\gamma \in \Gamma} |\langle R_0, g_\gamma\rangle| \quad (0<\alpha<1) \tag{5.14}$$

式中：$\Gamma_\alpha \in \Gamma$ 为一参数集合；α 为优化因子。

同时，R_1 与 g_{γ_0}正交，即

$$\|R_0\|^2 = |\langle R_0, g_{\gamma_0}\rangle|^2 + \|R_1\|^2 \tag{5.15}$$

利用同样的方法可以继续对 R_1 进行逼近。

令 $R_0=Y$，假设已经进行了 n 次逼近，计算得到的残留信号为 R_n，继续选择最佳匹配原子 g_{γ_n}，即

$$g_{\gamma_n}: |\langle R_n, g_{\gamma_n}\rangle| = \max_{\gamma \in \Gamma_\alpha} |\langle R_n, g_\gamma\rangle| \geqslant \alpha \sup_{\gamma \in \Gamma} |\langle R_n, g_\gamma\rangle| \quad (0<\alpha<1) \tag{5.16}$$

式中：α 为优化因子。

残留信号 R_n 被分解为

$$R_n = \langle R_n, g_{\gamma_n}\rangle g_{\gamma_n} + R_{n+1} \tag{5.17}$$

式中：R_{n+1}为对残留信号 R_n 逼近后的残差。

同理可知，R_{n+1}与 g_{γ_n}正交，因此有

$$\|R_n\|^2 = |\langle R_n, g_{\gamma_n}\rangle|^2 + \|R_{n+1}\|^2 \tag{5.18}$$

重复执行 m 次这样的分解，可以得到

$$Y = \sum_{n=0}^{m-1} \langle R_n, g_{\gamma_n}\rangle g_{\gamma_n} + R_m \tag{5.19}$$

且有

$$\|R_m\|^2 = |\langle R_m, g_{\gamma_m}\rangle|^2 + \|R_{m+1}\|^2 \tag{5.20}$$

$$\|Y\|^2 = \sum_{n=0}^{m-1} |\langle R_n, g_{\gamma_n}\rangle|^2 + \|R_m\|^2 \tag{5.21}$$

式中：R_m 为第 m 次迭代后得到的残留信号。

通过以上分析，可得到基本匹配追踪算法的详细步骤如下。

（1）初始化 $R_0=Y$，将信号 Y 按式（5.13）进行分解，找出与信号 Y 最为匹配的原子 g_{γ_0}，g_{γ_0}满足式（5.14）。

（2）将残留信号 R_1 看成新的信号，重复步骤（1），重复 n 次后的残留信号为 $R_{n+1}=R_n-\langle R_n, g_{\gamma_n}\rangle g_{\gamma_n}$，第 n 次选择的最佳匹配原子 g_{γ_n}满足式（5.16）。

（3）如果$\|R_{n+1}\|_2>\delta$，则进行下一步重复迭代，$n\to n+1$，否则中止。经过 m 次这样的分解，可以得到信号 Y 的表示，如式（5.19）所示。

匹配追踪算法是一种连续迭代过程，每次迭代总是在 $\mathfrak{R}$ 中寻找与残留信号 R_m 相关性相对较大（内积绝对值相对较大）的原子。从式（5.21）可知，随着分解和迭代的深入，残留信号的能量逐渐降低，整个分解过程也是能量守恒的。如果分解采用的原子字典是过完备的，在不限制分解迭代次数情况下，

分解得到的原子的能量和能够以任意精度逼近原始信号的能量。

对于任意向量 $\boldsymbol{\varepsilon} \in H$，定义

$$\lambda(\boldsymbol{\varepsilon}) = \sup_{\gamma \in \Gamma} \left| \left\langle \frac{\boldsymbol{\varepsilon}}{\| \boldsymbol{\varepsilon} \|}, g_\gamma \right\rangle \right| \tag{5.22}$$

一般地，在有限维情况下，式（5.16）中的优化因子 α 取为 1。因此，对于分解的第 m 步，最佳匹配原子 g_{γ_m} 满足下式：

$$\frac{|\langle R_m, g_{\gamma_m} \rangle|}{|R_m|} = \lambda(R_m) \tag{5.23}$$

由式（5.20）可得

$$\|R_{m+1}\|^2 = \|R_m\|^2 [1 - \lambda^2(R_m)] \tag{5.24}$$

2）正交匹配追踪算法

在匹配追踪算法的迭代过程中，每次选择的最佳匹配原子 g_{γ_n} 与前面已经匹配到的原子 $\{g_{\gamma_k}\}_{0 \leqslant k < n}$ 并不满足正交关系。因此，在计算逼近误差 R_m 在原子 g_{γ_n} 上的投影时，沿着 $\{g_{\gamma_k}\}_{0 \leqslant k < n}$ 方向将引入新的成分。通过采用 Gram-Schmidt 正交化过程，可以避免这种情况。令 $u_0 = g_{\gamma_0}$ 与基本匹配追踪算法相同，根据式（5.16）选择最佳匹配原子 g_{γ_n}，然后利用已经得到的原子对该原子进行正交化，即

$$u_n = g_{\gamma_n} - \sum_{k=0}^{n-1} \frac{\langle g_{\gamma_n}, u_k \rangle}{\|u_k\|^2} u_k \tag{5.25}$$

重新定义逼近误差，即

$$R_{n+1} = R_n - \frac{\langle R_n, u_n \rangle}{\|u_n\|^2} u_n \tag{5.26}$$

此时残留信号 R_n 为信号在由向量 $\{g_{\gamma_k}\}_{0 \leqslant k < n}$ 张成空间的补空间上的正交投影，由式（5.25）可得

$$\langle R_n, u_n \rangle = \langle R_n, g_{\gamma_n} \rangle \tag{5.27}$$

则

$$R_{n+1} = R_n - \frac{\langle R_n, g_{\gamma_n} \rangle}{\|u_n\|^2} u_n \tag{5.28}$$

由于 R_{n+1} 与 u_n 是正交的，因此有

$$\|R_{n+1}\|^2 = \|R_n\|^2 - \frac{|\langle R_n, g_{\gamma_n} \rangle|^2}{\|u_n\|^2} \tag{5.29}$$

如果 $R_n \neq 0$，且 $\langle R_n, g_{\gamma_n} \rangle \neq 0$，由于 R_n 与前面选择得到的所有原子正交，

那么$\{g_{\gamma_k}\}_{0\leqslant k<n}$之间就是彼此线性独立的。因此，可以得到

$$Y=\sum_{n=0}^{m-1}\frac{\langle R_n,g_{\gamma_n}\rangle}{\|u_n\|^2}u_n+R_m \tag{5.30}$$

$$\|Y\|^2=\sum_{n=0}^{m-1}\frac{|\langle R_n,g_{\gamma_n}\rangle|^2}{\|u_n\|^2}+\|R_m\|^2 \tag{5.31}$$

从收敛速度来看，OMP 的收敛速度比 MP 更快，因此，在精度相同的情况下，OMP 选择更少的原子表示信号。

从计算复杂度上讲，在分解的初始阶段，正交匹配追踪算法中正交化处理并没有使它的算法复杂度比匹配追踪算法有显著的增加。不过，随着分解过程的进行，匹配到的原子越来越多，正交化处理的计算量会逐渐增加。

5.3 压缩感知目标参数估计方法

压缩感知自提出以来在很多领域得到了深入而广泛的研究和应用，在被动声纳阵列信号处理中，待检测目标一般具有空间稀疏性，因此压缩感知在被动声纳目标参数估计中也得到了很好的应用，特别是与波束形成、盲源分离结合取得了不错的参数估计效果。

5.3.1 感知矩阵构建模型

下面主要阐述远场情况下的感知矩阵构建。对于近场情况，只需要在远场感知矩阵的基础上增加距离搜索维度，即对每一个搜索距离，按下述方法构建感知矩阵，则可实现在搜索距离上目标方位的确定，搜索完成整个距离区域，则可实现目标参数估计[16-19]。

1. 空间网格划分方法

远场情况下，根据基阵阵列流形$\boldsymbol{A}(f,\boldsymbol{\Phi},\boldsymbol{\Theta})$的表达式，阵列流形与目标方向$(\boldsymbol{\Phi},\boldsymbol{\Theta})$一一对应。现将整个空间按照足够小的方向间隔划分为$(\hat{\varphi}_k,\hat{\theta}_h)$ $(k=1,2,\cdots,K;h=1,2,\cdots,H)$，且 $H\gg N$，$K\gg N$，N 为空间目标个数，这种划分类似于波束形成中的搜索方位，并假设每一个可能的方向$(\hat{\varphi}_k,\hat{\theta}_h)$ $(k=1,2,\cdots,K;h=1,2,\cdots,H)$都对应一个潜在的目标信号$\hat{s}_{kh}(f)$，这样就构造了 $K\times H$ 个目标信号$\hat{s}_{kh}(f)$ $(k=1,2,\cdots,K;h=1,2,\cdots,H)$，如图 5.4 所示。

实际处理中，可以固定某个搜索方位进行压缩感知再组合成整个空间的搜索。下面固定搜索俯仰角$\hat{\varphi}_k$ 来推导基于压缩感知的目标方位估计方法。此时

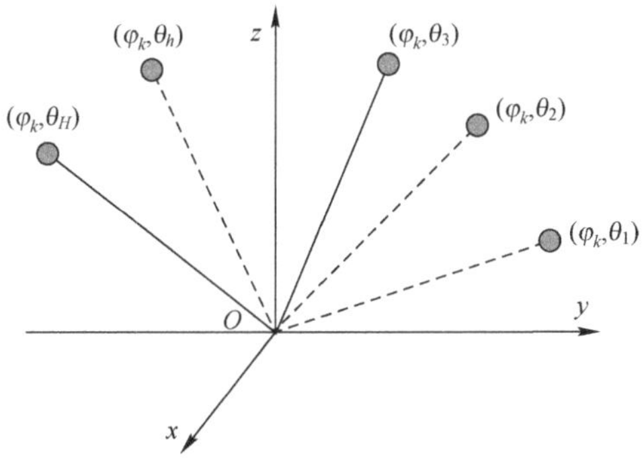

图 5.4　空间网格划分

空间的划分为$\{(\hat{\varphi}_k,\hat{\theta}_1),(\hat{\varphi}_k,\hat{\theta}_2),\cdots,(\hat{\varphi}_k,\hat{\theta}_H)\}(H\gg N)$，$N$ 为空间目标个数，潜在的目标信号为 $\boldsymbol{S}_a(f)=[\hat{s}_{k1}(f),\hat{s}_{k2}(f),\cdots,\hat{s}_{kH}(f)]^{\mathrm{T}}$，构造的完备阵列流形可表示为

$$
\begin{aligned}
\boldsymbol{A}_a(f,\hat{\boldsymbol{\Phi}},\hat{\boldsymbol{\Theta}})&=[\boldsymbol{a}(f,\hat{\varphi}_k,\theta_1),\boldsymbol{a}(f,\hat{\varphi}_k,\theta_2),\cdots,\boldsymbol{a}(f,\hat{\varphi}_k,\theta_H)]\\
&=\begin{bmatrix} \mathrm{e}^{-\mathrm{j}2\pi f\tau_{11}} & \mathrm{e}^{-\mathrm{j}2\pi f\tau_{21}} & \cdots & \mathrm{e}^{-\mathrm{j}2\pi f\tau_{H1}} \\ \mathrm{e}^{-\mathrm{j}2\pi f\tau_{12}} & \mathrm{e}^{-\mathrm{j}2\pi f\tau_{22}} & \cdots & \mathrm{e}^{-\mathrm{j}2\pi f\tau_{H2}} \\ \vdots & \vdots & \cdots & \vdots \\ \mathrm{e}^{-\mathrm{j}2\pi f\tau_{1M}} & \mathrm{e}^{-\mathrm{j}2\pi f\tau_{2M}} & \cdots & \mathrm{e}^{-\mathrm{j}2\pi f\tau_{HM}} \end{bmatrix}_{M\times H}
\end{aligned}
\tag{5.32}
$$

式中：$\boldsymbol{a}(f,\hat{\varphi}_k,\hat{\theta}_h)$为基阵对$(\hat{\varphi}_k,\hat{\theta}_h)$方向入射频率为 f 的信号的响应向量（或方向向量），可表示为

$$
\boldsymbol{a}(f,\hat{\varphi}_k,\hat{\theta}_h)=[\mathrm{e}^{-\mathrm{j}2\pi f\tau_{h1}},\mathrm{e}^{-\mathrm{j}2\pi f\tau_{h2}},\cdots,\mathrm{e}^{-\mathrm{j}2\pi f\tau_{hM}}]^{\mathrm{T}},\quad h=1,2,\cdots,H \tag{5.33}
$$

式中：$(\cdot)^{\mathrm{T}}$ 表示矩阵的转置。

此时，基阵频域宽带信号接收模型相应可表示为

$$
\boldsymbol{X}_a(f)=\boldsymbol{A}_a(f,\hat{\boldsymbol{\Phi}},\hat{\boldsymbol{\Theta}})\boldsymbol{S}_a(f)+\boldsymbol{N}_a(f) \tag{5.34}
$$

很显然，待估计的阵列流形 $\boldsymbol{A}(f,\boldsymbol{\Phi},\boldsymbol{\Theta})$ 是过完备阵列流形 $\boldsymbol{A}_a(f,\hat{\boldsymbol{\Phi}},\hat{\boldsymbol{\Theta}})$ 的子集，$\boldsymbol{S}_a(f)$ 中只有对应目标方向$\{(\hat{\varphi}_k,\hat{\theta}_1),(\hat{\varphi}_k,\hat{\theta}_2),\cdots,(\hat{\varphi}_k,\hat{\theta}_N)\}$上的能量大，其他方位应该是一个足够小的值，即 $\boldsymbol{S}_a(f)$ 是信号空间频域的一种稀疏表示。对比压缩感知模型表达式（5.5），可以将 $\boldsymbol{X}_a(f)$ 看作为观测序列 Y，$\boldsymbol{A}_a(f,\hat{\boldsymbol{\Phi}},\hat{\boldsymbol{\Theta}})$ 则可视为感知矩阵$\wp$，$\boldsymbol{S}_a(f)$ 为待求解稀疏系数分量 $\boldsymbol{\Theta}$，$\boldsymbol{N}_a(f)$ 为测量噪声。

例 5.1　若基阵为均匀线列阵，间隔为 d，则空间可划分为$(\hat{\theta}_1,\hat{\theta}_2,\cdots,\hat{\theta}_H)$

$(H \gg N)$，构造的完备阵列流形（视为感知矩阵$\wp$）可表示为

$$\boldsymbol{A}_a(f,\hat{\boldsymbol{\Theta}})=[\boldsymbol{a}(f,\hat{\theta}_1),\boldsymbol{a}(f,\hat{\theta}_2),\cdots,\boldsymbol{a}(f,\hat{\theta}_H)]^{\mathrm{T}}$$
$$=\begin{bmatrix} 1 & 1 & \cdots & 1 \\ \mathrm{e}^{-\mathrm{j}\frac{2\pi}{\lambda}d\cos\hat{\theta}_1} & \mathrm{e}^{-\mathrm{j}\frac{2\pi}{\lambda}d\cos\hat{\theta}_2} & \cdots & \mathrm{e}^{-\mathrm{j}\frac{2\pi}{\lambda}d\cos\hat{\theta}_H} \\ \vdots & \vdots & \vdots & \vdots \\ \mathrm{e}^{-\mathrm{j}\frac{2\pi}{\lambda}(M-1)d\cos\hat{\theta}_1} & \mathrm{e}^{-\mathrm{j}\frac{2\pi}{\lambda}(M-1)d\cos\hat{\theta}_2} & \cdots & \mathrm{e}^{-\mathrm{j}\frac{2\pi}{\lambda}(M-1)d\cos\hat{\theta}_H} \end{bmatrix}_{M\times H}^{\mathrm{T}} \tag{5.35}$$

2. 空间网格划分分析

压缩感知的感知矩阵需要满足 RIP 或 MIP 条件，即矩阵中任意两列的相关性越小，信号的重构效果越好。上述空间网格划分中，将构造的完备阵列流形视为感知矩阵$\wp$，下面以均匀线列阵远场情况下目标参数估计为例，分析空间网格均匀划分方式下的原子相关性，即过完备阵列流形各列的相关性。

假设空间网格范围 $\theta_h \in [0°, 180°]$，角度按均匀间隔 1°划分，即式（5.35）中的 $H=181$。分别取阵元数 $M=20$ 和 $M=100$，计算完备阵列流形矩阵 $\boldsymbol{A}_a(f,\hat{\boldsymbol{\Theta}})$ 任意两列的内积，并对计算结果进行归一化处理，得到关于完备阵列流形矩阵 $\boldsymbol{A}_a(f,\hat{\boldsymbol{\Theta}})$ 的相关性，结果如图 5.5 所示。

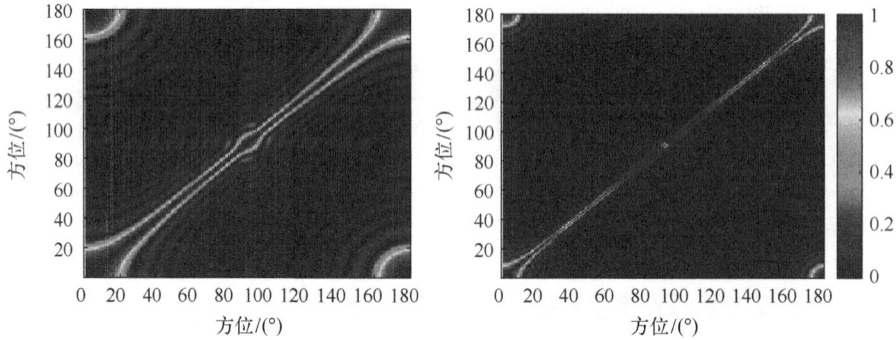

(a) 阵元数为20　(b) 阵元数为100

图 5.5　阵元数分别为 20、100 时感知矩阵各列的相关性（彩图见插页）

从图 5.5 可以看出，阵元数 $M=100$ 时矩阵任意两列的相关性要明显小于阵元数 $M=20$ 时矩阵任意两列的相关性，说明随着阵元数的增加，矩阵 $\boldsymbol{A}_a(f,\hat{\boldsymbol{\Theta}})$ 更满足 MIP 性质，以 $\boldsymbol{A}_a(f,\hat{\boldsymbol{\Theta}})$ 作为感知矩阵的压缩感知参数估计方法能够得到更好的重构效果，与其他空间处理方法的结论一致。

从图 5.5 还可以看出，矩阵 $\boldsymbol{A}_a(f,\hat{\boldsymbol{\Theta}})$ 中相距较近的列向量相关性较高，相距较远的列向量相关性较低，特别是在艏艉位置，相关性较高。也就是说，方

位较近和艏艉位置的目标重构效果较差，分辨率较低，而在阵列正横方向，矩阵任意两列的相关性较低，重构效果较好。

实际目标往往不会恰好落在已划分好的网格上，很可能会落在网格中间，如果想要获得更精确的方位信息，则需要进一步地细化网格，但这样会增大感知矩阵的维数，势必会加大计算量，增加运算时间。因此，实际应用中如果计算资源有限，则可利用阵列特性对空间网格进行非线性划分，如对于均匀线列阵可采用空间网格等正弦划分方式，即细化阵列在正横方向的网格数，粗化阵列在艏艉方向的网格数，从而在总的网格数不发生大的变化的情况下，增大阵列在正横方向的估计精度。

5.3.2　方位估计模型

根据式（5.34）和压缩感知模型表达式（5.5）的对比分析，很显然可以通过求解以下凸优化问题来求解信号空间频域估计 $\boldsymbol{S}_a(f)$：

$$\begin{cases}\min\|\boldsymbol{S}_a(f)\|_1 \\ \text{s. t.}\ \ \boldsymbol{X}_a(f)=\boldsymbol{A}_a(f,\hat{\boldsymbol{\Phi}},\hat{\boldsymbol{\Theta}})\boldsymbol{S}_a(f)+\boldsymbol{N}_a(f)\end{cases} \tag{5.36}$$

计算 $\boldsymbol{S}_a(f)$ 的能量，则可得到每个搜索方向上对应的信号能量，即

$$P_a(\boldsymbol{\Phi},\boldsymbol{\Theta}) = \sum |\boldsymbol{S}_a(f)|^2 \tag{5.37}$$

而且在存在目标的方向$(\hat{\varphi}_k,\hat{\theta}_h)$ $(k=1,2,\cdots,N;h=1,2,\cdots,N)$上有最大值，而无目标的方位则为一个足够小的值。

通过搜索 $P_a(\boldsymbol{\Phi},\boldsymbol{\Theta})$ 的峰值则可实现目标方位的估计，通过方位估计结果和空间频域估计 $\boldsymbol{S}_a(f)$ 还可得到目标信号的估计。

5.3.3　单快拍压缩感知目标参数估计

针对压缩感知模型式（5.5）的求解，大多数的压缩感知重构算法要求观测向量为一维向量，而在阵列信号处理中一维向量仅是阵列接收信号的一个快拍。研究表明，由于没有时间积分，仅依靠接收的一个快拍阵列信号来进行方位估计的效果是不鲁棒的，因此实际处理中一般都取多个快拍来进行处理。为了利用时间积分和压缩感知模型，提出如图 5.6 所示的单快拍压缩感知目标参数估计处理方案，即对时域或频域多个阵列快拍进行重构，最后将多个快拍结果进行求和，得到总的空间谱，通过搜索空间谱峰值实现目标方位估计，并由方位估计结果和搜索的全空域目标信号恢复待估计的目标信号[17]。

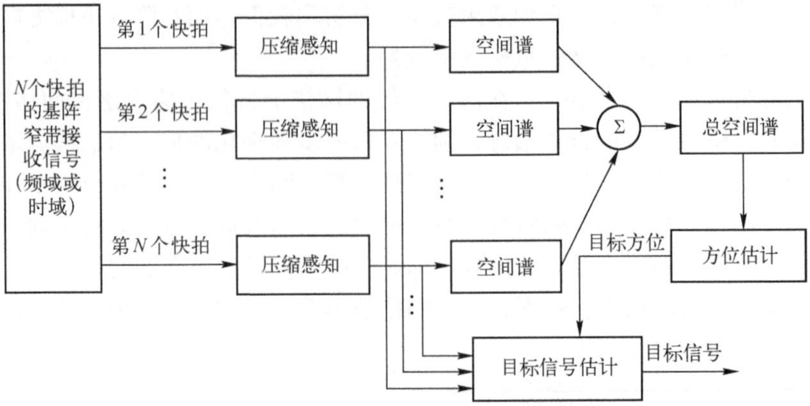

图 5.6　单快拍压缩感知目标参数估计处理方案

1. 窄带处理方法

针对基阵窄带接收数据（时域或频域），采用如图 5.7 所示的窄带目标方位估计和信号恢复方法。即根据基阵窄带接收数据模型，按照一定方位间隔构造搜索方位范围内完备的阵列流形，如式（5.32）所示。然后按照图 5.6 所示的多快拍处理方案，对每个单快拍窄带接收数据按照式（5.36）进行压缩感知重构，得到空间信号的稀疏估计 $\boldsymbol{S}_a(f_0)$，再计算每个搜索方位上的空间信号能量，得到第 k 个快拍的空间谱估计，最后将 N 个快拍得到的空间谱求和，则得到总的空间谱估计，如式（5.38）所示，根据目标方位估计和搜索的全空域目标信号可以恢复待估计的目标信号。由于该处理方法是按照每个快拍分开处理的方式进行的，因此很多压缩感知重构方法均可转化为解式（5.36）

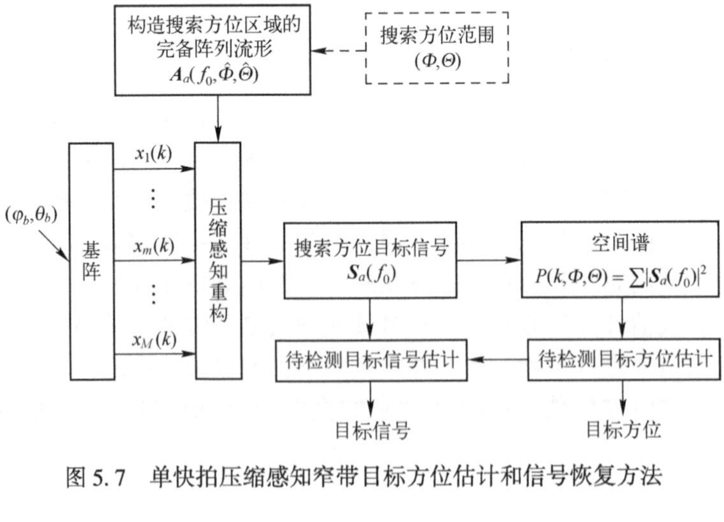

图 5.7　单快拍压缩感知窄带目标方位估计和信号恢复方法

所示的凸优化问题。

$$P(\boldsymbol{\Phi},\boldsymbol{\Theta})=\sum_{k=1}^{N}P(k,\boldsymbol{\Phi},\boldsymbol{\Theta})=\sum_{k=1}^{N}\sum\left|\boldsymbol{S}_a(f_0)\right|^2 \tag{5.38}$$

2. 宽带处理方法

根据阵列信号的宽带模型，很显然，对于宽带信号，不同频率对应不同的阵列流形，因此在处理宽带信号时，按照非相干信号子空间处理的框架，可采用图 5.8 所示的单快拍压缩感知宽带目标方位估计和信号恢复方法。

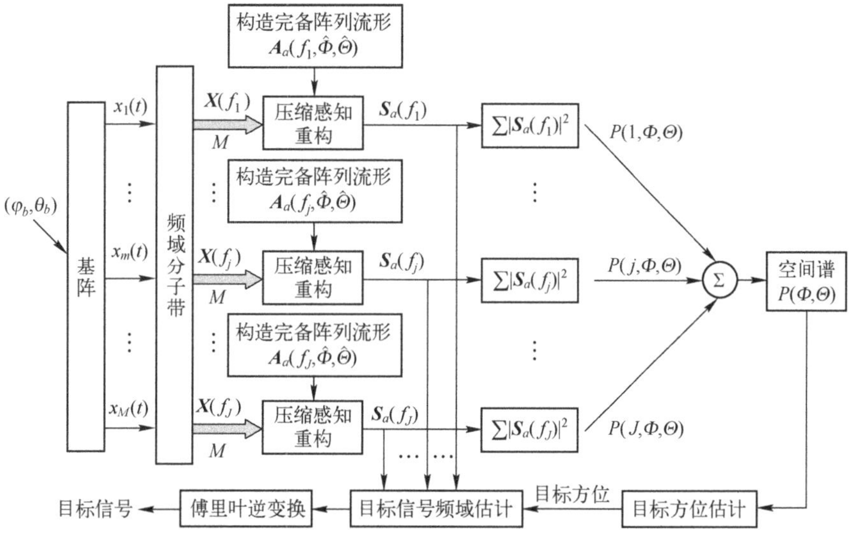

图 5.8　单快拍压缩感知宽带目标方位估计和信号恢复方法

首先对基阵接收到的时域信号 $x_m(t)(m=1,2,\cdots,M)$ 按短时傅里叶变换或傅里叶变换频域分子带方法，将宽带接收数据划分为互不重叠的多个子带阵列信号 $\boldsymbol{X}(f_j)=[\tilde{x}_1(f_j),\tilde{x}_2(f_j),\cdots,\tilde{x}_M(f_j)]^{\mathrm{T}}(j=1,2,\cdots,J)$，$J$ 表示子带数目，f_j 表示第 j 个子带的中心频率，$\tilde{x}_m(f_j)(m=1,2,\cdots,M)$ 表示第 m 个阵元第 j 个子带的信号，则第 j 子带信号 $\boldsymbol{X}(f_j)\in C^{M\times1}$ 写成矩阵形式可表示为

$$\boldsymbol{X}(f_j)=\boldsymbol{A}(f_j,\boldsymbol{\Phi},\boldsymbol{\Theta})\boldsymbol{S}(f_j)+\boldsymbol{N}(f_j) \tag{5.39}$$

式中：$\boldsymbol{S}(f_j)=[S_1(f_j),S_2(f_j),\cdots,S_N(f_j)]^{\mathrm{T}}$ 表示目标源信号的第 j 子带，$\boldsymbol{N}(f_j)=[N_1(f_j),N_2(f_j),\cdots,N_M(f_j)]^{\mathrm{T}}$ 表示加性噪声的第 j 子带，$\boldsymbol{A}(f_j,\boldsymbol{\Phi},\boldsymbol{\Theta})=[\boldsymbol{a}(f_j,\varphi_1,\theta_1),\boldsymbol{a}(f_j,\varphi_2,\theta_2),\cdots,\boldsymbol{a}(f_j,\varphi_N,\theta_N)]$ 表示基阵第 j 子带的阵列流形。

根据搜索目标方位区域按照式（5.32）构造完备阵列流形 $\boldsymbol{A}_a(f_j,\hat{\boldsymbol{\Phi}},\hat{\boldsymbol{\Theta}})$。对比式（5.39）和式（5.34），对每个子带构造完备的阵列流形 $\boldsymbol{A}_a(f_j,\hat{\boldsymbol{\Phi}},\hat{\boldsymbol{\Theta}})$

和凸优化模型：

$$\begin{aligned}&\min\|\boldsymbol{S}_a(f_j)\|_1\\&\text{s. t. }\ \boldsymbol{X}_a(f_j)=\boldsymbol{A}_a(f_j,\hat{\boldsymbol{\Phi}},\hat{\boldsymbol{\Theta}},)\boldsymbol{S}_a(f_j)+\boldsymbol{N}_a(f_j)\end{aligned} \tag{5.40}$$

通过式（5.40）解出的 $\boldsymbol{S}_a(f_j)$ 可计算出每个搜索方位上对应的子带信号能量，即得到第 j 个子带的空间谱估计：

$$P(j,\boldsymbol{\Phi},\boldsymbol{\Theta})=\sum|\boldsymbol{S}_a(f_j)|^2 \tag{5.41}$$

将所有子带获得的空间谱进行求和，则得到总的空间谱：

$$P(\boldsymbol{\Phi},\boldsymbol{\Theta})=\frac{1}{J}\sum_{j=1}^{J}P(j,\boldsymbol{\Phi},\boldsymbol{\Theta})=\frac{1}{J}\sum_{j=1}^{J}\sum|\boldsymbol{S}_a(f_j)|^2 \tag{5.42}$$

搜索空间谱 $P(\boldsymbol{\Phi},\boldsymbol{\Theta})$ 的峰值位置即可实现目标方位估计。

同时，$\boldsymbol{S}_a(f_j)$ 也表示了第 j 个子带相应方位上目标信号的频域估计，将所有频域估计信号存储下来，通过最后的目标方位估计值重新提取相应方位上的频域估计信号，再进行傅里叶逆变换则可恢复对应方位上的目标信号。

在实际被动声纳信号处理应用中，频域子带的个数 J 可与傅里叶变换的有效频点数一致，即 $\boldsymbol{X}(f_j)\in C^{M\times 1}$，因此很多压缩感知重构方法可解式（5.40）所示的凸优化问题。

例 5.2 仿真条件与例 3.1 一致，采用单快拍压缩感知方法估计的方位空间谱如图 5.9 所示。

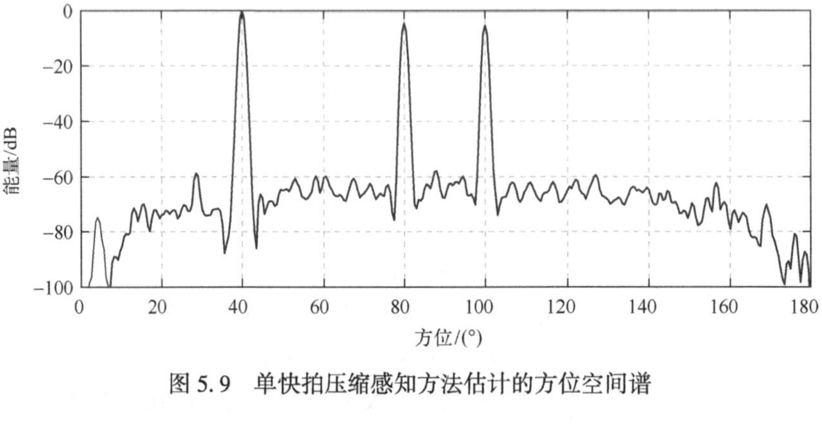

图 5.9　单快拍压缩感知方法估计的方位空间谱

5.3.4　多快拍统一压缩感知目标参数估计

基于单快拍压缩感知处理的目标参数估计无论是窄带还是宽带都是将多个快拍按单快拍分开处理的方式来实现目标方位估计和信号恢复，即每个快拍都需要通过压缩感知模型，最后通过空间谱求和的方式来实现时域积分。基于多快拍统一压缩感知处理的目标参数估计则将多个快拍作为一个整体统一处理来实现目标方位估计和信号恢复，即对于某个窄带信号只进行一次压缩感知，如图 5.10 所示。即对时域或频域多个阵列快拍进行一次重构，直接得到总的空间谱，通过搜索空间谱峰值实现目标方位估计，再由方位估计和压缩感知信号估计实现目标信号恢复[21]。

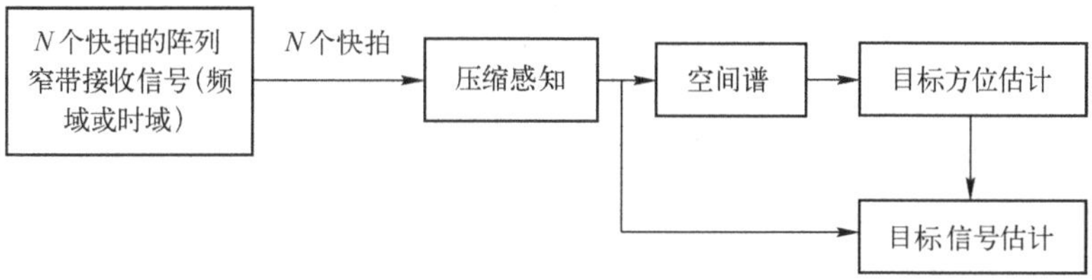

图 5.10　多快拍统一压缩感知目标参数估计处理方案

1. 窄带处理方法

针对接收的窄带阵列信号 $\boldsymbol{X}(k)$ 或如式（5.39）所接收的频域子带阵列信号 $\boldsymbol{X}(f_j)$（为表述方便，下面统一用 $\boldsymbol{X}(f_j)$ 表示 N 个快拍的阵列接收信号），参照正交匹配追踪压缩感知的原理，提出多快拍统一压缩感知窄带目标方位估计方法的具体步骤如下。

（1）初始化残差 $R=\boldsymbol{X}(f_j)$ 和总的空间谱估计 $P(\boldsymbol{\Phi},\boldsymbol{\Theta})=0$，根据搜索目标方位区域，按照式（5.32）构造完备阵列流形 $\boldsymbol{A}_a(f_j,\hat{\boldsymbol{\Phi}},\hat{\boldsymbol{\Theta}})$。

（2）按照式（5.43）计算整个搜索方位上的信号估计 $\hat{\boldsymbol{S}}(f_j)$：

$$\hat{\boldsymbol{S}}(f_j)=\boldsymbol{A}_a^{\mathrm{T}}(f_j,\hat{\boldsymbol{\Phi}},\hat{\boldsymbol{\Theta}})R \tag{5.43}$$

（3）计算搜索方位上的空间谱估计：

$$P(\boldsymbol{\Phi},\boldsymbol{\Theta})=\sum|\hat{\boldsymbol{S}}(f_j)|^2 \tag{5.44}$$

（4）搜索 $P(\boldsymbol{\Phi},\boldsymbol{\Theta})$ 的峰值，并记录峰值对应的方位 (φ,θ)，从完备阵列流形中取这些方位 (φ,θ) 对应的方向向量，组成新的阵列流形矩阵 $\boldsymbol{B}_a(f_j,\boldsymbol{\varphi},\boldsymbol{\theta})$。

（5）计算搜索方位上的最小二乘解：

$$\hat{\boldsymbol{S}}(f_j,\boldsymbol{\Phi},\boldsymbol{\Theta})=[\boldsymbol{B}_a^{\mathrm{T}}(f_j,\boldsymbol{\varphi},\boldsymbol{\theta})\boldsymbol{B}_a(f_j,\boldsymbol{\varphi},\boldsymbol{\theta})]^{-1}\boldsymbol{B}_a^{\mathrm{T}}(f_j,\boldsymbol{\varphi},\boldsymbol{\theta})\boldsymbol{X}(f_j) \tag{5.45}$$

（6）按照式（5.46）更新残差：

$$R\leftarrow R-B_a(f_j,\boldsymbol{\varphi},\boldsymbol{\theta})\hat{\boldsymbol{S}}(f_j,\boldsymbol{\Phi},\boldsymbol{\Theta}) \tag{5.46}$$

（7）按照式（5.47）计算并更新总的空间谱估计：

$$P(\boldsymbol{\Phi},\boldsymbol{\Theta}) = P(\boldsymbol{\Phi},\boldsymbol{\Theta}) + \sum |\hat{\boldsymbol{S}}(f_j,\boldsymbol{\Phi},\boldsymbol{\Theta})|^2 \tag{5.47}$$

(8) 重复步骤 (2)~步骤 (7)，得到最终总的空间谱估计 $P(\boldsymbol{\Phi},\boldsymbol{\Theta})$，搜索 $P(\boldsymbol{\Phi},\boldsymbol{\Theta})$ 的峰值则得到目标方位估计。

同时，$\hat{\boldsymbol{S}}(f_j,\boldsymbol{\Phi},\boldsymbol{\Theta})$ 也表示了相应方位上目标信号的估计，将所有估计信号存储下来，通过最后的目标方位估计值重新提取相应方位上的估计信号，则可得到对应方位上的目标信号估计。

2. 宽带处理方法

根据阵列信号的宽带模型，很显然，对于宽带信号，不同频率对应不同的阵列流形，因此在处理宽带信号时，仍然按照非相干信号子空间处理的框架，提出如图 5.11 所示的多快拍统一压缩感知宽带目标方位估计与信号恢复方法。

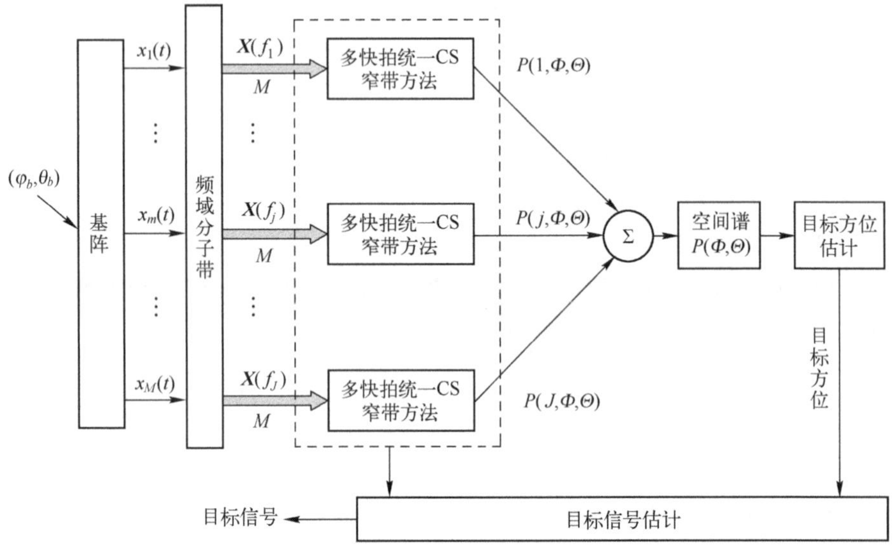

图 5.11　多快拍统一压缩感知宽带目标方位估计与信号恢复方法

该实现方法与单快拍压缩感知宽带方法类似，区别在于单快拍方法是对每个频域快拍分别压缩感知，而该方法是对整个子带频域快拍采用统一压缩感知方法进行处理。

例 5.3　仿真条件与例 3.1 一致，采用多快拍统一压缩感知方法估计的方位空间谱如图 5.12 所示。

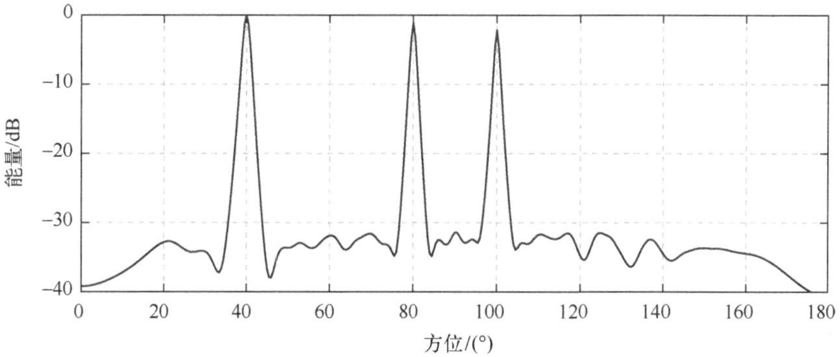

图 5.12　多快拍统一压缩感知方法估计的方位空间谱

5.3.5　相干信号子空间压缩感知宽带目标方位估计

前面描述的宽带方法都是基于非相干信号子空间的处理框架。下面介绍基于相干信号子空间处理框架下的宽带目标方位估计方法。通过双边相关变换（Two-sided Correlation Transformation，TCT）算法对宽带信号各频率进行聚焦，然后利用目标的空间稀疏性和压缩感知重构算法实现宽带目标方位估计[22]。

1. 宽带目标方位估计方法

Wang 和 Kaveh 提出的 CSS 方法的核心是通过聚焦变换，使宽带信号各频率分量的信号子空间“聚焦”到同一频率的信号子空间，再利用窄带信号处理的方法进行 DOA 估计。基于此，提出如图 5.13 所示的相干信号子空间压缩感知宽带目标方位估计方法。

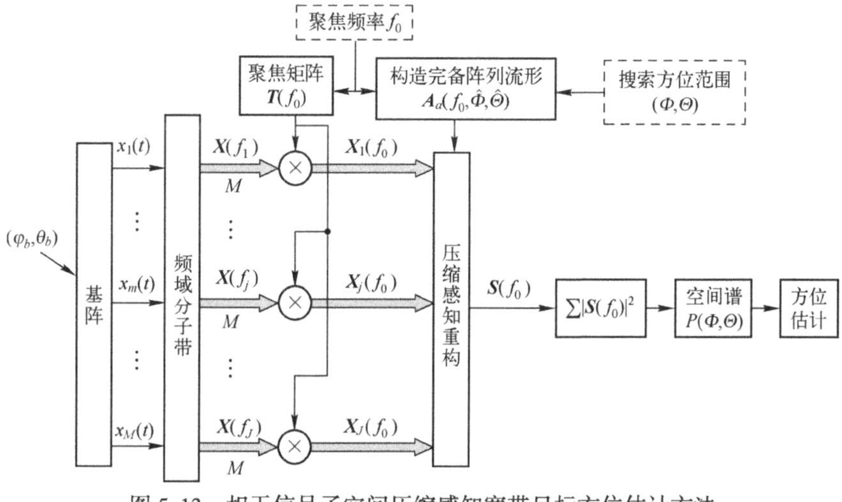

图 5.13　相干信号子空间压缩感知宽带目标方位估计方法

首先对基阵接收到的时域信号 $x_m(t)(m=1,2,\cdots,M)$ 按短时傅里叶变换或傅里叶变换频域分子带方法，将宽带信号划分为重叠一半的多个子带阵列信号 $\boldsymbol{X}(f_j)=[\tilde{x}_1(f_j),\tilde{x}_2(f_j),\cdots,\tilde{x}_M(f_j)]^{\mathrm{T}}(j=1,2,\cdots,J)$，$j$ 表示子带数目，f_j 表示第 j 个子带的中心频率，$\tilde{x}_m(f_j)(m=1,2,\cdots,M)$ 表示第 m 个阵元第 j 个子带的信号，则第 j 个子带信号 $\boldsymbol{X}(f_j)\in C^{M\times 1}$ 写成矩阵形式可表示为

$$\boldsymbol{X}(f_j)=\boldsymbol{A}(f_j,\boldsymbol{\Phi},\boldsymbol{\Theta})\boldsymbol{S}(f_j)+\boldsymbol{N}(f_j) \tag{5.48}$$

式中：$\boldsymbol{S}(f_j)=[S_1(f_j),S_2(f_j),\cdots,S_N(f_j)]^{\mathrm{T}}$ 表示目标源信号的第 j 个子带；$\boldsymbol{N}(f_j)=[N_1(f_j),N_2(f_j),\cdots,N_M(f_j)]^{\mathrm{T}}$ 表示加性噪声的第 j 个子带；$\boldsymbol{A}(f_j,\boldsymbol{\Phi},\boldsymbol{\Theta})=[\boldsymbol{a}(f_j,\varphi_1,\theta_1),\boldsymbol{a}(f_j,\varphi_2,\theta_2),\cdots,\boldsymbol{a}(f_j,\varphi_N,\theta_N)]$表示基阵第 j 个子带的阵列流形。

很显然，由于不同频率点下的阵列流形矩阵 $\boldsymbol{A}(f_j,\boldsymbol{\Phi},\boldsymbol{\Theta})$ 与 f_j 有关系，如果能将不同的 $\boldsymbol{A}(f_j,\boldsymbol{\Phi},\boldsymbol{\Theta})$ 都变换到一个只与频率 f_0 有关的 $\boldsymbol{A}(f_0,\boldsymbol{\Phi},\boldsymbol{\Theta})$，如式（5.49）所示，也就是设计一个聚焦矩阵 $\boldsymbol{T}(f_j)$ 将各个频率点下的阵列流形矩阵变换到同一频率 f_0 上，则可采用窄带的方法进行 DOA 估计。

$$\boldsymbol{T}(f_j)\boldsymbol{A}(f_j,\boldsymbol{\Phi},\boldsymbol{\Theta})=\boldsymbol{A}(f_0,\boldsymbol{\Phi},\boldsymbol{\Theta}) \tag{5.49}$$

式中：$\boldsymbol{T}(f_j)$ 为聚焦矩阵；f_0 为聚焦频率。

通过聚焦矩阵的变换就将不同频率的信号子空间映射到同一参考频率 f_0 上，使得宽带信号具有同一频率信号子空间。对子带信号式（5.48）进行聚焦变换后得到聚焦后的子带信号：

$$\boldsymbol{X}_j(f_0)=\boldsymbol{T}(f_j)\boldsymbol{X}(f_j) \tag{5.50}$$

将各子带信号 $\boldsymbol{X}_j(f_0)$ 合成为整个基阵信号，采用压缩感知方法则可得整个空间谱，搜索其峰值则可实现目标的方位估计。很显然，上述过程中，最关键的是聚焦矩阵的构造，下面介绍双边相关变换（TCT）聚焦矩阵构造方法。

2. 聚焦矩阵构造

研究表明，在 CSS 处理框架下，聚焦矩阵构造的好坏直接影响着 DOA 估计性能，因而聚焦准则的选取以及聚焦矩阵的求解是 CSS 方法的关键问题。在一些文献中讨论了聚焦损失问题，指出如果聚焦矩阵是非酉矩阵，则会产生聚焦损失，而酉聚焦矩阵则可以避免聚焦损失，进一步研究表明，只要聚焦矩阵与其共轭转置的乘积为常数，也可以避免聚焦损失。

双边相关变换（TCT）算法是利用各频率点间无噪声数据之间的关系来选取聚焦矩阵的。对式（5.50）两边计算其协方差矩阵，化简可得：

$$\boldsymbol{P}(f_0,\boldsymbol{\Phi},\boldsymbol{\Theta})=\boldsymbol{T}(f_j)\boldsymbol{P}(f_j,\boldsymbol{\Phi},\boldsymbol{\Theta})\boldsymbol{T}^{\mathrm{H}}(f_j) \tag{5.51}$$

式中：$\boldsymbol{P}(f_j,\boldsymbol{\Phi},\boldsymbol{\Theta})=\boldsymbol{X}(f_j,\boldsymbol{\Phi},\boldsymbol{\Theta})\boldsymbol{X}^{\mathrm{H}}(f_j,\boldsymbol{\Phi},\boldsymbol{\Theta})$；$\boldsymbol{P}(f_0,\boldsymbol{\Phi},\boldsymbol{\Theta})=\boldsymbol{X}(f_0,\boldsymbol{\Phi},\boldsymbol{\Theta})\boldsymbol{X}^{\mathrm{H}}(f_0,\boldsymbol{\Phi},\boldsymbol{\Theta})$。

考虑误差的影响和避免聚焦损失，求解聚焦矩阵 $\boldsymbol{T}(f_j)$ 的问题可以转变为约束最小化问题：

$$\begin{aligned}&\min_{\boldsymbol{T}(f_j)}\|\boldsymbol{P}(f_0,\boldsymbol{\Phi},\boldsymbol{\Theta})-\boldsymbol{T}(f_j)\boldsymbol{P}(f_j,\boldsymbol{\Phi},\boldsymbol{\Theta})\boldsymbol{T}^{\mathrm{H}}(f_j)\|_F\\&\text{s.t.}\ \ \boldsymbol{T}(f_j)\boldsymbol{T}^{\mathrm{H}}(f_j)=\boldsymbol{I}\quad(j=1,2,\cdots,J)\end{aligned}\tag{5.52}$$

约束最小化问题式（5.52）的最佳范数解，即为聚焦矩阵：

$$\boldsymbol{T}(f_j)=\boldsymbol{U}(f_0)\boldsymbol{U}^{\mathrm{H}}(f_j)\tag{5.53}$$

式中：$\boldsymbol{U}(f_0)$表示$\boldsymbol{P}(f_0,\boldsymbol{\Phi},\boldsymbol{\Theta})$的主特征向量矩阵；$\boldsymbol{U}(f_j)$表示$\boldsymbol{P}(f_j,\boldsymbol{\Phi},\boldsymbol{\Theta})$的主特征向量矩阵。

例 5.4　仿真条件与例 3.1 一致，采用相干信号子空间处理框架的压缩感知方法估计的方位空间谱如图 5.14 所示。

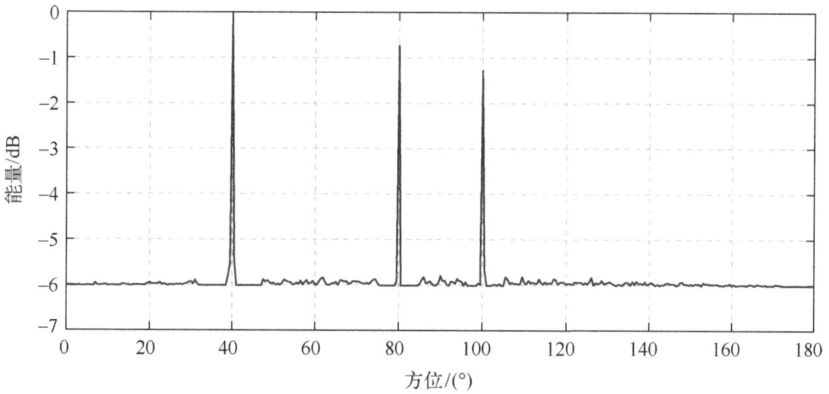

图 5.14　相干信号子空间处理框架的压缩感知方法估计的方位空间谱

5.3.6　压缩感知与波束形成结合的目标参数估计

研究发现，波束形成与压缩感知在处理阵列信号方面各有优势，波束形成的方位估计结果比较鲁棒，基于压缩感知的方位估计分辨率较高，但其对稀疏度、信噪比等参数比较敏感，鲁棒性有待提高。融合压缩感知理论与波束形成各自的优势，提出了压缩感知与波束形成结合的目标参数估计方法，具体实现如图 5.15 所示。

根据式（5.36）或式（5.40）所示的压缩感知模型，通过压缩感知重构算法估计出稀疏信号 $\boldsymbol{S}_a(f)$后，再根据式（5.54）重构阵列接收信号 $\boldsymbol{X}_a(f)$，最后对阵列接收信号 $\boldsymbol{X}_a(f)$采用波束形成方法则可实现目标方位估计与信号恢复。

$$\boldsymbol{X}_a(f)=\boldsymbol{A}_a(f,\boldsymbol{\Phi},\boldsymbol{\Theta})\boldsymbol{S}_a(f)\tag{5.54}$$

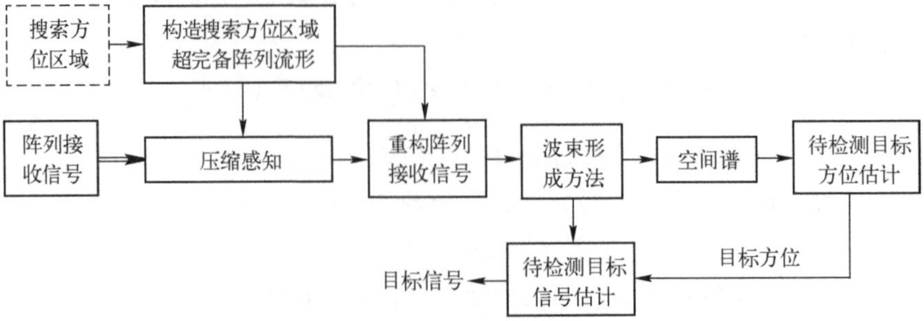

图 5.15　压缩感知与波束形成结合的目标参数估计方法

针对宽带信号的处理仍然可以采用非相干信号子空间处理的框架实现宽带条件下压缩感知与波束形成的结合。

例 5.5　仿真条件与例 3.1 一致，采用压缩感知与 Bartlett 波束形成结合方法（简称为 CSBartlett）、压缩感知与 MVDR 波束形成结合方法（简称为 CSMVDR）估计的方位空间谱如图 5.16 所示。

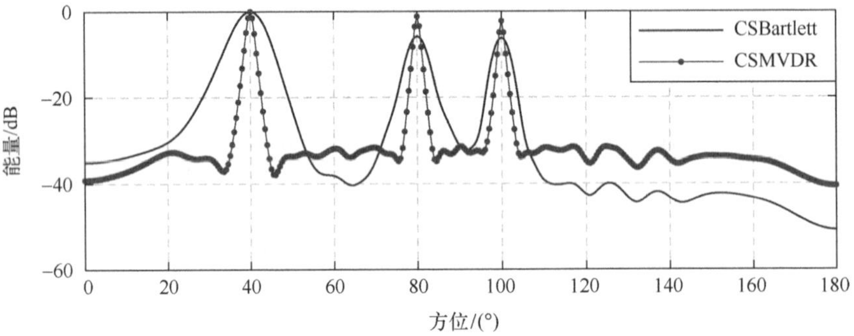

图 5.16　压缩感知与波束形成结合方法估计的方位空间谱

5.3.7　压缩感知与盲源分离结合的目标参数估计

研究表明，压缩感知方法在较高信噪比下可以获得很好的方位估计性能，盲源分离方法则在提高信噪比方面表现出了优越性能。利用源信号的稀疏性，通过分析压缩感知与盲源分离数学模型间的关系，可以利用压缩感知重构算法实现源信号估计。基于盲源分离方法在降噪方面的优势和压缩感知方法在方位估计方面的优势，通过采用盲源分离方法对阵列信号进行预处理，达到提高信噪比目的，然后采用压缩感知方法实现方位估计。下面阐述一种压缩感知与盲源分离结合的目标参数估计模型[23]，如图 5.17 所示。

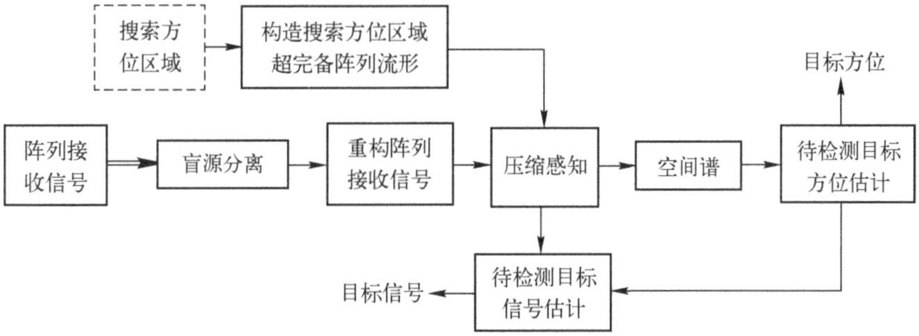

图 5.17　压缩感知与盲源分离结合的目标参数估计模型

首先对阵列接收到的信号（窄带信号或宽带子带信号）采用盲源分离方法进行盲源分离，得到解混矩阵估计$\hat{\boldsymbol{A}}_j$，对分离出来的每一路信号进行噪声属性判别，对不是噪声的分离信号根据解混矩阵$\hat{\boldsymbol{A}}_j$ 重构其对应的阵列接收信号，对重构的阵列信号采用压缩感知方位估计方法得到空间谱输出和对应重构此阵列信号的目标方位，记录此时目标的方位和相应的目标信号，如果是宽带信号则将所有子带得到的空间谱进行求和，得到总的空间谱，搜索其谱峰得到最后确定的目标源个数和方位，并由该方位再去搜索先前记录的分离信号对应的方位，如果发现方位一致，则记录此方位上对应的盲源分离信号，最后将同一方位上对应的盲源分离信号进行聚类，则可以把该方位上对应的目标信号恢复出来。

例 5.6　对于均匀线列阵，根据非相干子空间方法的处理框架，给出宽带条件下压缩感知与盲源分离结合的目标参数估计方法，如图 5.18 所示。

具体实现步骤如下。

（1）对阵列接收到的时域信号 $x_m(t)\,(m=1,2,\cdots,M)$进行傅里叶变换，将宽带信号划分为部分重叠的多个子带阵列信号 $\boldsymbol{X}(f_j)=[X_1(f_j),X_2(f_j),\cdots,X_M(f_j)]^{\mathrm{T}}(j=1,2,\cdots,J)$，$J$ 表示子带数目，f_j 表示第 j 个子带的中心频率，$X_m(f_j)\,(m=1,2,\cdots,M)$表示第 m 个阵元第 j 个子带的信号。此时，根据式（2.14），则第 j 个子带信号 $\boldsymbol{X}(f_j)\in C^{M\times L}$写成矩阵形式可表示为

$$\boldsymbol{X}(f_j)=\boldsymbol{A}(f_j,\boldsymbol{\Theta})\boldsymbol{S}(f_j)+\boldsymbol{N}(f_j) \tag{5.55}$$

式中：$\boldsymbol{S}(f_j)=[S_1(f_j),S_2(f_j),\cdots,S_N(f_j)]^{\mathrm{T}}$ 表示目标信号的第 j 子带；$\boldsymbol{N}(f_j)=[N_1(f_j),N_2(f_j),\cdots,N_M(f_j)]^{\mathrm{T}}$ 表示加性噪声的第 j 子带；$\boldsymbol{A}(f_j,\boldsymbol{\Theta})=[\boldsymbol{a}(f_j,\theta_1),\boldsymbol{a}(f_j,\theta_2),\cdots,\boldsymbol{a}(f_j,\theta_N)]$为基阵第 j 子带的阵列流形。

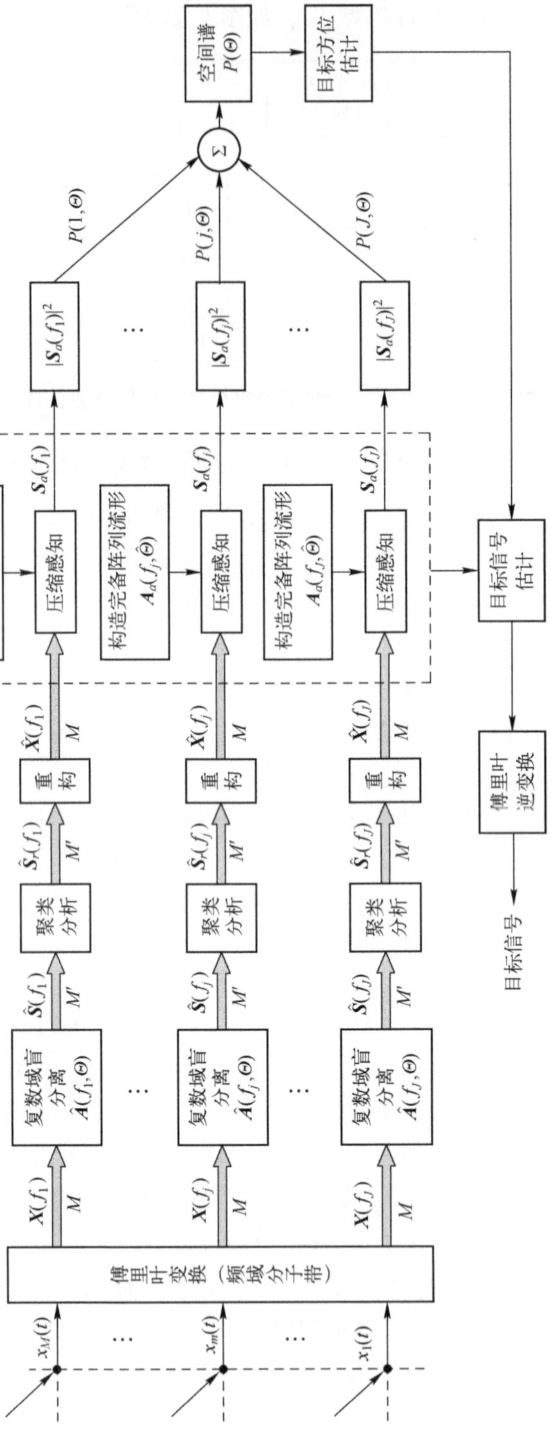

图 5.18 压缩感知与盲源分离结合的目标方位估计与信号恢复模型

（2）采用能够得到阵列流形估计的复数域盲源分离方法对 $\boldsymbol{X}(f_j)$ 进行盲分离，得到第 j 个子带解混矩阵估计 $\hat{\boldsymbol{A}}(f_j,\boldsymbol{\Theta})$ 和子带频域分离信号的估计 $\hat{\boldsymbol{S}}(f_j)=[\hat{S}_1(f_j),\hat{S}_2(f_j),\cdots,\hat{S}_{M'}(f_j)]^{\mathrm{T}}$，$\hat{S}_i(f_j)(i=1,2,\cdots,M')$ 表示估计的第 i 个目标第 j 个子带的信号。

（3）对分离出来的信号 $\hat{\boldsymbol{S}}(f_j)$ 进行聚类分析，即利用参考文献［20］的方法进行噪声属性判别，如果分离信号被判为噪声，则对应分离信号置零。例如，若第三个分离信号被判为噪声，则处理后的分离信号表示为 $\hat{\boldsymbol{S}}_r(f_j)=[\hat{S}_1(f_j),\hat{S}_2(f_j),0,\cdots,\hat{S}_{M'}(f_j)]^{\mathrm{T}}$。

（4）对处理后的分离信号 $\hat{\boldsymbol{S}}_r(f_j)$ 根据估计的解混矩阵 $\hat{\boldsymbol{A}}(f_j,\boldsymbol{\Theta})$ 重构阵列接收信号 $\hat{\boldsymbol{X}}(f_j)\in C^{M\times L}$，即处理后的第 j 个子带频域阵列接收信号[24]为

$$\hat{\boldsymbol{X}}(f_j)=\hat{\boldsymbol{A}}^{+}(f_j,\boldsymbol{\Theta})\hat{\boldsymbol{S}}_r(f_j) \tag{5.56}$$

式中：$\hat{\boldsymbol{A}}^{+}(f_j,\boldsymbol{\Theta})$ 表示估计的解混矩阵 $\hat{\boldsymbol{A}}(f_j,\boldsymbol{\Theta})$ 的伪逆。

（5）将整个搜索空间按照足够小的方向间隔划分为 $\{\hat{\theta}_1,\hat{\theta}_2,\cdots,\hat{\theta}_H\}(H\gg N)$，并假设每一个可能的方向 $\hat{\theta}_h(h=1,2,\cdots,H)$ 都对应一个潜在的目标信号 $\hat{s}_h$，这样第 j 个子带构造的 H 个目标信号可表示为 $\boldsymbol{S}_a(f_j)=[\hat{s}_1(f_j),\hat{s}_2(f_j),\cdots,\hat{s}_H(f_j)]^{\mathrm{T}}$，构造的完备阵列流形可表示为[17]

$$\begin{aligned}\boldsymbol{A}_a(f_j,\hat{\boldsymbol{\Theta}})&=[\boldsymbol{a}(f_j,\hat{\theta}_1),\boldsymbol{a}(f_j,\hat{\theta}_2),\cdots,\boldsymbol{a}(f_j,\hat{\theta}_H)]^{\mathrm{T}}\\&=\begin{bmatrix}1&1&\cdots&1\\ \mathrm{e}^{-\mathrm{j}\frac{2\pi f_j}{c}d\cos\hat{\theta}_1}&\mathrm{e}^{-\mathrm{j}\frac{2\pi f_j}{c}d\cos\hat{\theta}_2}&\cdots&\mathrm{e}^{-\mathrm{j}\frac{2\pi f_j}{c}d\cos\hat{\theta}_H}\\ \vdots&\vdots&\vdots&\vdots\\ \mathrm{e}^{-\mathrm{j}\frac{2\pi f_j}{c}(M-1)d\cos\hat{\theta}_1}&\mathrm{e}^{-\mathrm{j}\frac{2\pi f_j}{c}(M-1)d\cos\hat{\theta}_2}&\cdots&\mathrm{e}^{-\mathrm{j}\frac{2\pi f_j}{c}(M-1)d\cos\hat{\theta}_H}\end{bmatrix}_{M\times H}^{\mathrm{T}}\end{aligned} \tag{5.57}$$

均匀线列阵频域宽带信号接收模型相应可表示为

$$\hat{\boldsymbol{X}}(f_j)=\boldsymbol{A}_a(f_j,\hat{\boldsymbol{\Theta}})\boldsymbol{S}_a(f_j)+\boldsymbol{N}_a(f_j) \tag{5.58}$$

很显然，待估计的阵列流形 $\boldsymbol{A}(f_j,\boldsymbol{\Theta})$ 是过完备阵列流形 $\boldsymbol{A}_a(f_j,\hat{\boldsymbol{\Theta}})$ 的子集，$\boldsymbol{S}_a(f_j)$ 中只有对应方向 $\{\theta_1,\theta_2,\cdots,\theta_N\}$ 上的目标能量大，而其他方向应该是一个足够小的值，即 $\boldsymbol{S}_a(f_j)$ 是信号空间频域的一种稀疏表示。对比压缩感知模型[25-27]，如果将 $\hat{\boldsymbol{X}}(f_j)$ 看作为观测序列、$\boldsymbol{A}_a(f_j,\hat{\boldsymbol{\Theta}})$ 为感知矩阵、$\boldsymbol{S}_a(f_j)$ 为待求解稀疏系数分量、$\boldsymbol{N}_a(f_j)$ 为测量噪声，因此，可以通过求解以下凸优化问题来

求解信号空间频域估计 $\boldsymbol{S}_a(f_j)$：

$$\begin{cases}\min\|\boldsymbol{S}_a(f_j)\|_1 \\ \text{s. t. } \hat{\boldsymbol{X}}(f_j)=\boldsymbol{A}_a(f_j,\hat{\boldsymbol{\Theta}})\boldsymbol{S}_a(f_j)\end{cases} \tag{5.59}$$

(6) 通过 $\boldsymbol{S}_a(f_j)$ 计算出每个搜索方位上对应的信号能量，如式 (5.60) 所示，即第 j 个子带的空间谱估计，且在存在目标的方向 $\{\theta_1,\theta_2,\cdots,\theta_N\}$ 上有最大值，而无目标的方向则为一个足够小的值：

$$P(j,\boldsymbol{\Theta})=|\boldsymbol{S}_a(f_j)|^2 \tag{5.60}$$

(7) 对所有子带重复上述过程，并对获得的子带空间谱按式 (5.61) 进行求和，则得到总的空间谱 $P(\boldsymbol{\Theta})$，搜索空间谱 $P(\boldsymbol{\Theta})$ 的峰值位置即可实现目标方位估计。

$$P(\boldsymbol{\Theta})=\frac{1}{J}\sum_{j=1}^{J}P(j,\boldsymbol{\Theta}) \tag{5.61}$$

(8) 基于目标方位估计和信号空间频域估计 $\boldsymbol{S}_a(f_j)$ 结果，得到待检测目标信号的频域估计，傅里叶逆变换后则得到待检测目标信号的估计。

例 5.7 仿真条件与例 3.1 一致，采用压缩感知与盲源分离结合方法估计的方位空间谱如图 5.19 所示。

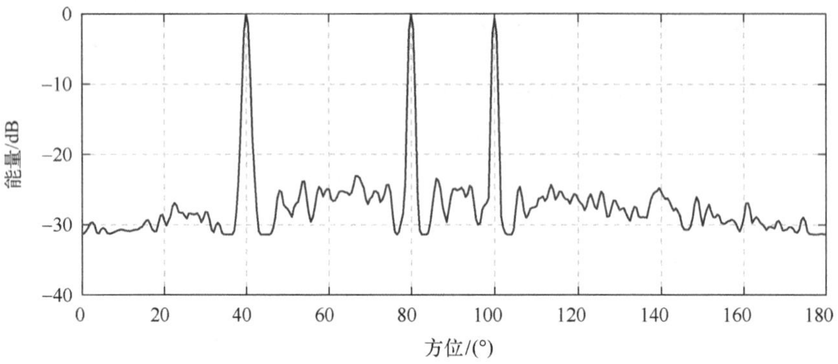

图 5.19 压缩感知与盲源分离结合方法估计的方位空间谱

参考文献

[1] DONOBO D L. Compressed Sensing [J]. IEEE Transactions On Information Theory, 2006, 52 (4): 1289-1306.

[2] 焦李成，杨淑媛，刘芳，等. 压缩感知回顾与展望 [J]. 电子学报，2011，39 (7): 1651-1662.

[3] 石光明，刘丹华，高大化，等. 压缩感知理论及其研究进展 [J]. 电子学报，2009，37 (5)：1070-1081.

[4] CANDES E. Compressive Sampling [C]. Proceedings of the International Congress of Mathematicians，Madrid，Spain，2006：1433-1452.

[5] CANDES E，TAO T. Near Optimal Signal Recovery from Random Projections：Universal Encoding Strategies [J]. IEEE Transactions On Information Theory，2006，52 (12)：5406-5425.

[6] BARANIUK R. A Lecture on Compressive Sensing [J]. IEEE Signal Processing Magazine，2007，24 (4)：118-121.

[7] CHEN S S，Donoho D. L，Saunders M. A. Atomic Decomposition by Basis Pursuit [J]. SIAM Review，2001，43 (1)：129-159.

[8] CANDES E J，TAO T. Decoding by Linear Programming [J]. IEEE Transactions Information Theory，2005，51 (12)：4203-4215.

[9] CANDES E J，WAKIN M B. An Introduction to Compressive Sampling [J]. IEEE Signal Processing Magazine，2008，25 (2)：21-30.

[10] DONOHO D，HUO X. Uncertainty Principles and Ideal Atomic Decompositions [J]. IEEE Transactions Information Theory，2001，47：2845-2862.

[11] 曾理，黄建军，刘亚峰，等. 第 2 讲　压缩感知的关键技术及其研究进展 [J]. 军事通信技术，2011，32 (4)：88-94.

[12] CHEN S S，DONOHO D L，SAUNDERS M A. Atomic Decomposition by Basis Pursuit [J]. SIAM Review，2001，43 (1)：129-159.

[13] MALLAT S，ZHANG Z. Matching Pursuits with Time-Frequency Dictionaries [J]. IEEE Transactions Signal Process，1993，41 (12)：3397-3415.

[14] TEMLYAKOV V N. Weak Greedy Algorithms [J]. Advances in Computational Mathematics，2000，12 (2-3)：213-227.

[15] 王建英，尹忠科，张春梅. 信号与图像的稀疏分解及初步应用 [M]. 成都：西南交通大学出版社，2006.

[16] 李前言，康春玉，胡光潮，等. 基于正交匹配追踪的水下宽带目标方位估计方法 [C]. 中国声学学会水声学分会 2015 年学术会议论文集，2015：139-144.

[17] 康春玉，李前言，章新华，等. 频域单快拍压缩感知目标方位估计和信号恢复方法 [J]. 声学学报，2016，41 (02)：174-180.

[18] 李军，林秋华，杨秀庭，等. 一种基于压缩感知的水下目标被动测距方法 [J]. 信息与控制，2019，48 (01)：9-15.

[19] KANG C Y，LI Q Y，JIAO Y M，et al. Direction of Arrival Estimation and Signal Recovery for Underwater Target Based on Compressed Sensing [C]. The 2015 8th International Congress on Image and Signal Processing (CISP 2015)，2015/10/14 - 2015/10/16：1277-1282.

[20] 胡红英，马孝江．基于局域波分解的信号降噪算法［J］．农业机械学报，2006，37（1）：118-120，135.
[21] 康春玉，严韶光，夏志军，等．一种基于压缩感知的水下宽带目标方位估计方法［C］．中国声学学会2017年全国声学学术会议论文集，2017：361-362.
[22] LI J，LIN Q H，KANG C Y，et al. DOA Estimation for UnderwaterWideband Weak Targets Based on Coherent Signal Subspace and Compressed Sensing［J］. Sensors，2018，18，902.
[23] 康春玉，李文哲，夏志军，等．盲重构频域阵列信号的压缩感知水声目标方位估计［J］．声学学报，2019，44（06）：951-960.
[24] ANDRZEJ C，SHUN-ICHI A. 自适应盲信号与图像处理［M］．吴正国，唐劲松，章林柯，译．北京：电子工业出版社，2005.
[25] 贺亚鹏，李洪涛，王克让，等．基于压缩感知的高分辨DOA估计［J］．宇航学报，2011，32（6）：1344-1349.
[26] 王铁丹．压缩感知技术在阵列测向中的应用［D］．成都：电子科技大学，2013.
[27] 梁国龙，马巍，范展，等．向量声纳高速运动目标稳健高分辨方位估计［J］．物理学报，2013，62（14）：1-9.

第 6 章　空间目标干扰抑制

舰船辐射噪声是被动声纳系统远程探测、跟踪的声源，但对于自身的被动拖曳式声纳系统，拖曳平台自身的辐射噪声又成为被拖声纳重要的干扰噪声，严重影响声纳的工作性能[1]。另外，舰艇编队作战时，由于编队内部各舰船相距较近，编队内部舰船辐射噪声也对己方各舰船上的声纳性能产生相互影响[2-3]。本章主要以拖曳线列阵声纳为对象，分析拖曳平台自噪声对拖曳线列阵声纳探测的影响，从波束置零、谱减法、盲源分离与波束形成结合、压缩感知等方面阐述如何抑制拖曳线列阵声纳的空间目标干扰。

6.1　拖曳平台自噪声对拖曳线列阵声纳探测的影响

被动拖曳线列阵声纳自问世以来，各个国家都非常重视，经过多年的努力，拖曳线列阵声纳技术已经取得了长足的进步，装舰设备也形成了多种配套系列。然而，拖曳平台自噪声严重影响拖曳线列阵声纳的探测性能[4]。下面主要基于仿真的宽带均匀线列阵数据，分析拖曳平台自噪声对拖曳线列阵声纳探测的影响[1]。仿真数据产生时，声音在海洋中传播的扩展损失按球面波扩展，吸收系数设为 0.1，海洋环境噪声级设为 75dB。

拖曳线列阵声纳系统工作时，拖曳平台、拖缆和水听器线列阵三者的几何关系如图 6.1 所示。拖曳平台是声纳信号处理和拖动装置的安装平台，拖缆连接舰艇和线列阵，线列阵被动接收来自海洋的水声信号，为目标检测提供原始数据。

6.1.1　不考虑拖曳平台自噪声的影响

仿真时，被动拖曳线列阵声纳设为等间隔 32 元阵，间距为半波长，拖曳距离 1.0km，不考虑拖曳平台辐射噪声的影响，目标辐射声源级设为 138dB，目标信号用海上实录舰船辐射噪声代替。若某目标的辐射声源级为 $SL_{目标}$，则传播距离 R 后的信号余量为

$$SL_{信号余} = SL_{目标} - 20\lg R_{目标} - \alpha R_{目标} \times 10^{-3} \tag{6.1}$$

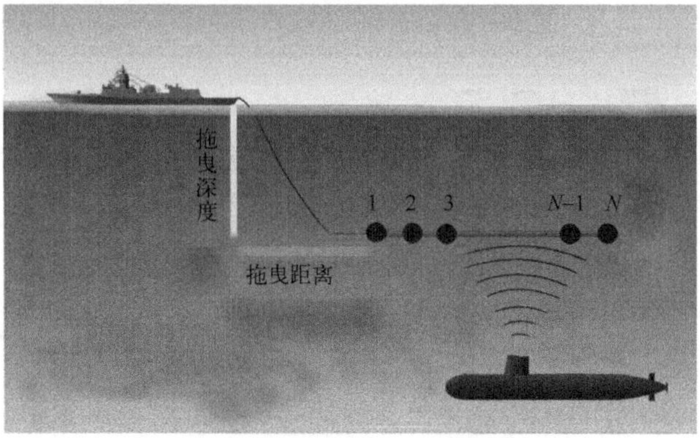

图 6.1　平台拖曳线列阵目标探测

式中：$SL_{信号余}$表示传播距离 R 后的信号余量；$R_{目标}$表示目标相对拖曳声纳的距离。

下面分目标方位恒定、距离变化和目标距离恒定、方位变化两种情况分别分析拖曳线列阵采用 Bartlett 方法和 MVDR 方法时的方位估计性能。

1. 目标方位恒定、距离变化

拖曳平台与目标运动态势设置如图 6.2 所示，其中目标方位恒定为 95°，目标距离从 1km 到 80km 变化。

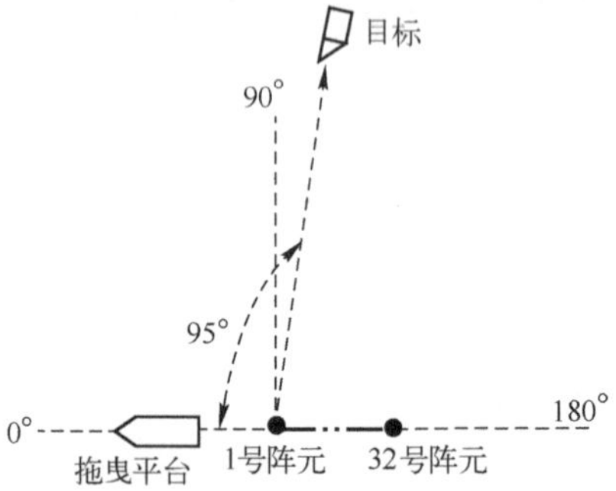

图 6.2　拖曳平台与目标运动态势（目标方位恒定、距离变化）

在此态势设置下，信（目标）噪（海洋环境噪声）比与目标距离 $R_{目标}$ 的关系为 $SNR=(138-20\lg R_{目标}-0.1R_{目标}\times10^{-3})-75$，如图 6.3 所示。

图 6.4 和图 6.5 分别是 Bartlett 方法和 MVDR 方法得到的二维方位历程。

从图 6.4 和图 6.5 可以看出，在当前态势下，不考虑拖曳平台自噪声影响时，Bartlett 方法和 MVDR 方法能跟踪目标到 60 多千米处。

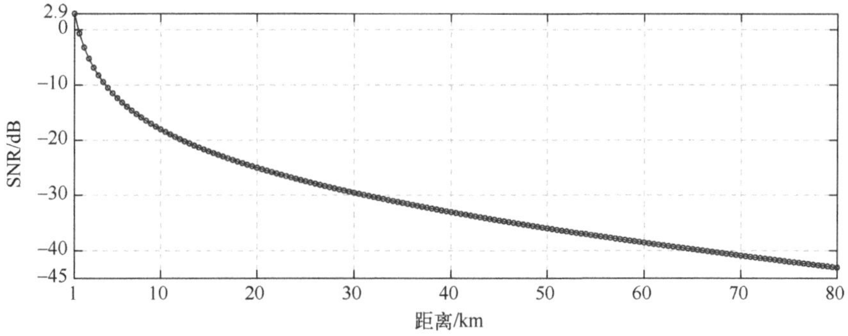

图 6.3　信噪比与目标距离的变化关系

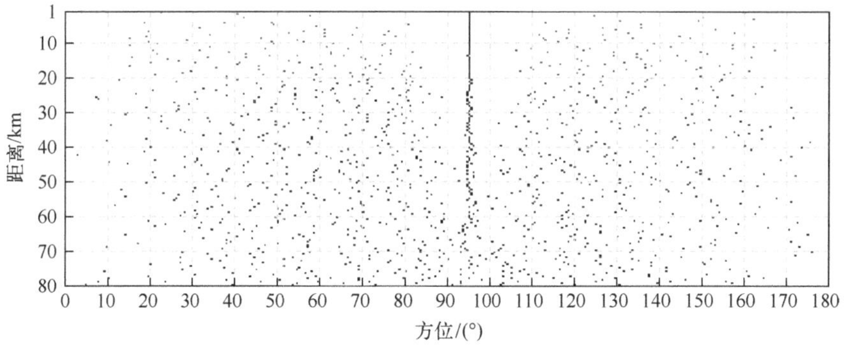

图 6.4　Bartlett 方法估计的二维方位历程

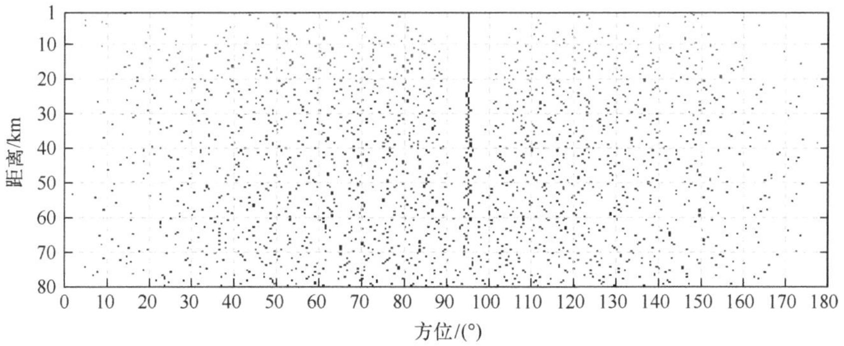

图 6.5　MVDR 方法估计的二维方位历程

2. 目标距离恒定、方位变化

考虑拖曳平台与目标运动态势如图 6.6 所示。目标距离拖曳声纳恒定为 30km，方位从 0°到 180°逐渐变化，此时信噪比为-34.5424dB。

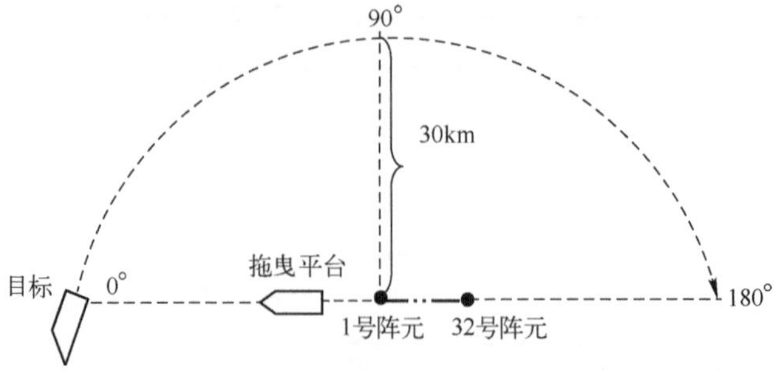

图 6.6　拖曳平台与目标运动态势（目标距离恒定、方位变化）

图 6.7 和图 6.8 分别是 Bartlett 方法和 MVDR 方法在不考虑拖曳平台自噪声影响时估计的二维方位历程。

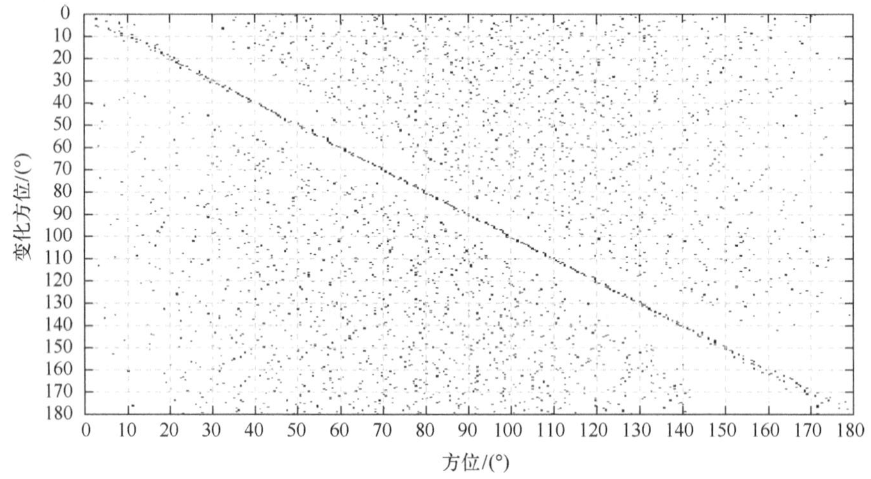

图 6.7　Bartlett 方法估计的二维方位历程

从图 6.7 和图 6.8 可以看出，在当前态势下，由于不考虑拖曳平台自噪声的影响，Bartlett 方法和 MVDR 方法在整个目标方位变化过程中几乎都能发现目标，只是在端艏存在±10°左右的盲区，在尾部存在±10°左右的模糊区。

6.1.2　考虑拖曳平台自噪声的影响

仿真时，被动拖曳线列阵声纳设置与不考虑拖曳平台自噪声的影响时一致，也为等间隔 32 元阵，间距为半波长，拖曳距离 1.0km，目标辐射声源级也设为 138dB，但拖曳平台辐射噪声级设为 138dB（将其看作干扰源），拖曳平台辐射噪声和目标辐射噪声都用海上实录舰船辐射噪声代替。

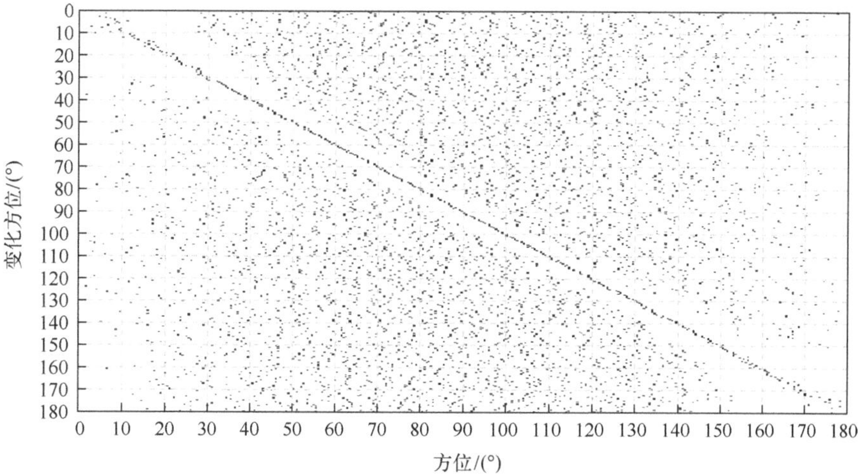

图 6.8　MVDR 方法估计的二维方位历程

根据声源级的定义 $SL = 10\lg\frac{I}{I_0}$，其中 I_0 为参考声强，可推出声强 $I = 10^{\frac{SL}{10}} I_0$，因此若某目标的辐射声源级为 SL，则传播距离 R 后的声强为

$$I = 10^{\frac{SL}{10}} I_0 = 10^{\frac{SL - 20\lg R - \alpha R \times 10^{-3}}{10}} I_0 \tag{6.2}$$

同时可推出信（目标）干（拖曳平台）比的计算公式为

$$\begin{aligned} SIR &= 10\log\frac{I_{信号}}{I_{干扰}} = 10\lg\frac{10^{\frac{SL_{信号余}}{10}} I_0}{10^{\frac{SL_{干扰余}}{10}} I_0} = SL_{信号余} - SL_{干扰余} \\ &= SL_{目标} - 20\lg R_{目标} - \alpha R_{目标} \times 10^{-3} \\ &\quad - (SL_{干扰} - 20\lg R_{干扰} - \alpha R_{干扰} \times 10^{-3}) \end{aligned} \tag{6.3}$$

式中：$SL_{信号余}$表示传播距离 $R_{目标}$后的信号余量；$SL_{干扰余}$表示传播距离 $R_{干扰}$后的干扰余量；$SL_{目标}$表示目标辐射声源级；$R_{目标}$表示目标相对拖曳平台声纳的距离；$SL_{干扰}$表示干扰声源级；$R_{干扰}$表示干扰源相对拖曳平台声纳的距离。

下面分目标方位恒定、距离变化和目标距离恒定、方位变化两种情况分别分析拖曳平台自噪声对 Bartlett 方法和 MVDR 方法方位估计性能的影响。

1. 目标方位恒定、距离变化

拖曳平台与目标运动态势设置如图 6.2 所示。在此态势设置下，信（目标）干（拖曳平台）比与目标距离 $R_{目标}$的关系为

$$
\begin{aligned}
\mathrm{SIR} &= (138-20\lg(R_{\text{目标}})-0.1R_{\text{目标}})-(138-20\lg(1.0\times 10^{3})-0.1\times 1.0) \\
&= 60.1-20\lg(R_{\text{目标}})-0.1R_{\text{目标}}
\end{aligned}
\tag{6.4}
$$

信干比与目标距离的变化关系如图 6.9 所示。

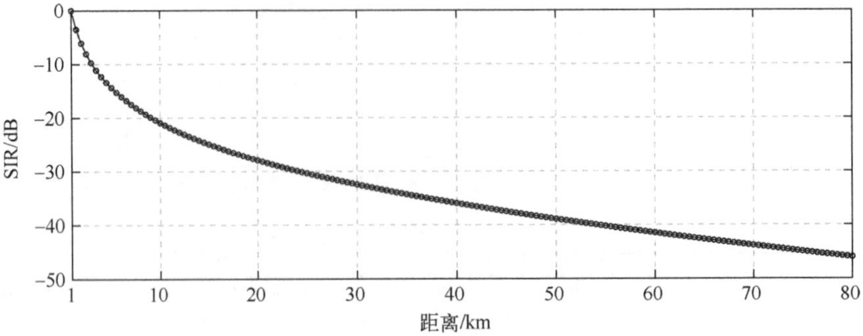

图 6.9　信干比与目标距离的变化关系

图 6.10 和图 6.11 分别是 Bartlett 方法和 MVDR 方法在不抑制拖曳平台自噪声时得到的二维方位历程。

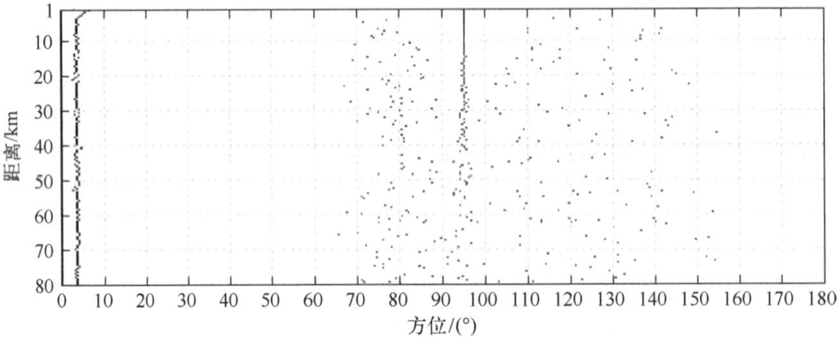

图 6.10　Bartlett 方法估计的二维方位历程

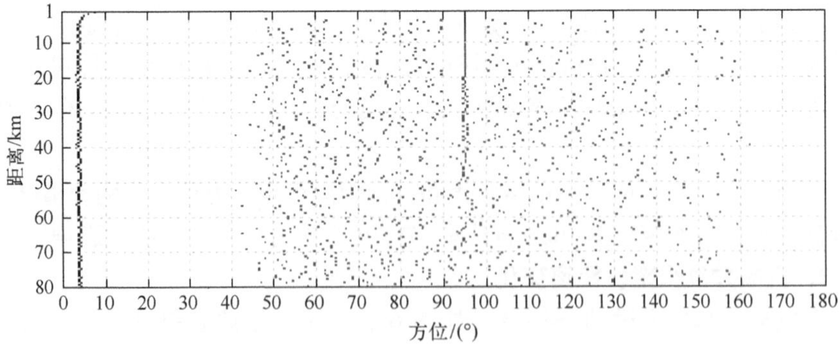

图 6.11　MVDR 方法估计的二维方位历程

从图6.10和图6.11可以看出，在当前态势设置下，对拖曳平台自噪声不采用抑制技术时，经人工录取目标，Bartlett方法能跟踪目标到40km左右，MVDR方法能跟踪目标到50km左右，对比图6.4和图6.5可以发现，由于拖曳平台噪声的存在，使得拖曳线列阵对目标的检测距离大大减小，说明拖曳平台自噪声的影响十分严重。

2. 目标距离恒定、方位变化

考虑拖曳平台与目标运动态势如图6.6所示。根据上述设置可得信（目标）干（拖曳平台）比为

$$
\begin{aligned}
\mathrm{SIR} &= \mathrm{SL}_{信号余} - \mathrm{SL}_{干扰余} \\
&= \mathrm{SL}_{目标} - 20\lg R_{目标} - \alpha R_{目标} \times 10^{-3} - (\mathrm{SL}_{干扰} - 20\log R_{干扰} - \alpha R_{干扰} \times 10^{-3}) \\
&= 138 - 20\lg(30\times 10^{3}) - 0.1\times 30 - [138 - 20\lg(1\times 10^{3}) - 0.1\times 1] \\
&= -32.4424\mathrm{dB}
\end{aligned}
$$

图6.12和图6.13分别是Bartlett方法和MVDR方法在不抑制拖曳平台自噪声时估计的二维方位历程。

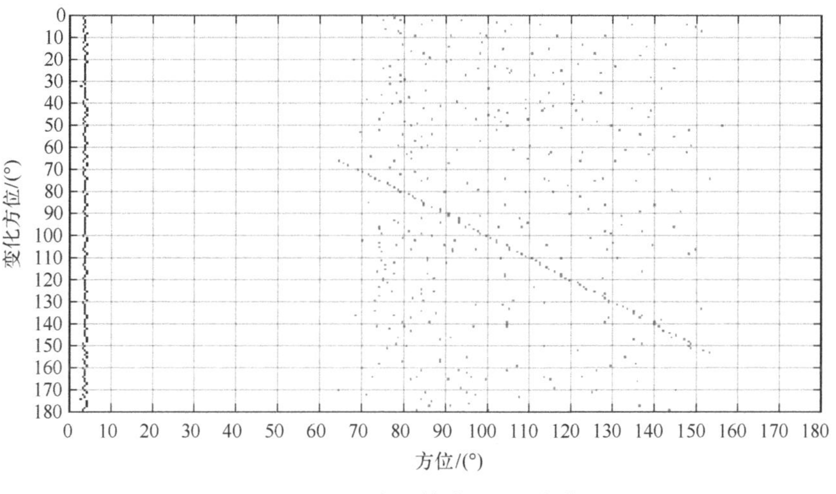

图6.12 Bartlett方法估计的二维方位历程

从图6.12、图6.13可以看出，在当前态势下，由于信（目标）干（拖曳平台）比达到了-32.4424dB，如果不抑制拖曳平台自噪声，Bartlett方法和MVDR方法在整个目标方位变化过程中只能在正横附近隐约发现目标，在端艏区存在较大的盲区。

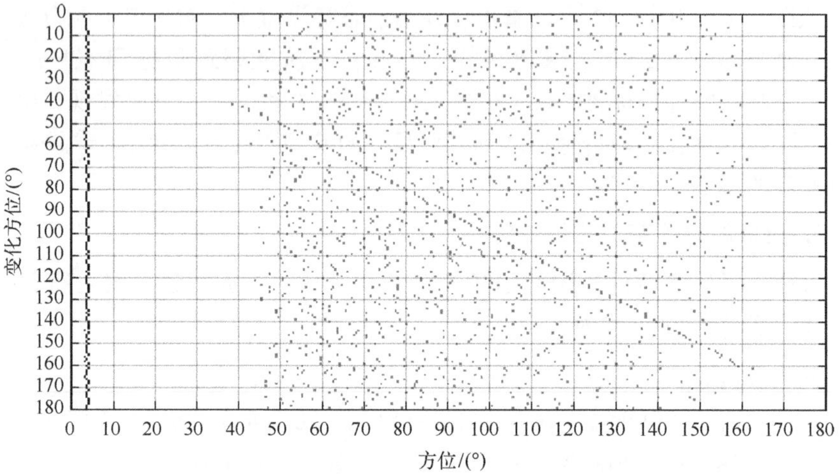

图 6.13　MVDR 方法估计的二维方位历程

6.2　波束置零干扰抑制

利用信号的空域特征，阵列可以对空时场域内的信号进行滤波。这种滤波可以用一个与角度或波数的相关性来描述。在频域里，这种滤波的实现是利用复增益组合阵列传感器的输出，根据信号的空域相关性对信号进行增强或抑制。当某个方位存在我们不想得到的干扰时，则可对空时场进行空域滤波，使得一个或一组从特定角度到来的信号通过有效的组合得到增强，而使从其他角度到来的干扰（或噪声）通过相消性的组合得到抑制。很显然，其中的关键过程就是阵列加权系数的选取[5-6]。

6.2.1　最优权值计算

对于一个任意结构的阵列，常规波束方向图定义为[5]

$$\boldsymbol{B}(\boldsymbol{k}:k_{\mathrm{Ta}})=\frac{1}{M}\boldsymbol{A}_{\boldsymbol{k}}^{\mathrm{H}}(k_{\mathrm{Ta}})\boldsymbol{A}_{\boldsymbol{k}}(\boldsymbol{k}) \tag{6.5}$$

式中：$\boldsymbol{k}=-\dfrac{2\pi}{\lambda}\begin{bmatrix}\sin\varphi\sin\theta\\ \sin\varphi\cos\theta\\ \cos\varphi\end{bmatrix}$为波数；$\boldsymbol{A}_{\boldsymbol{k}}(\boldsymbol{k})=\begin{bmatrix}\mathrm{e}^{-\mathrm{j}\boldsymbol{k}^{\mathrm{T}}\boldsymbol{r}_1}\\ \mathrm{e}^{-\mathrm{j}\boldsymbol{k}^{\mathrm{T}}\boldsymbol{r}_2}\\ \vdots\\ \mathrm{e}^{-\mathrm{j}\boldsymbol{k}^{\mathrm{T}}\boldsymbol{r}_M}\end{bmatrix}$为阵列流形；$\boldsymbol{r}_i(i=1,2,\cdots,$

M)为阵元空间位置，M 为阵元个数，k_{Ta}为指向目标的波数。

为了在干扰方位形成零陷，则需要：

$$\boldsymbol{B}(\boldsymbol{k}:k_i)=\boldsymbol{W}^{\mathrm{H}}\boldsymbol{A}_{\boldsymbol{k}}(k_i)=0 \tag{6.6}$$

式中：$\boldsymbol{W}$ 为权系数；$k_i(i=1,2,\cdots,I)$为指向干扰的波数，I 为干扰目标个数。

通常把这种约束称为零阶约束条件（或零阶零点）[5]，并定义一个 $M\times I$ 的约束矩阵 $\boldsymbol{C}_0$：

$$\boldsymbol{C}_0=[\boldsymbol{A}_{\boldsymbol{k}}(k_1)\quad \boldsymbol{A}_{\boldsymbol{k}}(k_2)\quad \cdots\quad \boldsymbol{A}_{\boldsymbol{k}}(k_I)] \tag{6.7}$$

因此，式（6.6）的问题可表示为求解：

$$\boldsymbol{W}_o^{\mathrm{H}}\boldsymbol{C}_0=0 \tag{6.8}$$

采用 Lagrange 乘子，可解得最优权系数[5]为

$$\boldsymbol{W}_o^{\mathrm{H}}=\boldsymbol{W}_d^{\mathrm{H}}[\boldsymbol{I}_M-\boldsymbol{C}_0(\boldsymbol{C}_0^{\mathrm{H}}\boldsymbol{C}_0)^{-1}\boldsymbol{C}_0^{\mathrm{H}}] \tag{6.9}$$

式中：$\boldsymbol{W}_d^{\mathrm{H}}$ 为理想波束响应权系数。

同时，若约束矩阵 $\boldsymbol{C}_0$ 对波数 $\boldsymbol{k}$ 进行求导，则相应约束条件变为导数约束条件，一阶导数约束矩阵为

$$\boldsymbol{C}_1=\left[\frac{\mathrm{d}}{\mathrm{d}\boldsymbol{k}}\boldsymbol{A}_{\boldsymbol{k}}(k_1)\quad \frac{\mathrm{d}}{\mathrm{d}\boldsymbol{k}}\boldsymbol{A}_{\boldsymbol{k}}(k_2)\quad \cdots\quad \frac{\mathrm{d}}{\mathrm{d}\boldsymbol{k}}\boldsymbol{A}_{\boldsymbol{k}}(k_I)\right] \tag{6.10}$$

二阶导数约束矩阵为

$$\boldsymbol{C}_2=\left[\frac{\mathrm{d}^2}{\mathrm{d}\boldsymbol{k}^2}\boldsymbol{A}_{\boldsymbol{k}}(k_1)\quad \frac{\mathrm{d}^2}{\mathrm{d}\boldsymbol{k}^2}\boldsymbol{A}_{\boldsymbol{k}}(k_2)\quad \cdots\quad \frac{\mathrm{d}^2}{\mathrm{d}\boldsymbol{k}^2}\boldsymbol{A}_{\boldsymbol{k}}(k_I)\right] \tag{6.11}$$

将$[\boldsymbol{C}_0\quad \boldsymbol{C}_1]$和$[\boldsymbol{C}_0\quad \boldsymbol{C}_1\quad \boldsymbol{C}_2]$代替式（6.9）中的 $\boldsymbol{C}_0$，则分别得到的一阶零点和二阶零点最优权系数。

6.2.2　波束方向图

考虑一 32 元均匀线列阵，阵元间隔为半波长，理想的波束图采用均匀加权。在 30°方位形成零阶、一阶和二阶零陷，波束响应如图 6.14 所示。

若在 30°~40°区域方位形成零阶、一阶和二阶零陷，波束响应如图 6.15 所示。

从图 6.14 和图 6.15 可以看出，干扰方位信号能够得到较好的抑制。

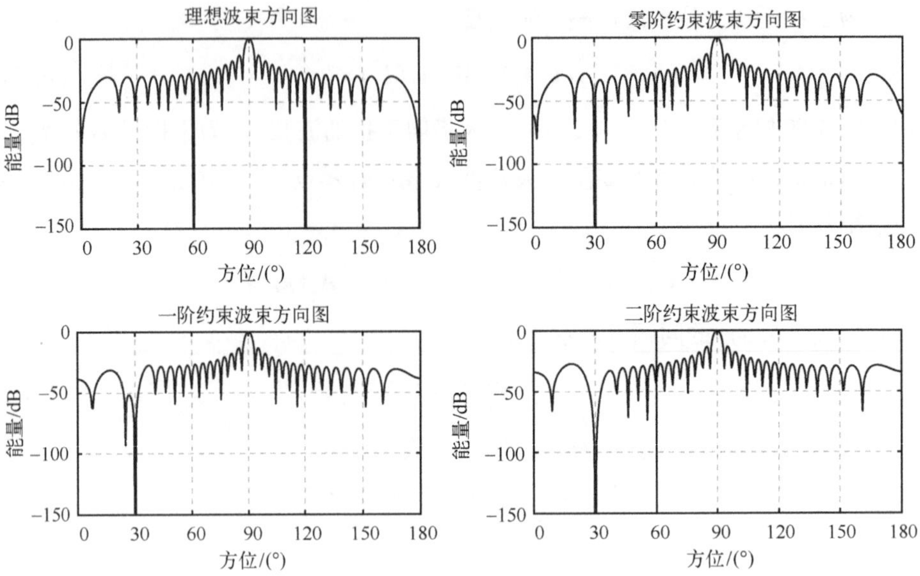

图 6.14　30°方位形成零陷波束方向图

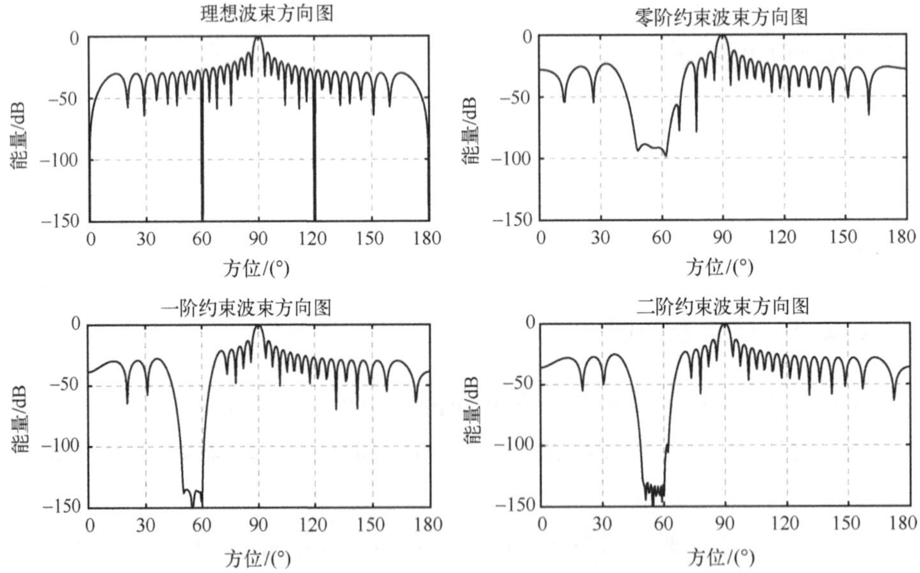

图 6.15　30°~40°方位区域形成零陷波束方向图

6.3 谱减法干扰抑制

谱减法是一种发展较早且应用比较成熟的语音增强算法，是处理宽带噪声的主流手段之一。它最早由美国犹他大学的 Steven Boll 于 1979 年提出[7]，Boll 假设噪声是平稳或变化缓慢的加性噪声，并且与语音信号不相关，后来发展成估计噪声频谱并抑制干扰的经典谱减法。该方法能够抑制背景噪声的影响，但是语音信号属于非平稳信号，Boll 的假设与实际情况相差较大，因此难以取得理想的语音增强效果。之后不久，Beoruti 在 Boll 算法的基础上增加了调节噪声功率谱大小的系数和增强语音功率谱最小值的限制[8]，提高了谱减法的性能，但其修正系数和最小值根据经验确定，适应性较差。1992 年，Lockwood 和 Buody 提出了非线性谱减法（Nolinear Spectral Subtraction，NSS）[9]，它根据语音信号的信噪比自适应调整语音增强的增益函数，提高了信噪比。此后，谱减法和其他方法结合产生了许多有效的语音增强方法[10-12]。通过不断的研究与发展，谱减法以其算法简单、运算量小、便于快速处理等优点已被广泛应用于语音通信、语音识别等系统。

6.3.1 谱减法的基本原理

谱减法在假设噪声是统计平稳且信号不相关的前提下，在频域里用带噪信号的功率谱减去噪声的功率谱得到信号功率谱估计，开方后得到信号幅度估计，并插入带噪信号的相位，再采用傅里叶变换，就可在时域上得到增强后的信号。

假定信号为平稳信号，而加性噪声与信号彼此不相关。此时带噪信号可表示为

$$y(t)=s(t)+n(t) \tag{6.12}$$

式中：$s(t)$为纯净信号；$n(t)$为加性噪声。

若$Y(\omega)$、$S(\omega)$和$N(\omega)$分别表示$y(t)$、$s(t)$和$n(t)$的傅里叶变换，则有下列关系：

$$Y(\omega)=S(\omega)+N(\omega) \tag{6.13}$$

同时考虑信号是短时平稳的，因此可得：

$$|Y(\omega)|^2=|S(\omega)|^2+|N(\omega)|^2+2\mathrm{Re}[S(\omega)N^*(\omega)] \tag{6.14}$$

也即

$$E(|Y(\omega)|^2)=E(|S(\omega)|^2)+E(|N(\omega)|^2)+2E\{\mathrm{Re}[S(\omega)N^*(\omega)]\} \tag{6.15}$$

由于假设 $s(t)$ 和 $n(t)$ 不相关，则 $S(\omega)$ 和 $N(\omega)$ 也相互独立，而 $N(\omega)$ 为零均值的高斯分布，所以 $2E\{\mathrm{Re}[S(\omega)N^*(\omega)]\}=0$。因此可以得到 $E(|S(\omega)|^2)=E(|Y(\omega)|^2)-E(|N(\omega)|^2)$，即可得到信号幅度的估计值为

$$|S(\omega)|=[|Y(\omega)|^2-|N(\omega)|^2]^{\frac{1}{2}} \tag{6.16}$$

谱减法的基本原理如图 6.16 所示。

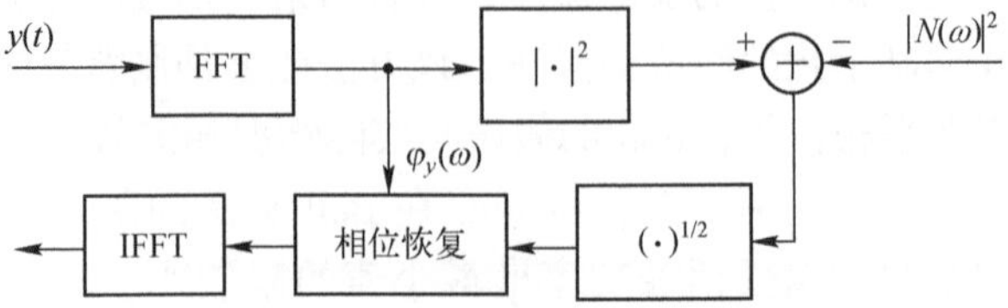

图 6.16　谱减法基本原理

在具体运算时，为防止出现负功率的情况，完整的谱减运算公式为

$$|S(\omega)|=\begin{cases}[|Y(\omega)|^2-|N(\omega)|^2]^{1/2}, & |Y(\omega)|>|N(\omega)| \\ 0, & |Y(\omega)|\leqslant|N(\omega)|\end{cases} \tag{6.17}$$

6.3.2　谱减法抑制干扰

针对阵列信号，可考虑如图 6.17 所示的谱减法干扰抑制。即先对干扰方位形成波束，得到干扰信号的估计，然后根据干扰方位进行相应延迟，得到每个干扰信号在每个阵元上的响应，将该响应视为阵元上的噪声，采用谱减法实现抑制干扰的功能[13]。

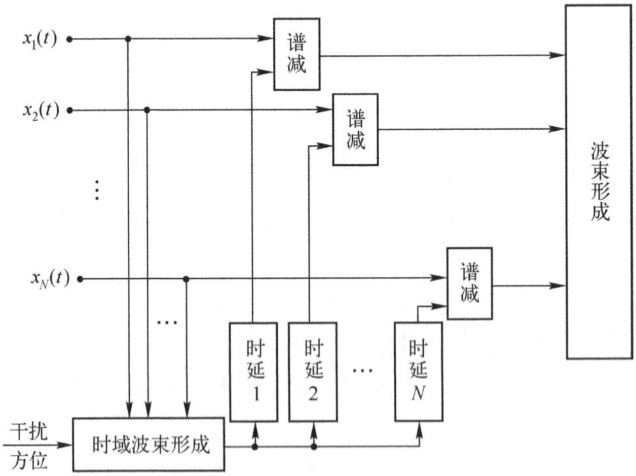

图 6.17　谱减法干扰抑制

6.4　盲源分离和波束形成结合干扰抑制

研究表明，在已知信息相对较少的情况下，盲源分离能分离空间上几乎重叠的独立源，而且可分离强弱非常明显的目标信号，为被动拖曳线列阵声纳实现空间目标干扰抑制提供了新的方法。实际背景下，空间干扰的部分信息可能是已知的（如目标方位已知），因此可以采用如下的方法来抑制方向性强目标干扰[14-15]。

6.4.1　盲源分离和波束形成结合、方位匹配干扰抑制

针对空间干扰方位已知情况，提出如图 6.18 所示的盲源分离和波束形成结合、方位匹配空间干扰抑制方法，该方法实现的前提是已知空间干扰方位，实际应用中，如本舰自噪声、低频噪声干扰器或编队舰船的方位是已知的，因此完全可采用本方法。即先把阵元域信号变换到频域，然后取分析的频带信号进行频域盲源分离，并粗略估计出每路分离信号的方位，将该方位与干扰目标方位进行匹配，去除干扰分离信号，然后对聚类后的分离信号采用反盲源分离方法进行重构得到相对应的阵元域信号，并进行波束形成得到相应的子带空间谱（不含干扰目标的空间谱），最后将各个子带的结果进行求和，得到总的空间谱，实现弱目标信号的检测[14-15]。

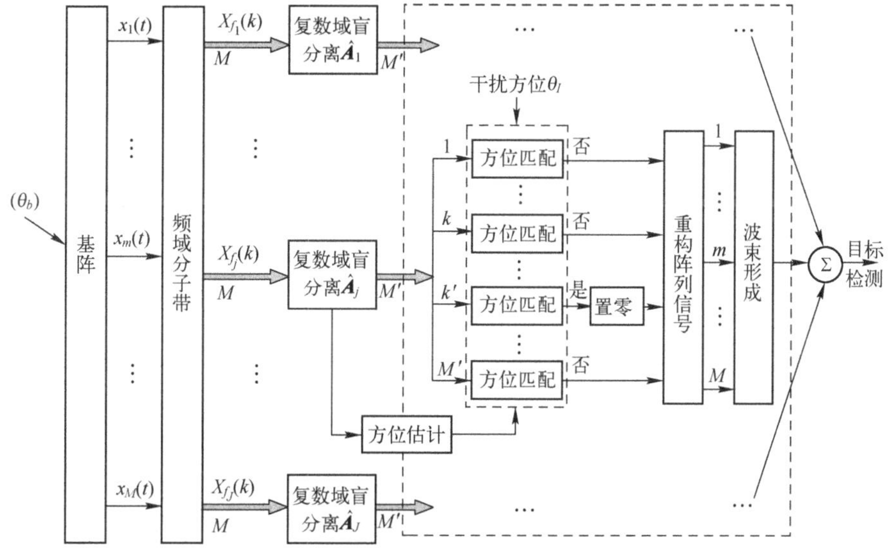

图 6.18　盲源分离和波束形成结合、方位匹配抑制空间干扰方法

6.4.2 盲源分离和波束形成结合、谱相关干扰抑制

图 6.19 所示的是盲源分离和波束形成结合、谱相关干扰抑制方法，该方法的实现前提与上述方位匹配方法相同，均需要已知空间干扰方位或者空间干扰信号。即先把阵元域信号变换到频域，然后取分析的频带信号进行频域盲源分离，同时在干扰方位形成波束，得到干扰信号估计，并按同样的方法将其分成不同的子带，对分离信号与干扰目标信号进行子带谱相关，去除干扰分离信号，然后对聚类后的分离信号采用反盲源分离方法进行重构得到相对应的阵元域信号，并进行波束形成得到相应的子带空间谱（不含干扰目标的空间谱），最后将各个子带的结果进行求和，得到总的空间谱，实现弱目标信号的检测。当干扰的方位未知，但可测知干扰信号时，则不用对干扰方位形成波束，直接用测得的干扰信号代替波束形成的干扰信号，同样可达到抑制干扰的目的。

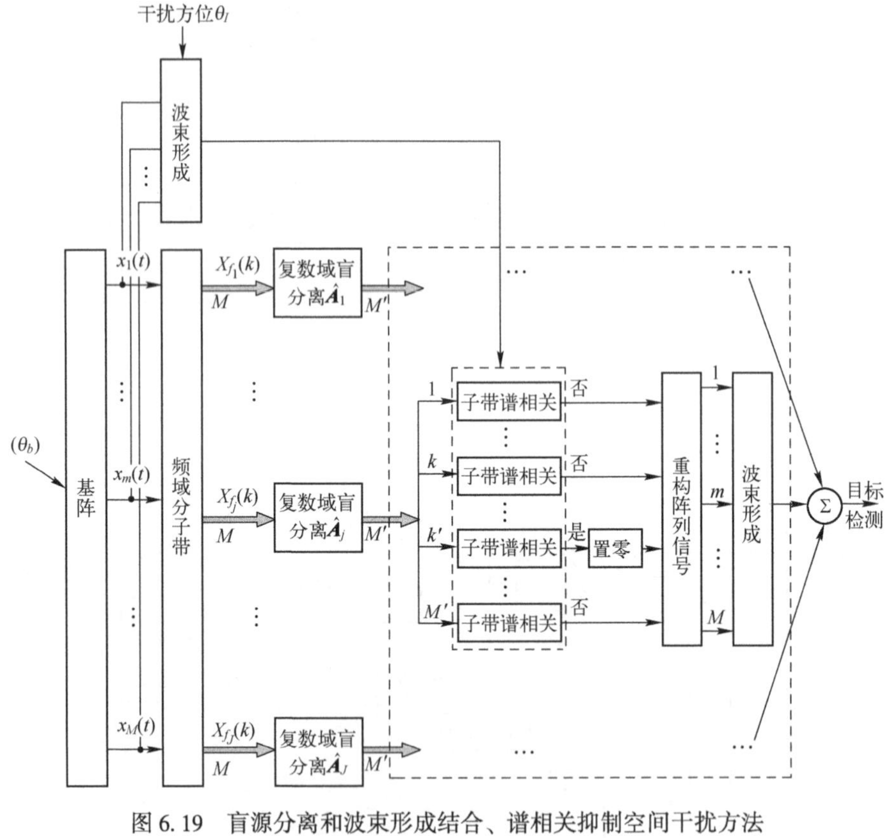

图 6.19　盲源分离和波束形成结合、谱相关抑制空间干扰方法

6.5 压缩感知干扰抑制

根据均匀线列阵阵列流形 $\boldsymbol{A}(f,\boldsymbol{\Theta})$ 的表达式，阵列流形与目标方向一一对应。现将整个空间按照足够小的方向间隔划分为 $\{\hat{\theta}_1,\hat{\theta}_2,\cdots,\hat{\theta}_H\}$ $(H\gg N)$，并假设每一个可能的方向 $\hat{\theta}_h(h=1,2,\cdots,H)$ 都对应一个潜在的目标信号 $\hat{s}_h$，这样就构造了 H 个目标信号 $\boldsymbol{S}_a(f)=[\hat{s}_1(f),\hat{s}_2(f),\cdots,\hat{s}_H(f)]^{\mathrm{T}}$，此时构造的完备阵列流形可表示为

$$\begin{aligned}\boldsymbol{A}_a(f,\hat{\boldsymbol{\Theta}})&=[\boldsymbol{a}(f,\hat{\theta}_1),\boldsymbol{a}(f,\hat{\theta}_2),\cdots,\boldsymbol{a}(f,\hat{\theta}_H)]^{\mathrm{T}}\\&=\begin{bmatrix}1&1&\cdots&1\\ \mathrm{e}^{-\mathrm{j}\frac{2\pi}{\lambda}d\cos\hat{\theta}_1}&\mathrm{e}^{-\mathrm{j}\frac{2\pi}{\lambda}d\cos\hat{\theta}_2}&\cdots&\mathrm{e}^{-\mathrm{j}\frac{2\pi}{\lambda}d\cos\hat{\theta}_H}\\ \vdots&\vdots&\vdots&\vdots\\ \mathrm{e}^{-\mathrm{j}\frac{2\pi}{\lambda}(M-1)d\cos\hat{\theta}_1}&\mathrm{e}^{-\mathrm{j}\frac{2\pi}{\lambda}(M-1)d\cos\hat{\theta}_2}&\cdots&\mathrm{e}^{-\mathrm{j}\frac{2\pi}{\lambda}(M-1)d\cos\hat{\theta}_H}\end{bmatrix}_{M\times H}^{\mathrm{T}}\end{aligned}\tag{6.18}$$

如果需要抑制的干扰方位已知，则可将构造的完备阵列流形对应方位区域（一般按照波束宽度的一半设置）的方向向量置零，如下所示。

$$\begin{aligned}\boldsymbol{A}_a(f,\hat{\boldsymbol{\Theta}})&=[\boldsymbol{a}(f,\hat{\theta}_1),\boldsymbol{a}(f,\hat{\theta}_2),\cdots,\boldsymbol{a}(f,\hat{\theta}_H)]^{\mathrm{T}}\\&=\begin{bmatrix}1&1&\cdots&0&\cdots&0&\cdots&1\\ \mathrm{e}^{-\mathrm{j}\frac{2\pi}{\lambda}d\cos\hat{\theta}_1}&\mathrm{e}^{-\mathrm{j}\frac{2\pi}{\lambda}d\cos\hat{\theta}_2}&\cdots&0&\cdots&0&\cdots&\mathrm{e}^{-\mathrm{j}\frac{2\pi}{\lambda}d\cos\hat{\theta}_H}\\ \vdots&\vdots&\cdots&\vdots&\cdots&\vdots&\cdots&\vdots\\ \mathrm{e}^{-\mathrm{j}\frac{2\pi}{\lambda}(M-1)d\cos\hat{\theta}_1}&\mathrm{e}^{-\mathrm{j}\frac{2\pi}{\lambda}(M-1)d\cos\hat{\theta}_2}&\cdots&0&\cdots&0&\cdots&\mathrm{e}^{-\mathrm{j}\frac{2\pi}{\lambda}(M-1)d\cos\hat{\theta}_H}\end{bmatrix}_{M\times H}^{\mathrm{T}}\end{aligned}\tag{6.19}$$

此时，均匀线列阵频域宽带信号接收模型相应可表示为

$$\boldsymbol{X}_a(f)=\boldsymbol{A}_a(f,\hat{\boldsymbol{\Theta}})\boldsymbol{S}_a(f)+\boldsymbol{N}_a(f)\tag{6.20}$$

很显然，待估计的阵列流形 $\boldsymbol{A}(f,\boldsymbol{\Theta})$ 是过完备阵列流形 $\boldsymbol{A}_a(f,\hat{\boldsymbol{\Theta}})$ 的子集，$\boldsymbol{S}_a(f)$ 中只有对应方向 $\{\theta_1,\theta_2,\cdots,\theta_N\}$ 上的目标能量大，干扰方位应该是零值，而其他方位应该是一个足够小的值，即 $\boldsymbol{S}_a(f)$ 是信号空间频域的一种稀疏表示。对比压缩感知模型表达式，将 $\boldsymbol{X}_a(f)$ 看作观测序列 Y，$\boldsymbol{A}_a(f,\hat{\boldsymbol{\Theta}})$ 为感知矩阵 $\wp$，$\boldsymbol{S}_a(f)$ 为待求解稀疏系数分量 $\boldsymbol{\Theta}$，$\boldsymbol{N}_a(f)$ 为测量噪声，因此，可以通过求解以下凸优化问题来求解信号空间频域估计 $\boldsymbol{S}_a(f)$：

$$\begin{cases}\min \|\boldsymbol{S}_a(f)\|_1 \\ \text{s.t.} \quad \boldsymbol{X}_a(f)=\boldsymbol{A}_a(f,\hat{\boldsymbol{\Theta}})\boldsymbol{S}_a(f)+\boldsymbol{N}_a(f)\end{cases} \tag{6.21}$$

通过 $\boldsymbol{S}_a(f)$ 可计算出每个搜索方向上对应的信号能量，如式（6.22）所示，且在存在目标的方向 $\{\theta_1,\theta_2,\cdots,\theta_N\}$ 上有最大值，干扰方位是零值，而无目标的方位则为一个足够小的值。

$$P_a(\boldsymbol{\Theta})=\sum|\boldsymbol{S}_a(f)|^2 \tag{6.22}$$

对于宽带信号，由于不同频率对应不同的阵列流形，因此在处理宽带信号时，采用如图 6.20 所示的压缩感知干扰抑制方法。

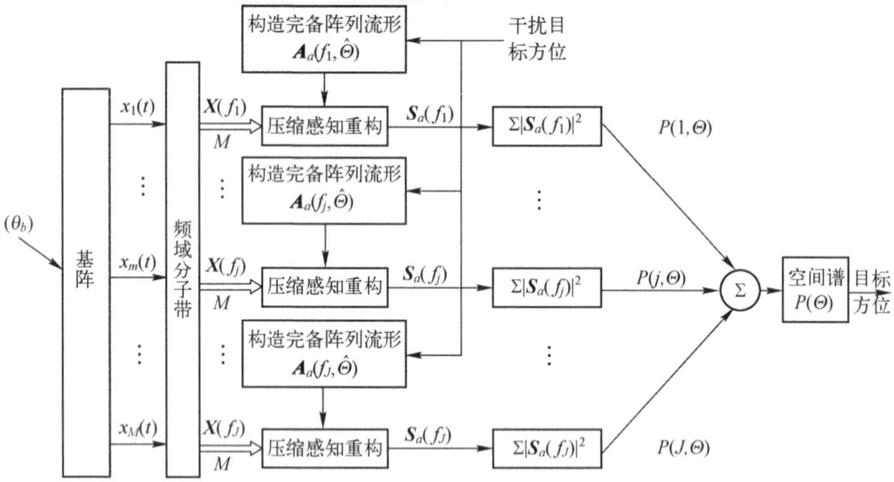

图 6.20　压缩感知干扰抑制方法

首先对基阵接收到的时域信号 $x_m(t)\,(m=1,2,\cdots,M)$ 进行预处理和频域分子带，将宽带信号划分为多个子带阵列信号 $\boldsymbol{X}(f_j)=[\tilde{x}_1(f_j),\tilde{x}_2(f_j),\cdots,\tilde{x}_M(f_j)]^{\mathrm{T}}(j=1,2,\cdots,J)$，$J$ 表示子带数目，f_j 表示第 j 个子带的中心频率，$\tilde{x}_m(f_j)\,(m=1,2,\cdots,M)$ 表示第 m 个阵元第 j 个子带的信号，则第 j 子带信号 $\boldsymbol{X}(f_j)\in C^{M\times 1}$ 写成矩阵形式可表示为

$$\boldsymbol{X}(f_j)=\boldsymbol{A}(f_j,\boldsymbol{\Theta})\boldsymbol{S}(f_j)+\boldsymbol{N}(f_j) \tag{6.23}$$

式中：$\boldsymbol{S}(f_j)=[S_1(f_j),S_2(f_j),\cdots,S_N(f_j)]^{\mathrm{T}}$ 表示目标源信号的第 j 个子带；$\boldsymbol{N}(f_j)=[N_1(f_j),N_2(f_j),\cdots,N_M(f_j)]^{\mathrm{T}}$ 表示加性噪声的第 j 个子带；$\boldsymbol{A}(f_j,\boldsymbol{\Theta})=[\boldsymbol{a}(f_j,\theta_1),\boldsymbol{a}(f_j,\theta_2),\cdots,\boldsymbol{a}(f_j,\theta_N)]$ 为基阵第 j 个子带的阵列流形。

根据干扰目标方位按照式（6.19）构造完备阵列流形。很显然，对比式（6.23）和式（6.20），可根据完备的阵列流形 $\boldsymbol{A}_a(f_j,\hat{\boldsymbol{\Theta}})$ 构造凸优化模型：

$$\begin{cases}\min\|\boldsymbol{S}_a(f_j)\|_1 \\ \text{s. t.}\quad \boldsymbol{X}_a(f_j)=\boldsymbol{A}_a(f_j,\hat{\boldsymbol{\Theta}})\boldsymbol{S}_a(f_j)+\boldsymbol{N}_a(f_j)\end{cases} \tag{6.24}$$

通过式（6.24）解出的 $\boldsymbol{S}_a(f_j)$ 可计算出每个搜索方位上对应的子带信号功率，即得到第 j 个子带的空间谱估计：

$$P(j,\boldsymbol{\Theta}) = \sum |\boldsymbol{S}_a(f_j)|^2 \tag{6.25}$$

将所有子带获得的空间谱进行求和，则得到总的空间谱：

$$P(\boldsymbol{\Theta}) = \frac{1}{J}\sum_{j=1}^{J} P(j,\boldsymbol{\Theta}) = \frac{1}{J}\sum_{j=1}^{J}\sum |\boldsymbol{S}_a(f_j)|^2 \tag{6.26}$$

搜索空间谱 $P(\boldsymbol{\Theta})$ 的峰值位置即可实现目标方位估计。

6.6　抑制拖曳平台自噪声分析

下面采用与 6.1.2 节相同的设置，分析采用上述干扰抑制方法抑制拖曳平台自噪声后，Bartlett 方法和 MVDR 方法的方位估计性能。

6.6.1　目标方位恒定、距离变化

采用波束置零抑制拖曳平台自噪声后，Bartlett 方法和 MVDR 方法的二维方位历程分别如图 6.21 和图 6.22 所示。

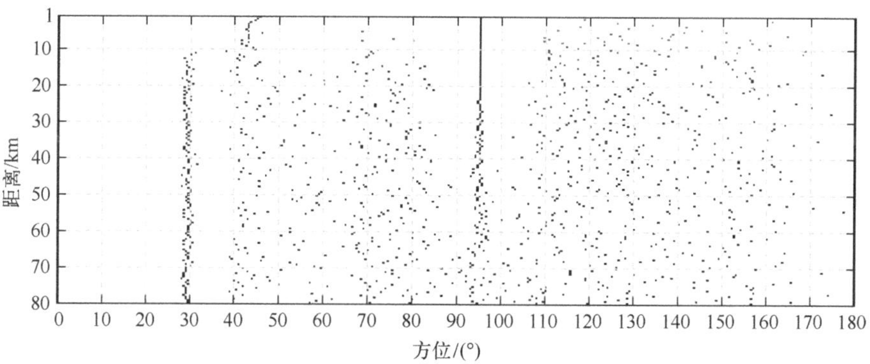

图 6.21　Bartlett 方法估计的二维方位历程（波束置零抑制拖曳平台自噪声）

采用谱减法抑制拖曳平台自噪声后，Bartlett 方法和 MVDR 方法的二维方位历程分别如图 6.23 和图 6.24 所示。

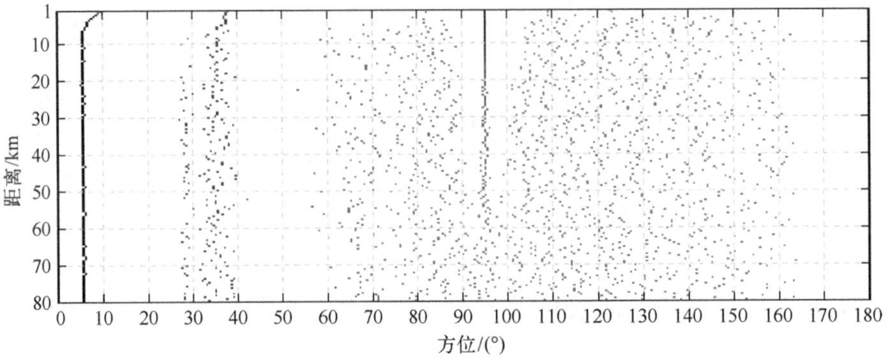

图 6.22　MVDR 方法估计的二维方位历程（波束置零抑制拖曳平台自噪声）

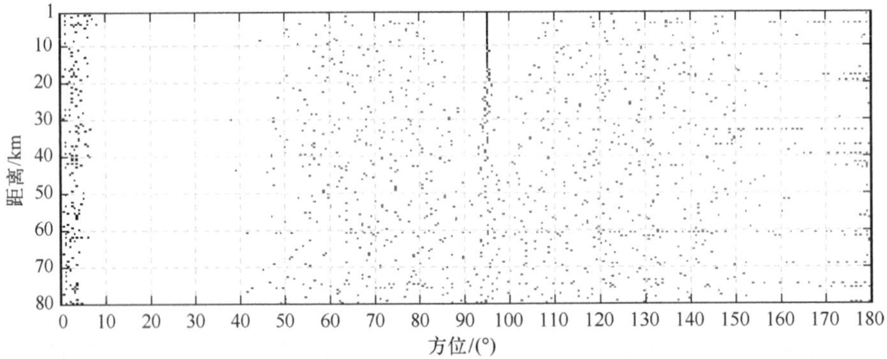

图 6.23　Bartlett 方法估计的二维方位历程（谱减法抑制拖曳平台自噪声）

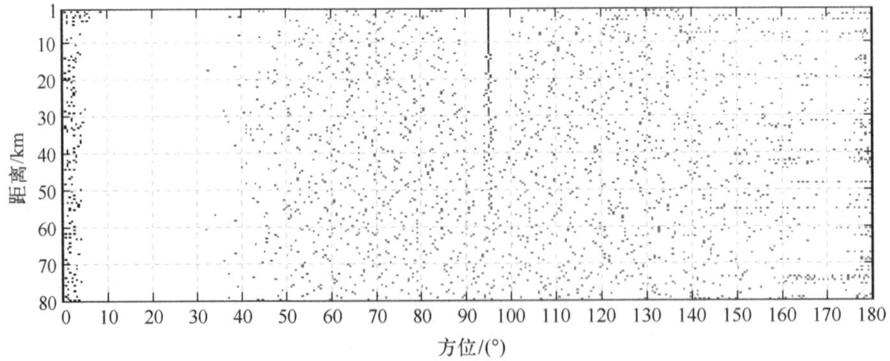

图 6.24　MVDR 方法估计的二维方位历程（谱减法抑制拖曳平台自噪声）

盲源分离和波束形成结合不抑制拖曳平台自噪声时 BSS+Bartlett 方法和 BSS+MVDR 方法估计的二维方位历程分别如图 6.25 和图 6.26 所示。

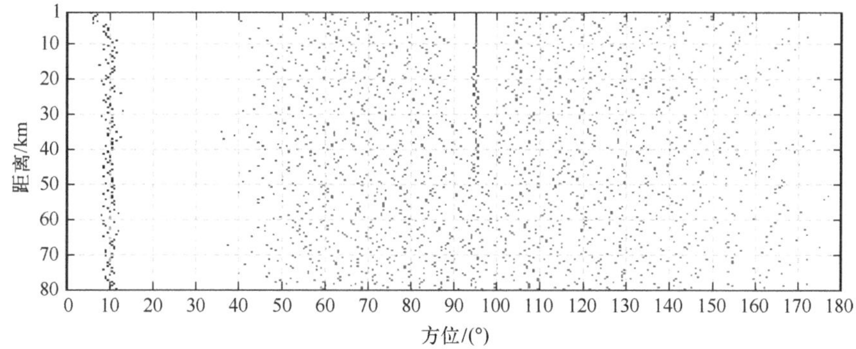

图 6.25　BSS+Bartlett 方法估计的二维方位历程（不抑制拖曳平台自噪声）

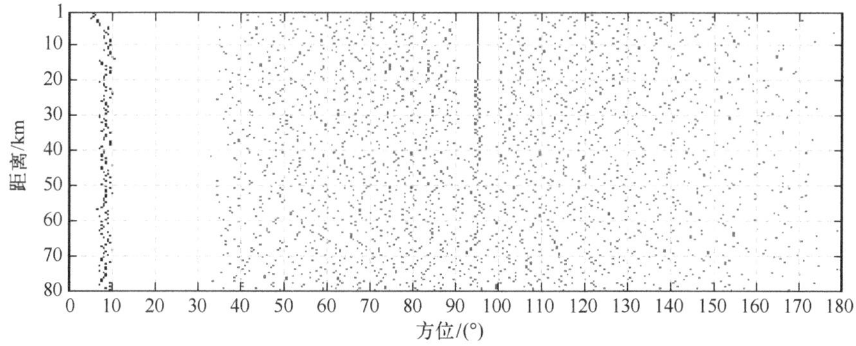

图 6.26　BSS+MVDR 方法估计的二维方位历程（不抑制拖曳平台自噪声）

盲源分离和波束形成结合抑制拖曳平台自噪声后，BSS+Bartlett 方法和 BSS+MVDR 方法的二维方位历程分别如图 6.27 和图 6.28 所示。

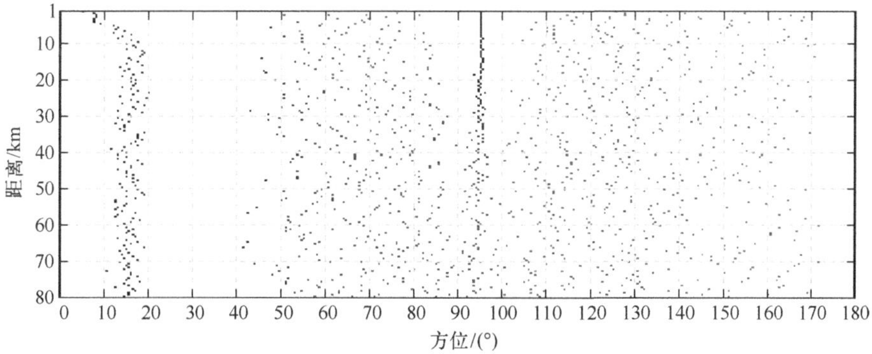

(a) 方位匹配干扰抑制

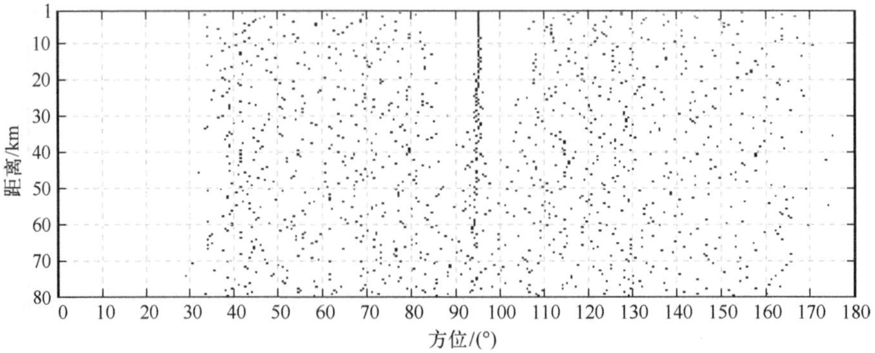

(b) 谱相关干扰抑制

图 6.27　BSS+Bartlett 方法估计的二维方位历程（抑制拖曳平台自噪声）

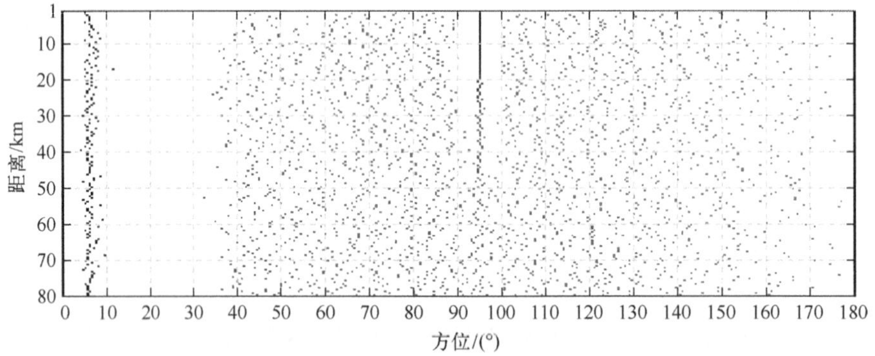

(a) 方位匹配干扰抑制

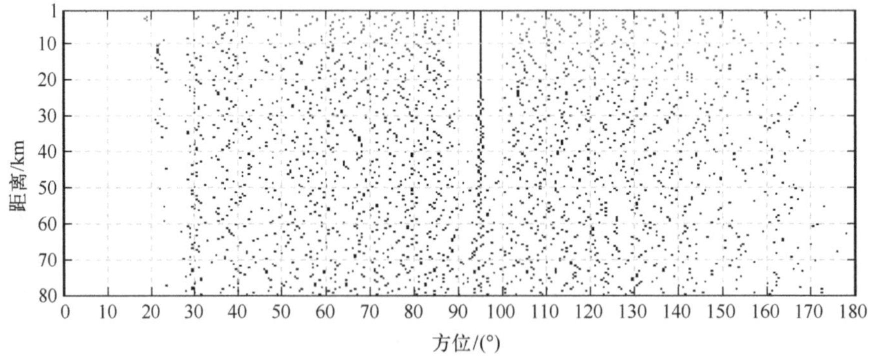

(b) 谱相关干扰抑制

图 6.28　BSS+MVDR 方法估计的二维方位历程（抑制拖曳平台自噪声）

不抑制拖曳平台自噪声，多快拍统一压缩感知方法估计的二维方位历程如图 6.29 所示。

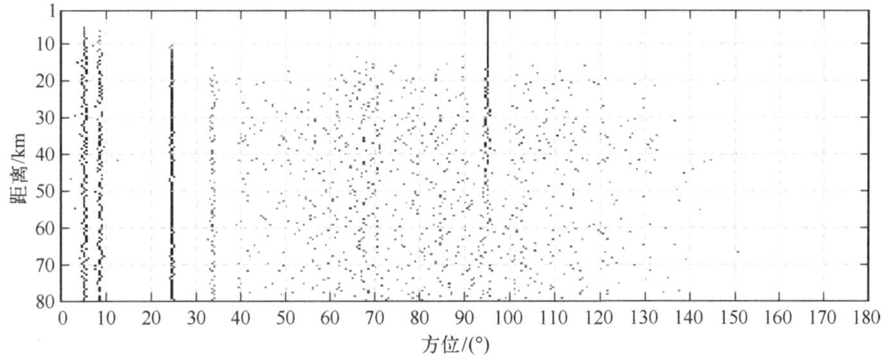

图 6.29　多快拍统一压缩感知方法的二维方位历程（不抑制拖曳平台自噪声）

抑制拖曳平台自噪声后，多快拍统一压缩感知方法估计的二维方位历程如图 6.30 所示。

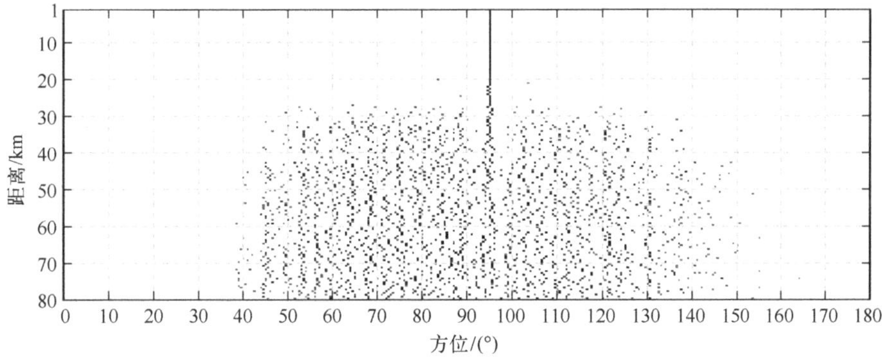

图 6.30　多快拍统一压缩感知方法的二维方位历程（抑制拖曳平台自噪声）

6.6.2　目标距离恒定、方位变化

采用波束置零抑制拖曳平台自噪声后，Bartlett 方法和 MVDR 方法的二维方位历程分别如图 6.31 和图 6.32 所示。

采用谱减法抑制拖曳平台自噪声后，Bartlett 方法和 MVDR 方法的二维方位历程分别如图 6.33 和图 6.34 所示。

不抑制拖曳平台自噪声时，BSS+Bartlett 方法和 BSS+MVDR 方法估计的二维方位历程分别如图 6.35 和图 6.36 所示。

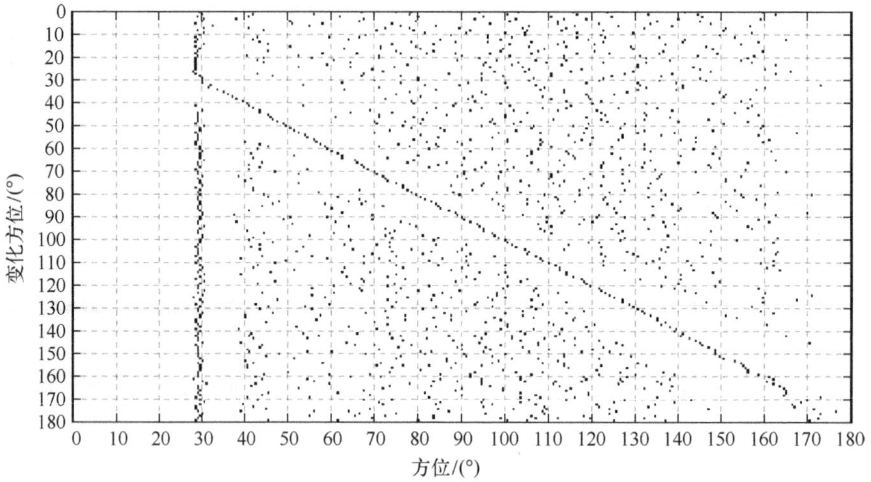

图 6.31 Bartlett 方法估计的二维方位历程（波束置零抑制拖曳平台自噪声）

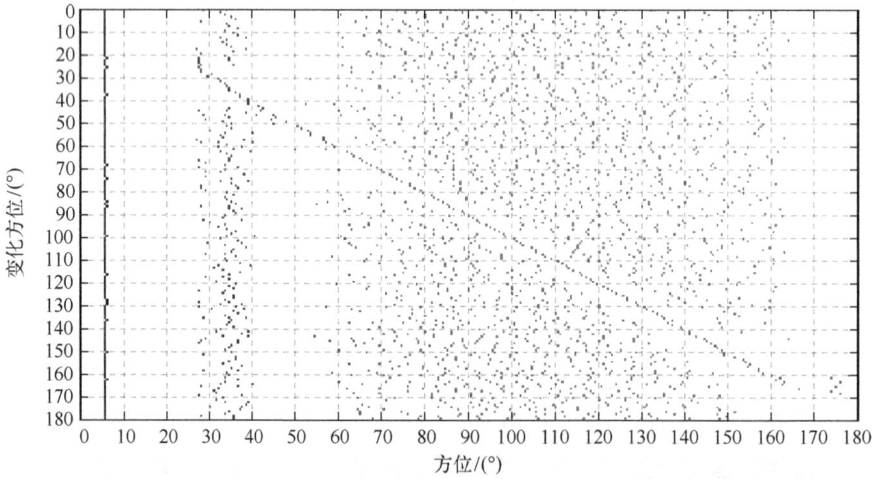

图 6.32 MVDR 方法估计的二维方位历程（波束置零抑制拖曳平台自噪声）

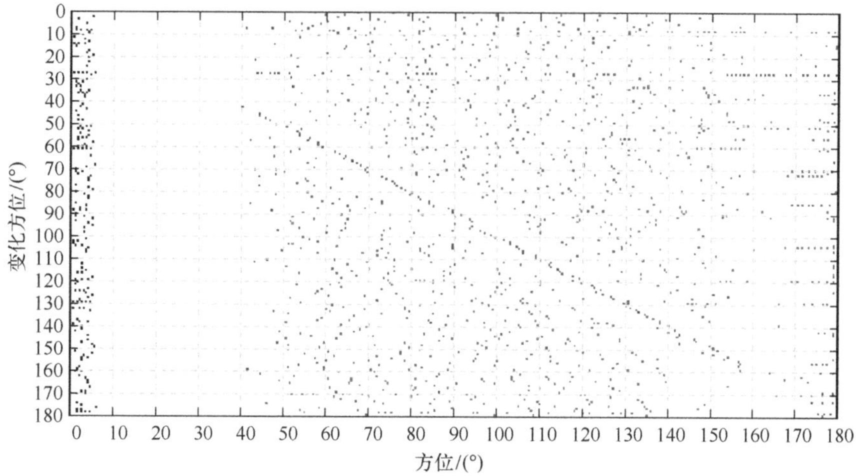

图 6.33　Bartlett 方法估计的二维方位历程（谱减法抑制拖曳平台自噪声）

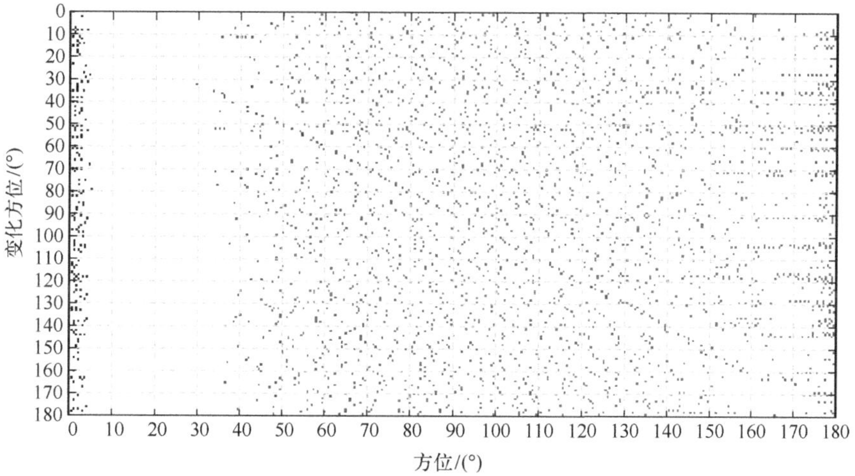

图 6.34　MVDR 方法估计的二维方位历程（谱减法抑制拖曳平台自噪声）

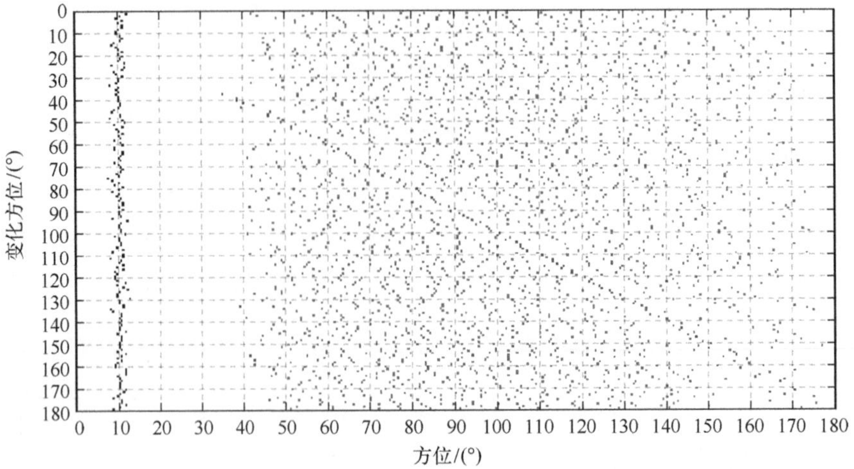

图 6.35　BSS+Bartlett 方法估计的二维方位历程（不抑制拖曳平台自噪声）

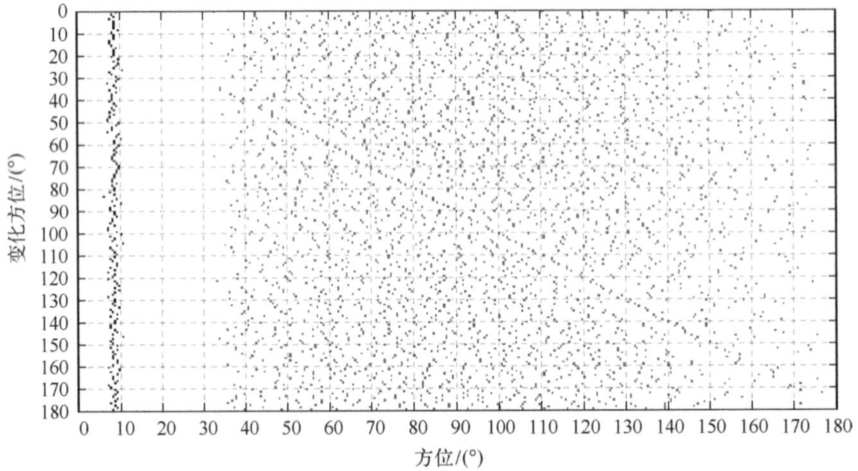

图 6.36　BSS+MVDR 方法估计的二维方位历程（不抑制拖曳平台自噪声）

抑制拖曳平台自噪声后，BSS+Bartlett 方法和 BSS+MVDR 方法估计的二维方位历程分别如图 6.37 和图 6.38 所示。

不抑制拖曳平台自噪声，多快拍统一压缩感知方法的二维方位历程如图 6.39 所示。

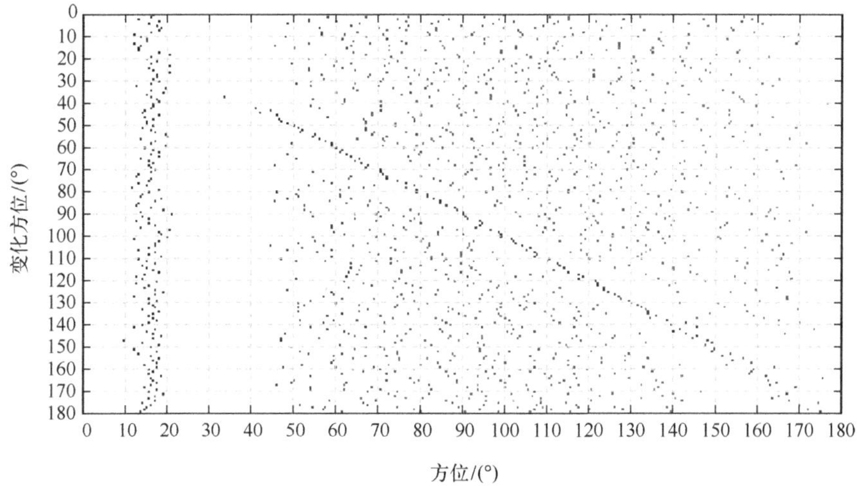

(a) 方位匹配干扰抑制

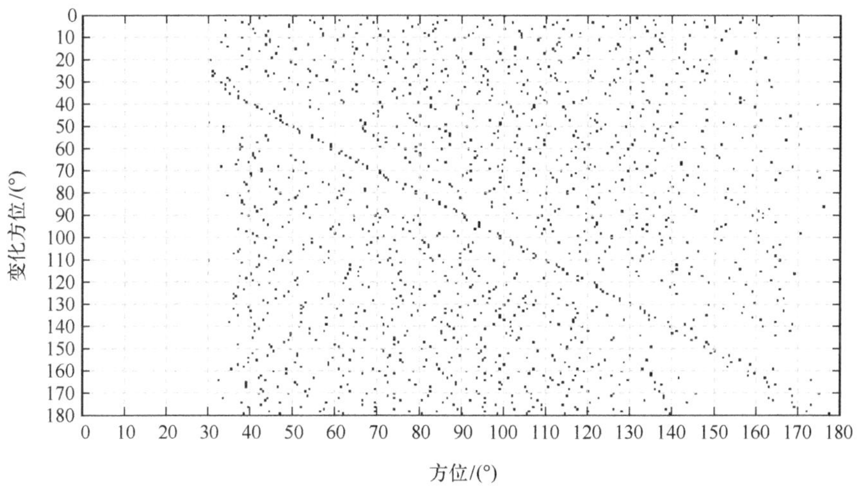

(b) 谱相关干扰抑制

图 6.37　BSS+Bartlett 方法估计的二维方位历程（抑制拖曳平台自噪声）

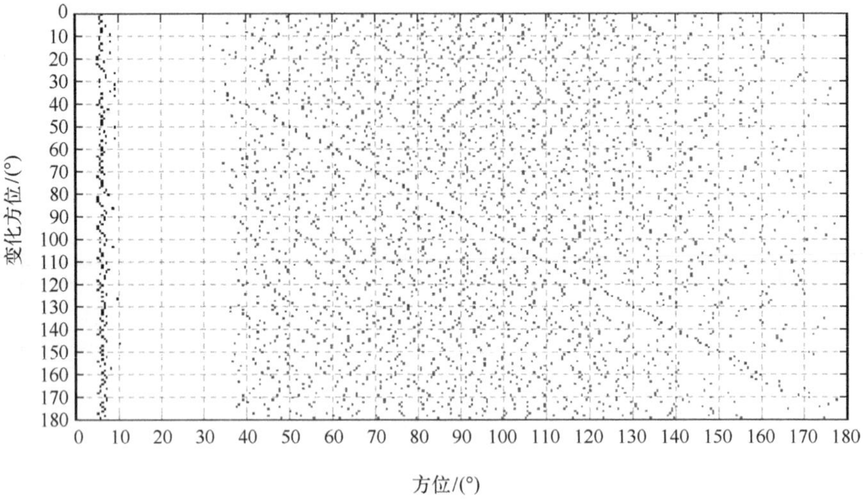

(a) 方位匹配干扰抑制

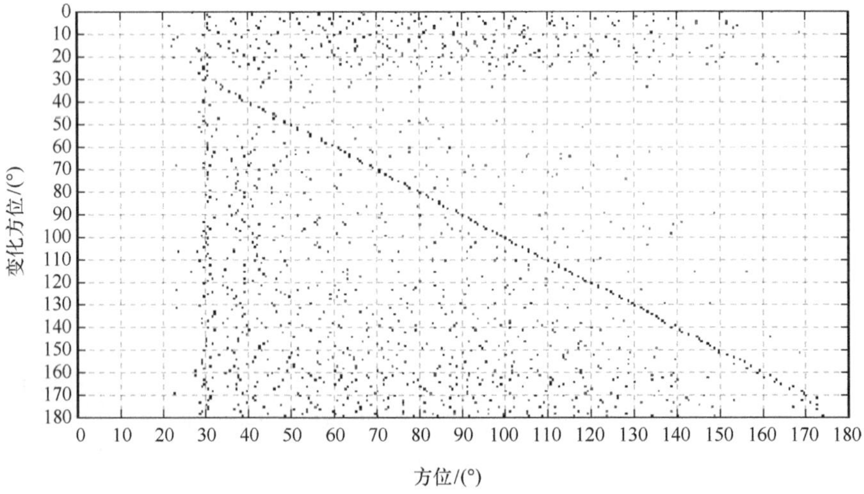

(b) 谱相关干扰抑制

图 6.38　BSS+MVDR 方法估计的二维方位历程（抑制拖曳平台自噪声）

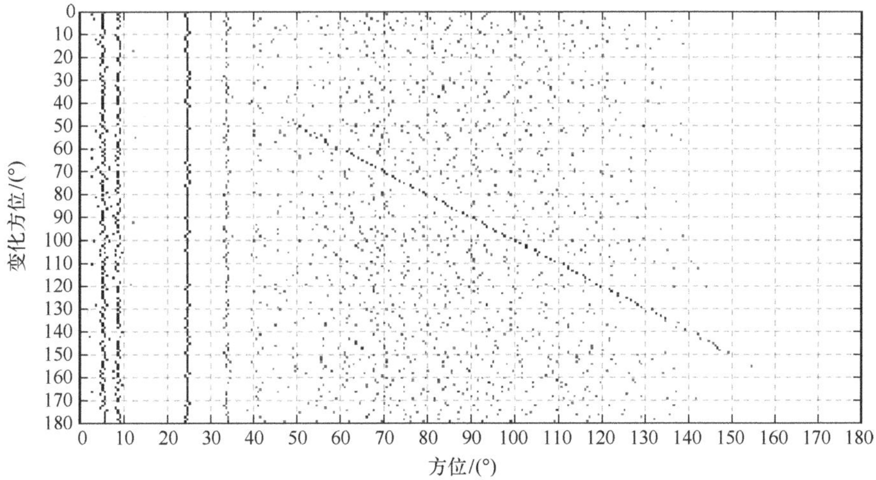

图 6.39　多快拍统一压缩感知方法的二维方位历程（不抑制拖曳平台自噪声）

抑制拖曳平台自噪声后，多快拍统一压缩感知方法的二维方位历程如图 6.40 所示。

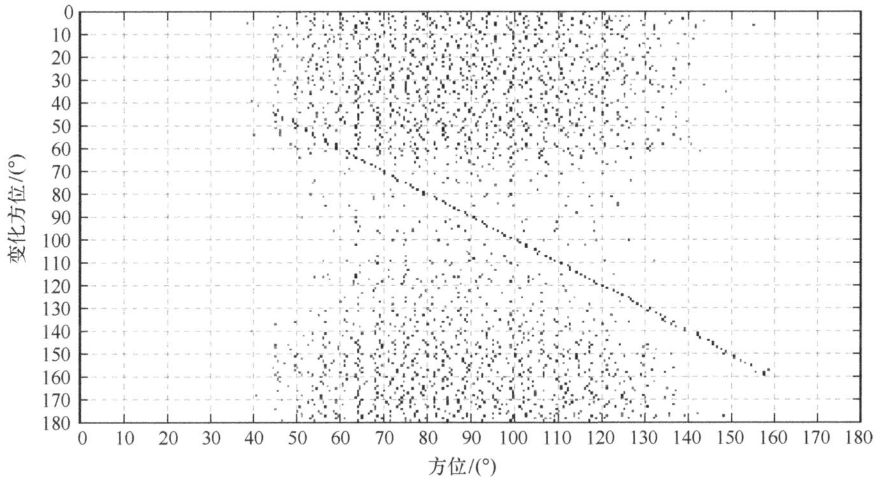

图 6.40　多快拍统一压缩感知方法的二维方位历程（抑制拖曳平台自噪声）

参考文献

[1] 康春玉，曹涛，章新华. 拖船噪声对拖线阵声纳 DOA 估计性能的影响 [J]. 舰船科学

技术，2011，33（01）：88-91.

[2] 康春玉，曹涛，章新华. 噪声干扰器对本舰拖线阵声纳 DOA 估计的影响 [C]//中国声学学会 2010 年全国会员代表大会暨学术会议论文集，2010：450-451.

[3] 康春玉，章新华，曹涛，等．编队舰船对各自拖线阵声纳 DOA 估计性能的影响 [J]. 计算机工程与应用，2011，47（26）：246-248.

[4] 杨坤德，马远良，邹士新，等．拖线阵声纳的匹配场后置波束形成干扰抵消方法 [J]. 西北工业大学学报，2004，(05)：576-580.

[5] TREES H L V. 最优阵列处理技术 [M]. 汤俊译．北京：清华大学出版社，2008.

[6] 曹涛，康春玉．零陷波束形成器抑制拖船噪声研究 [C]//中国声学学会第九届青年学术会议论文集，2011：223-224.

[7] BOLL S. Suppression of Acoustic Noise in Speech using Spectral Subtraction [J]. IEEE Transactions on Acoustic Speech and Signal Processing. 1979，27（2）：113-120.

[8] BEROUTI M. Enhancement of Speech Corrupted by Acoustic Noise [C]//ICASSP，1979：208-211.

[9] LOCHWOOD P，BOUDY J. Experiments with a Nonlinear Spectral Subtractor（NSS），Hidden Markov Models and Projection for Robust Recognition in Cars [J]. Speech Communication，1992，11（6）：215-228.

[10] 钱国青，赵鹤鸣．基于改进谱减算法的语音增强新方法 [J]. 计算机工程与应用，2005，41（3）：42-43.

[11] 邬鑫锋，曾以成，刘伯权．新型几何谱减法语音增强方法 [J]. 计算机工程与应用，2010，46（23）：144-147.

[12] 曾毓敏，王鹏．基于双向搜索方法的最小值控制递归平均语音增强算法 [J]. 声学学报，2010，35（1）：81-87.

[13] 曹涛，康春玉．谱减法抑制方向性强目标干扰研究 [C]//中国声学学会第九届青年学术会议论文集，2011：103-104.

[14] 康春玉．盲源分离与波束形成融合抑制方向性强干扰研究 [J]. 自动化学报，2014，40（5）：983-987.

[15] 康春玉，章新华，范文涛，等．频域盲源分离与波束形成结合抑制方向性强干扰方法 [J]. 声学学报，2014，39（05）：565-569.

第 7 章　被动声纳目标识别

被动声纳目标识别是利用声纳接收的目标辐射噪声或发射信号来实现目标的分类识别，它不需要自身声纳发射信号，更具隐蔽性，是潜艇战和反潜作战中隐蔽攻击、先敌发现、争取战场主动的先决条件，也是鱼雷、水雷等水下武器系统实现智能化的关键技术之一[1-2]。本章主要介绍被动声纳智能分类识别中的一些特征提取和分类识别方法。

7.1　引言

传统的被动声纳目标识别任务主要依靠声纳职手来完成，声纳职手则主要通过接听跟踪波束输出，根据目标辐射噪声的音色、节拍、起伏和频谱等特征来完成目标性质的判断。多年来，国内外对水下被动声纳目标智能识别的研究从未停止且不断深入，已经开展了很多相关的研究工作，从不同的角度提出了多种特征提取及分类识别方法，一定条件下取得了较好的分类识别效果[3-4]，但与水下作战的实际需求仍有较大的差距。从信号处理流程来说，水下被动声纳目标智能识别主要包括目标特征提取与分类决策两个关键步骤，如图 7.1 所示。

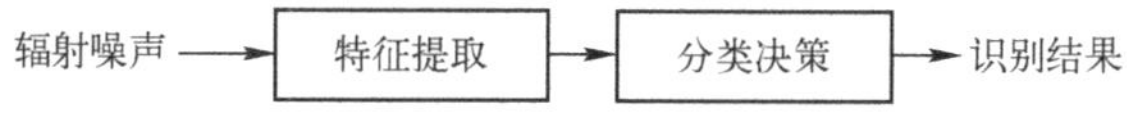

图 7.1　被动声纳智能识别系统框图

综合国内外研究现状来看，针对水下被动声纳目标特征提取研究，主要方法包括以下几个方面。

（1）基于时域波形的特征提取。这是一类直接基于舰船辐射噪声时域信号的特征提取，主要有目标辐射噪声的过零点分析、幅值分布、能量分布、波长分布、波形复杂度、波列面积等波形结构特征[5-7]。

（2）基于谱分析的特征提取。这是一类将舰船辐射噪声变换到频域的特征提取，主要有参数化谱估计、非参数化谱估计和高阶谱估计等。深受关注的有线谱特征、调制谱特征和谱形特征等，在功率谱、线谱、动态谱以及双重谱的基础上，更进一步研究了高阶谱等被动声纳目标特征[8-11]。

（3）基于时频分析的特征提取。这是一类将舰船辐射噪声变换到时频域再处理的特征提取，主要时频方法有短时傅里叶变换、Wigner-Ville 分布（WVD）、小波变换、经验模态分解等。基于舰船辐射噪声的时频表示，提取了相应的子波能量特征、谱形结构特征、模态特征等[12-15]。

（4）混沌、分形等非线性特征提取。这类方法一般以时间序列为原始的数据空间，进行相空间重构或分数布朗运动建模，将计算关联维数、Lyapunov 指数、自然测度或 Hurst 指数等作为被动声纳目标特征[16-18]。

（5）基于听觉模型的特征提取。这类方法主要受声纳职手可以较好完成被动声纳目标识别的启示，通过模拟听觉系统信号处理过程，一般借鉴成熟的语音信号处理模型来实现舰船辐射噪声特征提取，主要特征有平均发放率、线性预测编码（Linear Predictive Coding，LPC）、美尔频率倒谱系数（Mel Frequency Cepstrum Coefficient，MFCC）、感知线性预测（Perceptual Linear Predictive，PLP）等[19-22]。

国内外在开展被动声纳目标特征提取的同时，对被动声纳目标的分类决策方法也进行了广泛的研究，主要有模板匹配、神经网络分类器、支持向量机分类器、专家系统、深度学习和融合分类器等方法[3-4,23-26]。

7.2 特征提取

针对舰船辐射噪声特征的提取，科研人员开展了很多研究工作，提出的方法各有特点，既有一定的相关性，又有一定的互补性。在一定条件下都能反映目标的一些特征，具有一定的类间、类类可分性。下面主要介绍几种特征提取模型与方法。

7.2.1 Welch 功率谱特征提取

信号的功率谱能够反映信号在频域上的功率变化，是信号处理中一种非常有用的分析信号特性的方法[27]。对被动声纳目标信号进行功率谱特征提取，能够得到目标信号的连续谱和线谱混合特征。功率谱估计的方法有很多，通过对大量实测样本的识别实验比较发现，Welch 功率谱估计方法作为舰船辐射噪声特征的提取方法是一种不错的选择[28-30]。

根据维纳-辛钦（Wiener-Khinchin）定理，确定信号 $x(n)$（数据长度为 N）的功率谱与其自相关函数是一对傅里叶变换，即确定信号 $x(n)$ 的功率谱定义为

$$P(\mathrm{e}^{\mathrm{j}\omega}) = \sum_{m=-\infty}^{\infty} r(m)\mathrm{e}^{-\mathrm{j}\omega m} = \sum_{m=-\infty}^{\infty}\left[\lim_{N\to\infty}\frac{1}{2N+1}\sum_{n=-N}^{N}x(n)x(n+m)\right]\mathrm{e}^{-\mathrm{j}\omega m} \quad (7.1)$$

19世纪末，Schuster提出了用傅里叶系数的幅平方作为信号功率的测量，即信号功率谱估计为 $\hat{P}_{\mathrm{PER}}(\omega)=\frac{1}{N}|X(\omega)|^2$，并命名为“周期图”(Periodogram)法；1949年，Blackman和Tukey根据维纳-辛钦定理提出了对有限长信号做谱估计的自相关法，即首先利用有限长信号 $x(n)$ 估计其自相关函数，再用该自相关函数做傅里叶变换，从而得到功率谱的估计 $\hat{P}_{\mathrm{BT}}(\omega)=\sum_{m=-M}^{M}\hat{r}(m)\mathrm{e}^{-\mathrm{j}\omega m}, |M|\leqslant N-1$，简称为BT（Blackman-Tukey）法。

但人们在研究中发现，当数据长度 N 太大时，上述方法得到的谱估计谱线起伏加剧，N 太小时，谱的分辨率又不好，基于此人们提出了多种改进方法，如Bartlett法、Nuttall法和Welch法等[27]。Welch方法又名加权交叠平均法，是对Bartlett方法的改进，基本思想是利用窗函数 $w(n)$ 对时域信号 $x(n)$ 进行截断，得到数据段 $x_h(n)$，对数据段 $x_h(n)$ 进行谱估计得到 $\hat{P}_{\mathrm{PER}}^{h}(\omega)$，然后移动窗函数重复上述过程，直到 $x(n)$ 通过所有的窗口，最后对各段信号的功率谱 $\hat{P}_{\mathrm{PER}}^{h}(\omega)$ 求平均，得到信号的功率谱估计 $\hat{P}(\omega)$。它与Bartlett法的最大区别在于允许数据段之间有部分重叠，实现框图如图7.2所示。

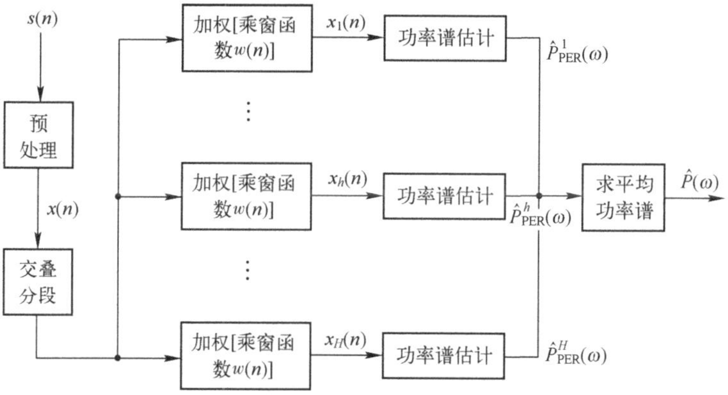

图7.2 Welch功率谱估计方法框图

Welch功率谱特征提取的具体步骤和原理如下[27-29]。

(1) 被动声纳接收到的舰船辐射噪声除了目标的辐射噪声外，必然含有自噪声、海洋环境噪声等干扰，因此首先对舰船辐射噪声 $s(n)$（$n=1,2,\cdots,N$；N 为信号的总长度）进行滤波、降噪、归一化等预处理得到归一化信号 $x(n)$。

（2）将预处理后的信号 $x(n)$ 进行有部分交叠的分段，每段长度设为 M，交叠部分长度为 D，如图 7.3 所示。

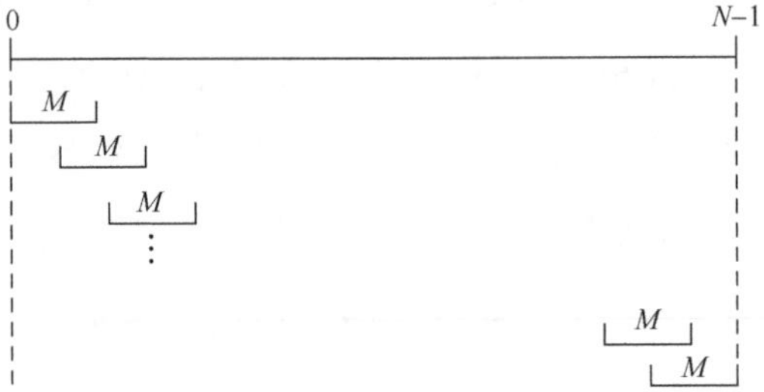

图 7.3　Welch 方法的数据分段示意图

（3）对取下的每一段数据进行加窗处理，窗函数可以是矩形窗、汉宁窗、哈明窗等，记为 $w(n)$。此时第 h 段数据变为 $x_h(n)=x[n+(h-1)(M-D)]w(n)$，其中 $0\leqslant n\leqslant M-1$，$1\leqslant h\leqslant H$。

（4）采用周期图法分别计算每一段的功率谱估计 $\hat{P}^h_{\text{PER}}(\omega)$，即 $\hat{P}^h_{\text{PER}}(\omega)=\dfrac{1}{MU}\left|\sum_{n=0}^{M-1}x_h(n)\mathrm{e}^{-\mathrm{j}\omega n}\right|^2$，其中 $U=\dfrac{1}{M}\sum_{n=0}^{M-1}w^2(n)$ 为归一化因子，保证所估计的谱为渐近无偏估计。

（5）把每段信号估计得到的 $\hat{P}^h_{\text{PER}}(\omega)$ 相应相加取平均得到信号的功率谱估计 $\hat{P}(\omega)$。即 $\hat{P}(\omega)=\overline{P}_{\text{PER}}(\omega)=\dfrac{1}{H}\sum_{h=1}^{H}\hat{P}^h_{\text{PER}}(\omega)=\dfrac{1}{MUH}\sum_{h=1}^{H}\left|\sum_{n=0}^{M-1}x_h(n)\mathrm{e}^{-\mathrm{j}\omega n}\right|^2$。

（6）将得到的信号功率谱估计取对数并归一化得到目标分类识别需要的 Welch 功率谱特征。

例 7.1　图 7.4 是三类舰船辐射噪声信号中某个目标的 Welch 功率谱特征。通过对多种不同工况的三类目标 Welch 功率谱特征比较，可以得出下列观察结论。

（1）同类目标不同工况谱图的走势大体相同，说明用 Welch 功率谱表示舰船辐射噪声具有一定的稳定性。

（2）不同类型的目标，谱图的走势存在比较明显的差异，说明 Welch 功率谱能表征不同目标之间的差异。

（3）三类目标辐射声信号的能量分布基本上都在低频部分，信号的高频部分衰减较快。由于低频部分传播距离相对较远，所以在实际目标识别时，主要应该考虑使用信号的低频部分。

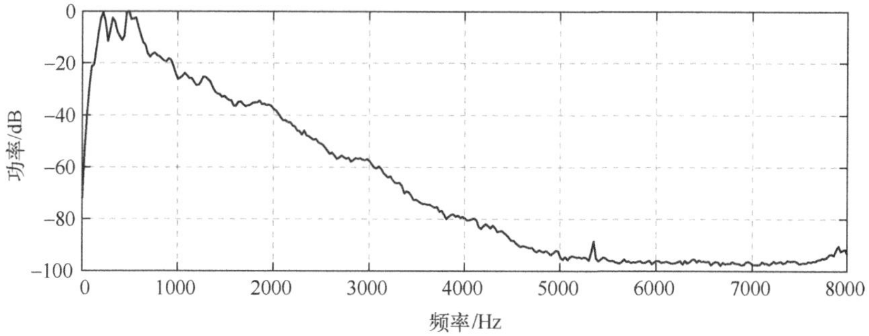

(a) 第Ⅰ类某目标Welch功率谱特征

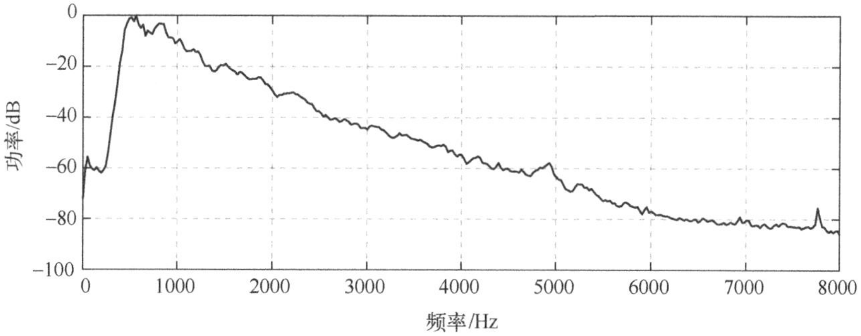

(b) 第Ⅱ类某目标Welch功率谱特征

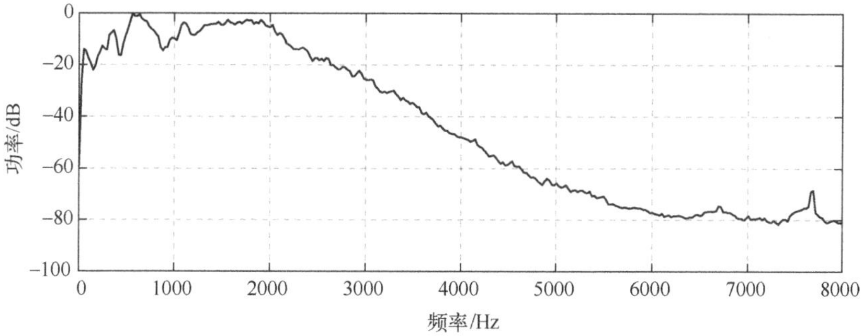

(c) 第Ⅲ类某目标Welch功率谱特征

图 7.4　舰船辐射噪声 Welch 功率谱特征

7.2.2　平均线性预测编码谱特征提取

线性预测编码（LPC）是一种解卷的方法，处理时先建立一个 AR 模型，再按最小均方误差准则进行模型参数估计[31]。均方误差 E 的计算如下：

$$E = E[e^2(n)] = E\left[x(n) - \sum_{k=1}^{P} a(k)x(n-k)\right]^2 \tag{7.2}$$

式中：$\{a(k), k=1,2,\cdots,P\}$ 是线性预测系数，P 为阶数。相应的声信道模型可用全极点数字滤波器描述，其传递函数 $H(z)$ 可表示如下：

$$H(z) = \frac{G}{1 - \sum_{k=1}^{P} a(k)z^{-k}} = \frac{G}{A(z)} = \frac{G}{\prod_{k=1}^{P}[1 - f(k)z^{-1}]} \tag{7.3}$$

式中：$f(k)$ 是 $H(z)$ 在 z 平面上第 k 个极点；G 为增益。式（7.3）也可表示为 P 个极点的级联形式：

$$H(z) = \sum_{k=1}^{P} \frac{r(k)}{1 - f(k)z^{-1}} \tag{7.4}$$

式中：$r(k)$ 为与 $f(k)$ 有关的常数。

相应的 LPC 谱定义为

$$P(\omega) = 20\lg\left(1 \Big/ \left|1 + \sum_{m=1}^{P} a(k)\mathrm{e}^{-\mathrm{j}\omega k}\right|^2\right) \tag{7.5}$$

根据 LPC 在语音信号中的成功应用和声纳职手能够通过听音完成目标分类识别的原理，先对舰船辐射噪声进行预加重处理，然后吸取 Welch 功率谱估计方法的优点，对基于整段数据进行 LPC 谱估计的方法进行改进，得到平均 LPC 谱特征估计方法[32-33]，具体步骤如下。

（1）对舰船辐射噪声 $s(n)$（$n=1,2,\cdots,N$；N 为信号的总长度）进行滤波、降噪、归一化等预处理得到归一化信号 $x(n)$。

（2）对 $x(n)$ 进行类似听觉模型中的预加重处理，使其高频部分的谱值与中频部分相当。实现方法是让舰船辐射噪声通过一个滤波器[35]：

$$C(z) = 1 - \mu z^{-1} \tag{7.6}$$

式中：μ 为预加重系数。

（3）将通过预加重处理的舰船辐射噪声按部分交叠方式分段，设每段长度为 M，交叠部分长度为 D，如图 7.3 所示。

（4）对取下的每段数据进行加矩形窗处理，第 h 段数据变为 $x_h(n) = x[n+(h-1)(M-D)]$（$n=0,1,\cdots,M-1$；$h=1,2,\cdots,H$），然后对每段数据进行自相关处理，得到第 h 段数据的自相关函数 $r_h(k)$，其中 $k=1,2,\cdots,(2M-1)$，取 $R_h(j) = r_h(M+j)$，其中 $j=0,1,\cdots,P$，P 为线性预测阶数。

（5）利用 Levinson 递推计算第 h 段数据对应的线性预测系数 $a_h(m)$（$h=1,\cdots,H$；$m=1,2,\cdots,P$），令 $K(m)$（$m=1,2,\cdots P$）为反射系数，$E(m)$（$m=1,2,\cdots,P$）为均方误差，递推过程如下[36]。

① 取 $E(1)=R_h(0)$，$K(1)=0$，$a_h(0)=1$。

② 令 $m=1$，计算反射系数 $K(m)=-\sum_{j=0}^{m-1}a_h(j)R_h(m+1-j)/E(m)$。

③ 计算线性预测系数 $\begin{cases}a_h(k)=a_h(k)+K(m)a_h(m-k)\ (k=1,2,\cdots,m-1)\\ a_h(m)=K(m)\end{cases}$。

④ 计算均方误差 $E(m+1)=(1-|K(m)|^2)E(m)$。

⑤ 更新 $m\leftarrow m+1$，并重复②~⑤直到 $m=P$（LPC 阶数）。

（6）根据式（7.5）计算第 h 段数据的 LPC 谱 $\hat{P}_h(\omega)$。

（7）把所有 $\hat{P}_h(\omega)(h=1,2,\cdots,H)$ 相加取平均，得到平均 LPC 谱 $P(\omega)$ 的估计，即 $\hat{P}(\omega)=\dfrac{1}{H}\sum_{h=1}^{H}\hat{P}_h(\omega)$。

（8）将得到的平均 LPC 谱估计取对数并归一化得到目标分类识别需要的平均 LPC 谱特征。

例 7.2　取与例 7.1 一样的三类目标中的 3 个目标辐射噪声，图 7.5 是 3 个目标的平均 LPC 谱特征。从图中可以看出，不同类型目标的平均 LPC 谱特征具有一定的可分性，相比 Welch 功率谱特征更加平滑。

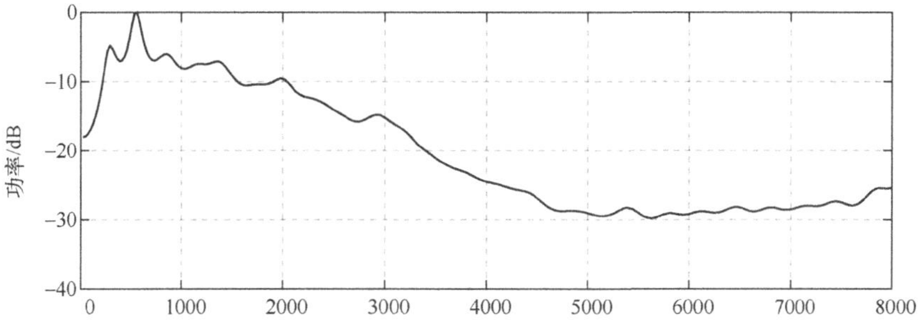

(a) 第Ⅰ类某目标平均LPC谱特征

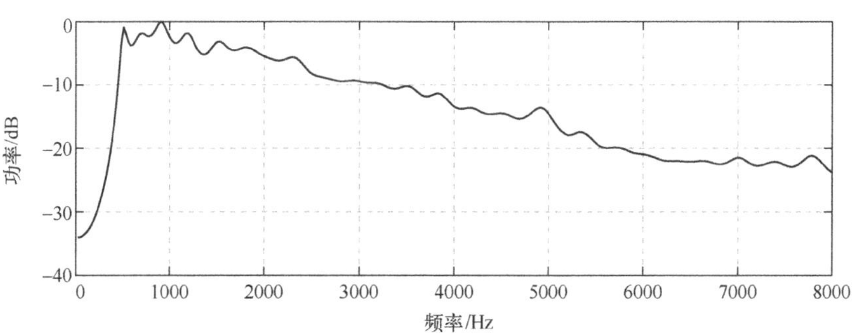

(b) 第Ⅱ类某目标平均LPC谱特征

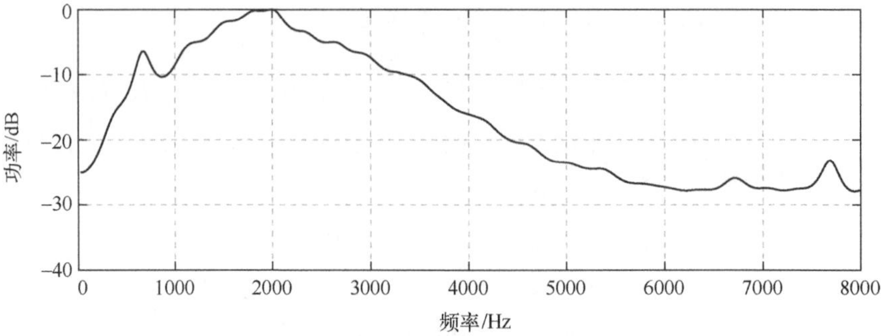

(c) 第 Ⅲ 类某目标平均L PC谱特征

图 7.5　舰船辐射噪声的平均 LPC 谱特征

7.2.3　听觉谱特征提取

经过训练的声纳职手能够对一定型号舰船辐射噪声进行比较准确的分类识别，其对环境噪声的鲁棒性和不同工况的适应性均比较强。这就启发人们在某些环节上模仿人耳的听觉机理实现被动声纳目标识别。听觉模型兴起于听觉生理学和听觉心理学的最新研究成果，探索了人的听觉系统对声音的处理机理，能够在某些环节上模拟听觉系统对声信号进行处理。国内外研究人员提出了多种基于听觉模型的舰船辐射特征提取方法[19,21,37]。听觉谱特征在语音信号处理和舰船辐射噪声分类识别中得到了广泛的应用[19,37]。下面阐述一种基于听觉滤波器组的听觉谱特征提取方法，如图 7.6 所示。

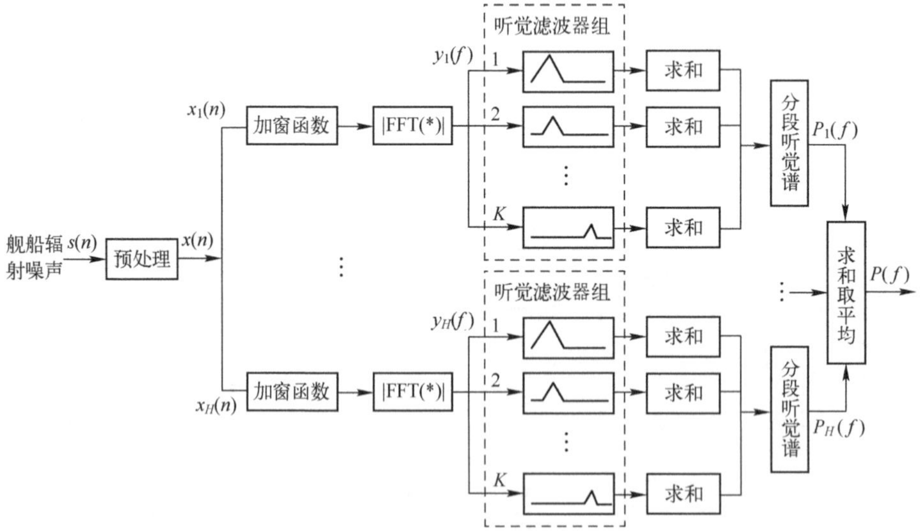

图 7.6　听觉谱特征提取

具体实现步骤如下。

（1）对舰船辐射噪声 $s(n)$（$n=1,2,\cdots,N$；N 为信号的总长度）进行滤波、降噪、归一化等预处理得到归一化信号 $x(n)$。

（2）对预处理后的舰船辐射噪声 $x(n)$ 进行重叠一半的分段，如图 7.3 所示，得到每段信号 $x_h(n)(h=1,2,\cdots,H)$，H 为总的段数。

（3）分别对每一分段信号 $x_h(n)$ 加汉宁窗，并求得其傅里叶变换的幅值 $y_h(f)(h=1,2,\cdots,H)$，将每一段 $y_h(f)$ 求和取平均即得到舰船辐射噪声的线性频率谱特征 $P_L(f)$，即 $P_L(f)=\dfrac{1}{H}\sum\limits_{h=1}^{H}y_h(f)$。

（4）将每一段 $y_h(f)$ 经过 K 个滤波器组成的听觉滤波器组，然后对经过每个滤波器的输出求和并组合 h 段滤波器组的输出得到第 h 段谱估计 $P_h(f)(h=1,2,\cdots,H)$，将所有段的谱估计 $P_h(f)$ 求和取平均则得到听觉谱估计 $P(f)$，即得到舰船辐射噪声总的听觉谱特征 $P(f)=\dfrac{1}{H}\sum\limits_{h=1}^{H}P_h(f)$。

很显然，上述步骤中最关键的就是听觉滤波器组的设计。

例 7.3　下面设计了 Mel 尺度、Bark 尺度和等效矩形带宽（Equivalent Rectangular Bandwidth，ERB）尺度三种听觉滤波器组。

Mel 尺度滤波器组是一组三角形带通滤波器，滤波器的中心频率在 Mel 频率上均匀分布，频率 f 和 Mel 尺度之间的函数关系为

$$f_{\text{Mel}}=2595\times\lg\left(1+\frac{f}{700}\right)\tag{7.7}$$

式中：f_{Mel} 为 Mel 尺度；f 为线性频率。

Bark 尺度滤波器组的线性频率与 Bark 尺度之间的函数关系为

$$\begin{aligned}&f_{\text{Bark}}=\frac{26.81}{1960+f}-0.53\\&f_{\text{Bark}}<2\text{ 时},f_{\text{Bark}}=f_{\text{Bark}}+0.15\times(2-f_{\text{Bark}})\\&f_{\text{Bark}}>20.1\text{ 时},f_{\text{Bark}}=f_{\text{Bark}}+0.22\times(f_{\text{Bark}}-20.1)\end{aligned}\tag{7.8}$$

式中：f_{Bark} 为 Bark 尺度；f 为线性频率。

ERB 尺度滤波器组的线性频率与 ERB 尺度之间的函数关系为

$$f_{\text{ERB}}=\frac{1000\times\ln10}{24.673\times4.368}\lg(1+0.004368f)\tag{7.9}$$

若设计 Mel 尺度、Bark 尺度和 ERB 尺度三种听觉滤波器组的最大尺度为 40，线性频率范围为 0～8000Hz，采样频率为 25kHz，则设计的 Mel 尺度、Bark 尺度和 ERB 尺度与线性频率 f 的关系图如图 7.7 所示。

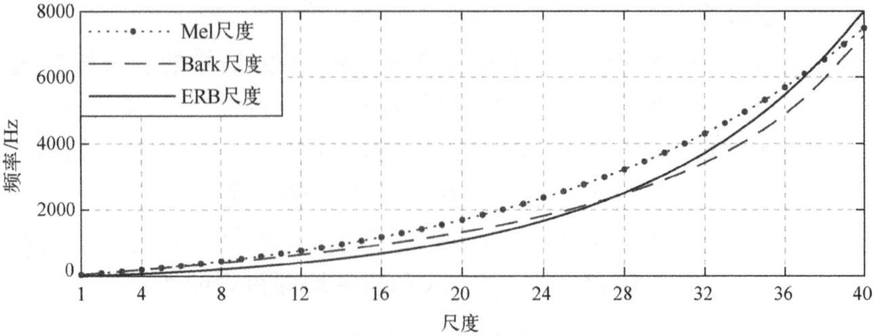

图 7.7 听觉滤波器组尺度与线性频率的变化关系

假定被分析信号的线性频率带宽 $f\in[f_1,f_2]$，Mel 尺度和 Bark 尺度滤波器组设计时每个带通滤波器为三角形滤波器，两个底点的频率分别等于相邻两滤波器的中心频率，而 ERB 尺度滤波组设计时滤波器的带宽与线性频率关系为

$$\mathrm{ERB}_{\mathrm{BW}}=1.019\times24.7\times(0.00437f+1) \tag{7.10}$$

式中：f 为线性频率。图 7.8 是 Mel 尺度、Bark 尺度和 ERB 尺度滤波器组带宽与尺度的关系。

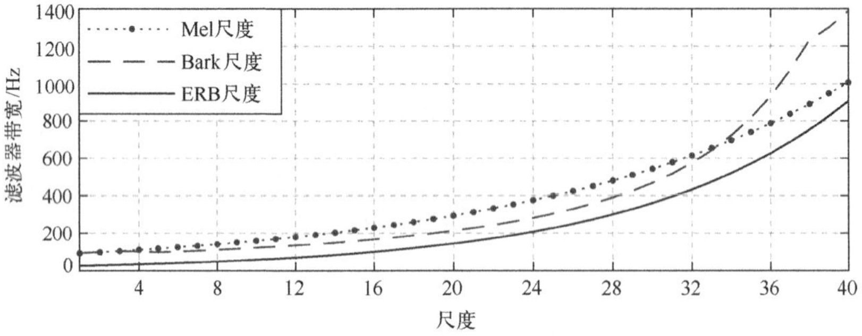

图 7.8 听觉滤波器组带宽随尺度的变化关系

若每组滤波器设计 40 个，相当于经过 40 个通道，三种尺度下听觉滤波组的响应如图 7.9 所示。

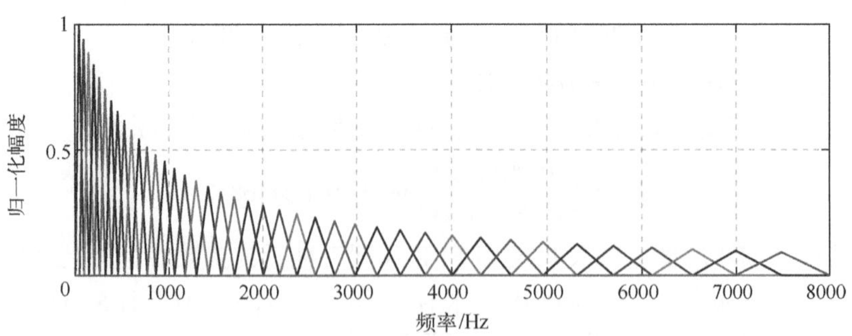

(a) Mel 尺度滤波器组

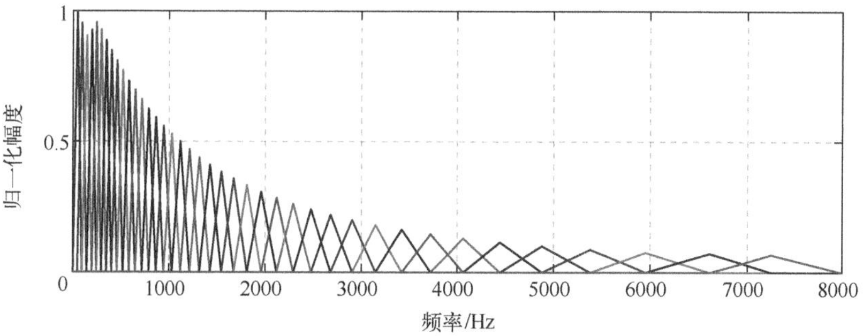

(b) Bark 尺度滤波器组

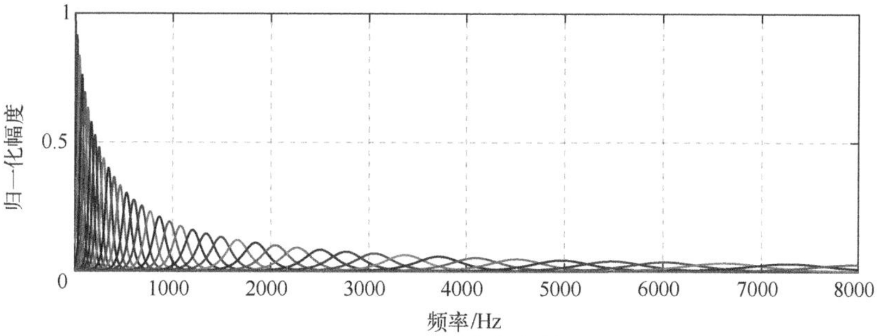

(c) ERB 尺度滤波器组

图 7.9　听觉滤波器组响应

例 7.4　取与例 7.1 相同的三类目标中的 3 个目标辐射噪声，图 7.10 是 3 个目标不同尺度下的听觉谱特征。

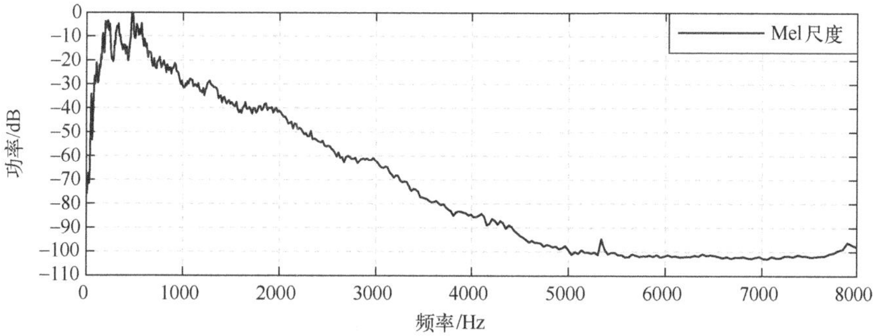

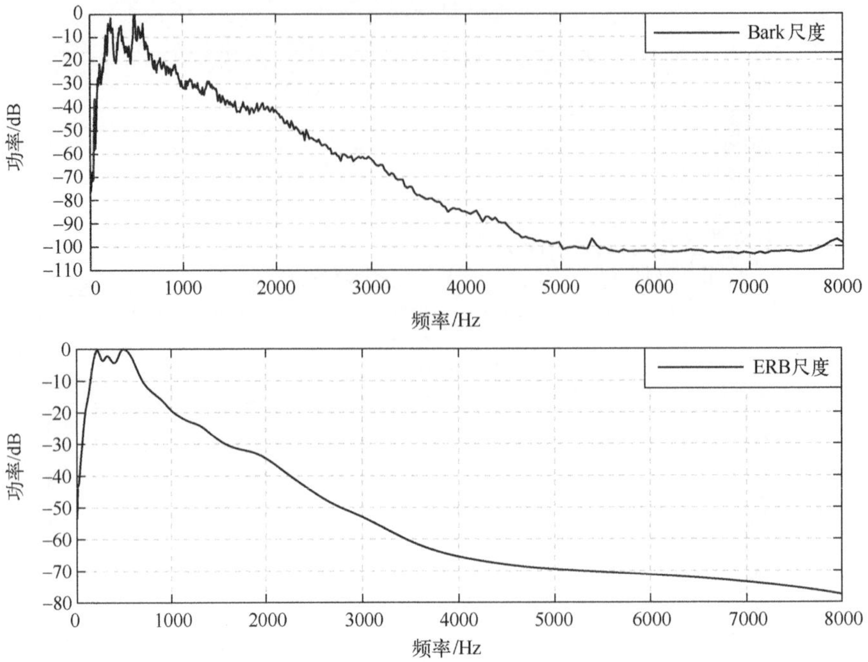

(a) 第Ⅰ类某目标听觉谱特征

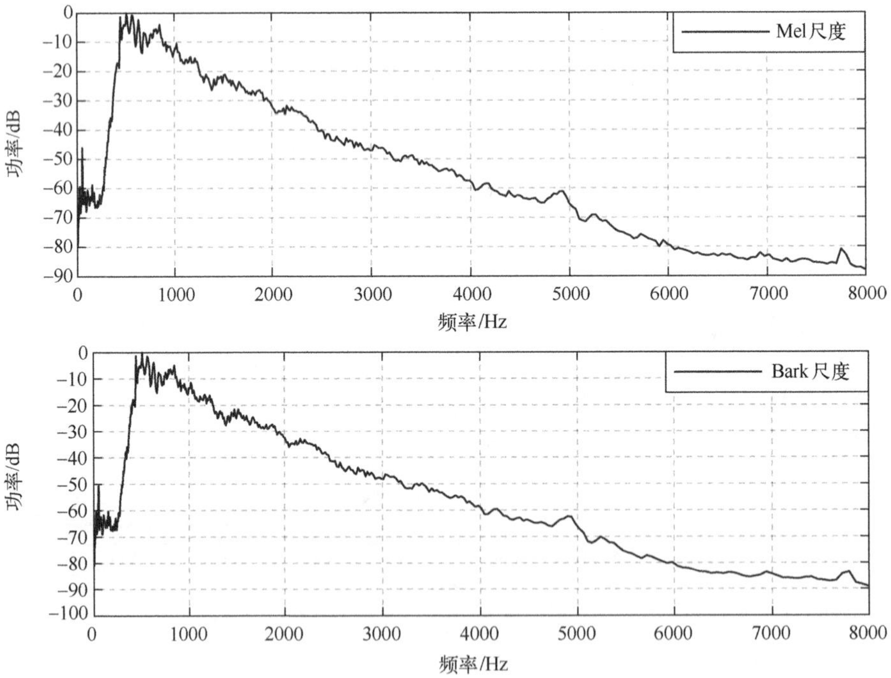

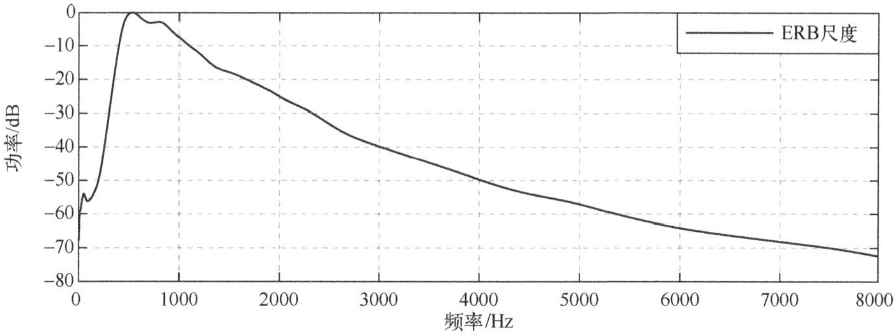

(b) 第Ⅱ类某目标听觉谱特征

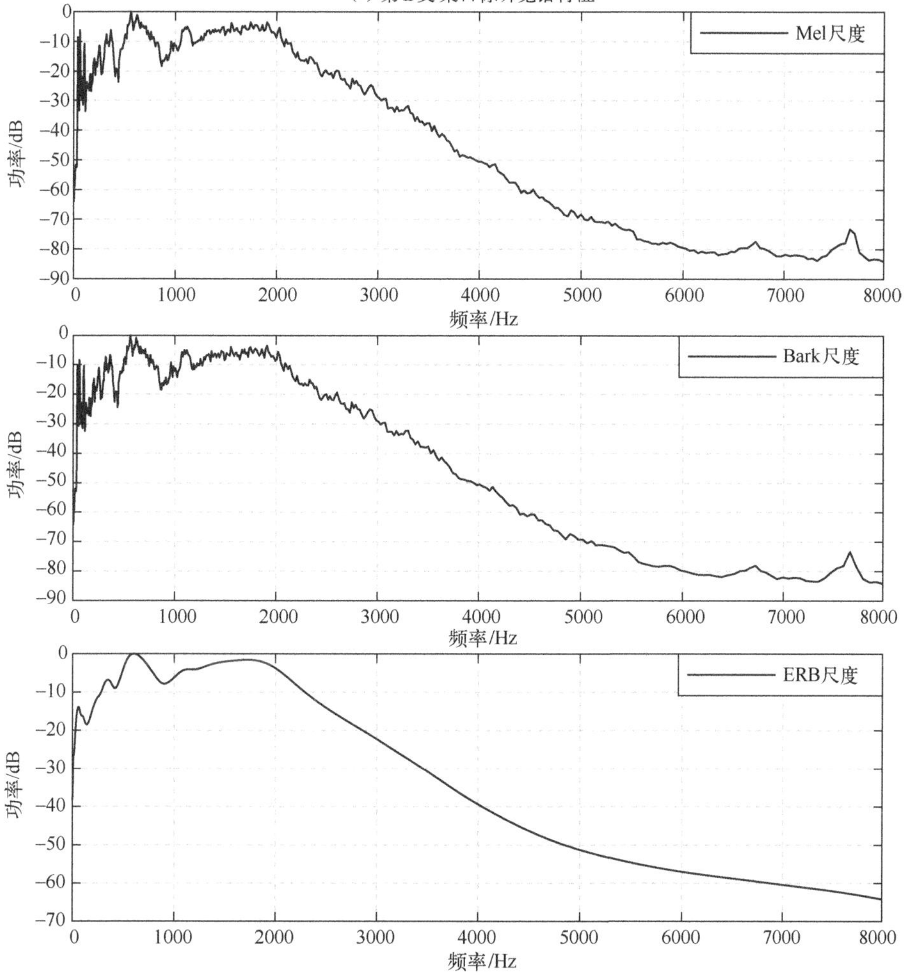

(c) 第Ⅲ类某目标听觉谱特征

图 7.10　舰船辐射噪声的听觉谱特征

7.2.4 听觉平均发放率特征提取

基本的听觉处理一般由六大功能模块组成，即外耳和中耳的高频提升模块、耳蜗基膜的带通分解模块、内毛细胞的非线性压缩整流模块、听觉神经纤维的低通滤波模块、中枢能量探测的时间整合模块和正交化、解相关处理模块。起重要作用的是内耳耳蜗，内部充满淋巴液，呈螺旋状盘绕，它把声音信号通过机械变换产生神经发放的电信号，通常在几百赫以上的声音信号频率沿基底膜呈对数分布，几百赫以下呈线性分布，如图 7.11 所示。声音通过耳蜗处理，把时域信号分解成在不同的空间轴位置上具有不同频率特性的信号，这就是耳蜗的频率分解。从某种意义上来讲，耳蜗就像一个频谱分析仪，将复杂信号分解成各种频率分量，其处理过程非常类似于信号在频域的分解。

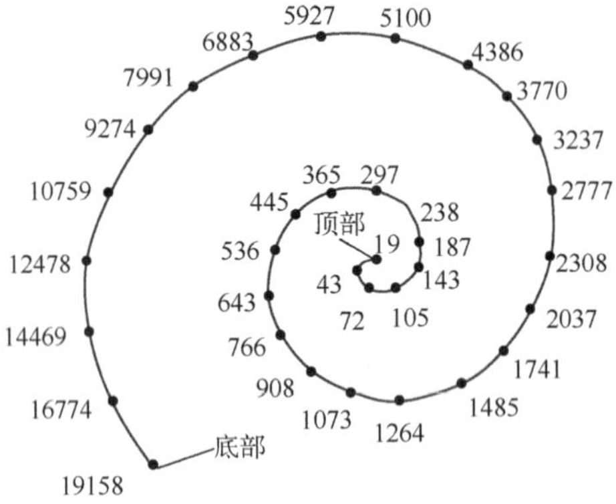

图 7.11　基底膜的频率响应分布

通过建模，可以设计一个带通滤波器组来模拟耳蜗的频率分解功能。滤波器组的频带设置包含分析信号的频率范围，通道的中心频率按听觉临界带宽率（Critical Band Rate）呈线性分布，第 k 个通道的中心频率按式（7.11）计算。

$$f_k = -\mathrm{EarQ}\cdot\mathrm{minBW} + \mathrm{e}^{k\cdot\left[\frac{-\lg(f_\mathrm{H}+\mathrm{EarQ}\cdot\mathrm{minBW})+\lg(f_\mathrm{L}+\mathrm{EarQ}\cdot\mathrm{minBW})}{K}\right]}\cdot(f_\mathrm{H}+\mathrm{EarQ}\cdot\mathrm{minBW}) \tag{7.11}$$

式中：f_k为中心频率；EarQ 为高频处滤波器的渐近品质因子；minBW 为低频通道的最小带宽；f_L为滤波器组的最低频率；f_H为滤波器组的最高频率；K 为通道总数。

不同的听觉模型对 EarQ、minBW 参数的设置不同，Glasberg 和 Moore 指出，EarQ = 9.26449、minBW = 24.7，Lyon 在其听觉模型中采用 EarQ = 8、minBW = 125，而 Greenwood 采用 EarQ = 7.23824、minBW = 22.8509。假设每种听觉模型通道总数均为 128，则三种模型滤波器通道中心频率与滤波器通道的关系如图 7.12 所示。

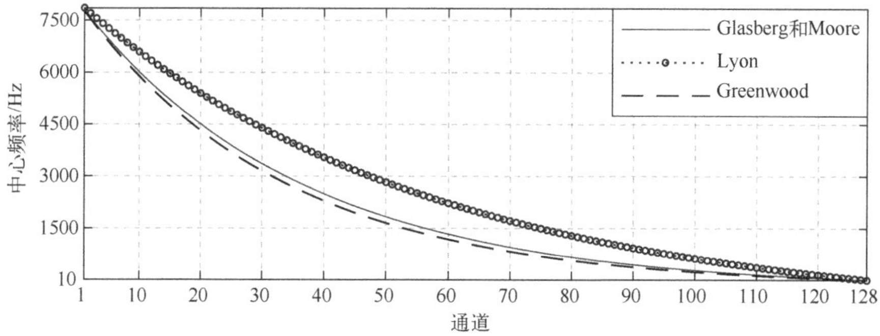

图 7.12　中心频率与滤波器通道关系曲线图

对于临界带宽编号 Z（Bark）和中心频率 f_c（Hz）之间的变换及每个通道的临界带宽 CB（Hz）的计算也有很多种模型，若采用 Patterson 耳蜗模型中提出的 ERB 代替临界带宽，每个通道的 ERB 带宽与中心频率 f 之间的关系为

$$\mathrm{ERB}(f)=\left[\left(\frac{f}{\mathrm{EarQ}}\right)^{\mathrm{order}}+(\mathrm{minBW})^{\mathrm{order}}\right]^{1/\mathrm{order}} \tag{7.12}$$

式中：order 为阶数因子。Glasberg 和 Moore 提出的模型中 order = 1，Lyon 提出的模型中 order = 2，Greenwood 提出的模型中 order = 1，三种模型 ERB 带宽与中心频率的关系如图 7.13 所示。

舰船辐射噪声主要由目标的机械噪声、螺旋桨噪声和水动力噪声混叠形成，不同的噪声源包含不同的频率成分。耳蜗的频率分解功能对噪声目标特征提取与识别提供了有力的理论依据。听觉平均发放率特征提取中，首先对辐射噪声进行滤波（模拟外耳功能）和预加重（模拟中耳功能）处理，然后通过听觉 Patterson-Holdsworth 耳蜗模型和 Meddis 内毛细胞（Inner Hair Cell，IHC）模型，比较真实地模拟耳蜗的频率分解、内毛细胞的半波整流、锁相和双声抑制等特性，最后通过低通再对发放率求平均得到辐射噪声的平均发放率特征，如图 7.14 所示。

滤波可以采用带通滤波器，提取感兴趣频段信息；预加重采用式（7.6）所示的方法。Patterson-Holdsworth 耳蜗模型和 Meddis 内毛细胞模型详细情况如下。

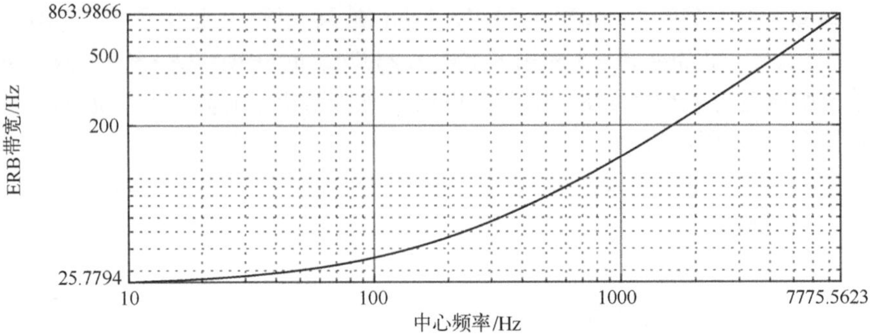

(a) Glasberg和Moore模型ERB带宽与中心频率的关系曲线

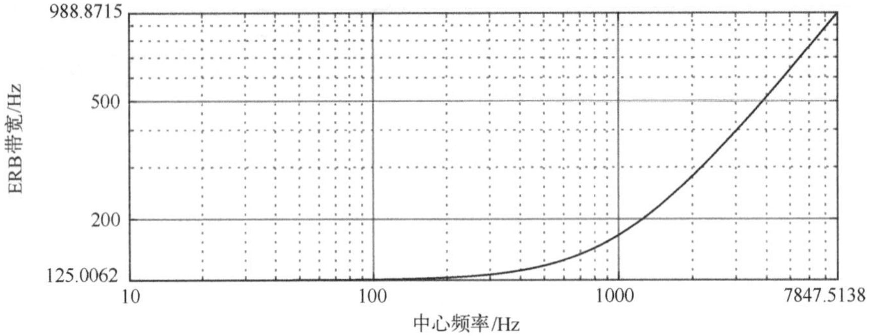

(b) Lyon模型ERB带宽与中心频率的关系曲线

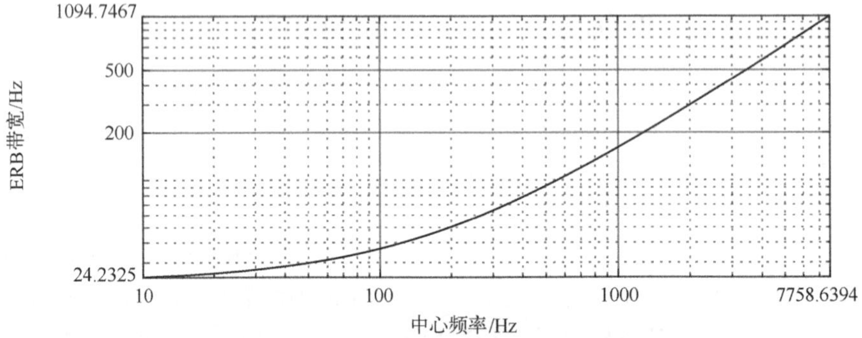

(c) Greenwood模型ERB带宽与中心频率的关系曲线

图 7.13　ERB 带宽与中心频率关系曲线

1. Patterson-Holdsworth 耳蜗模型

Patterson-Holdsworth 耳蜗模型在听觉研究领域比较具有代表性，主要通过构造一组 Gammatone 数字滤波器来实现耳蜗的频率分解功能。Gammatone 滤波器组中，每个通道的 Gammatone 滤波器由 4 个半正交的二阶滤波器级连而成。这 4 个二阶滤波器共用相同的极点，但具有不同的零点。其传输函数为

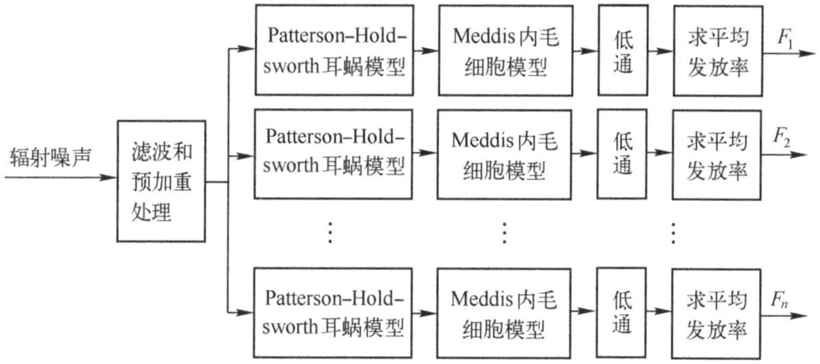

图 7.14 听觉平均发放率特征提取

$$H(Z)=\frac{A_0+A_{i1}Z^{-1}+A_2Z^{-2}}{B_0+B_1Z^{-1}+B_2Z^{-2}},\quad i=1,2,3,4 \tag{7.13}$$

式中：$B_0=1$；$B_1=-\frac{2\cos(2\pi f_k T)}{e^{BT}}$；$B_2=e^{-2BT}$；$A_0=T$；$A_2=0$；$A_{11}=\frac{-T\cos(2\pi f_k T)-\sqrt{3+2^{1.5}}T\sin(2\pi f_k T)}{e^{BT}}$；$A_{21}=\frac{-T\cos(2\pi f_k T)+\sqrt{3+2^{1.5}}T\sin(2\pi f_k T)}{e^{BT}}$；$A_{31}=\frac{-T\cos(2\pi f_k T)-\sqrt{3-2^{1.5}}T\sin(2\pi f_k T)}{e^{BT}}$；$A_{41}=\frac{-T\cos(2\pi f_k T)+\sqrt{3-2^{1.5}}T\sin(2\pi f_k T)}{e^{BT}}$；$T=\frac{1}{f_s}$；$B=2\pi\cdot 1.019\left(\frac{f_k}{9.26449}+24.7\right)$；$f_s$为采样频率；$f_c$为对应通道的中心频率。

每个通道相应的增益为

$$\text{Gain}=\left|\frac{F_1F_2F_3F_4e^{8BT}}{[-1+e^{BT}+e^{BT+4f_kT\pi i}-e^{2BT+4f_kT\pi i}]^4}\right| \quad (i=\sqrt{-1}) \tag{7.14}$$

式中：$F_1=-Te^{4f_kT\pi i}+Te^{-BT+2f_kT\pi i}[\cos(2f_kT\pi)+\sqrt{3+2^{1.5}}\sin(2f_kT\pi)]$；$F_2=-Te^{4f_kT\pi i}+Te^{-BT+2f_kT\pi i}[\cos(2f_kT\pi)-\sqrt{3+2^{1.5}}\sin(2f_kT\pi)]$；$F_3=-Te^{4f_kT\pi i}+Te^{-BT+2f_kT\pi i}[\cos(2f_kT\pi)+\sqrt{3-2^{1.5}}\sin(2f_kT\pi)]$；$F_4=-Te^{4f_kT\pi i}+Te^{-BT+2f_kT\pi i}[\cos(2f_kT\pi)-\sqrt{3-2^{1.5}}\sin(2f_kT\pi)]$。

采用的滤波器冲激响应为

$$h(t)=\frac{at^{n-1}\cos(2\pi f_k t+\varphi)}{\exp(2\pi bt)} \tag{7.15}$$

式中：t 是时间；a 是增益；n 是滤波器阶数；f_k是中心频率；b 是滤波器带宽；φ 是相位。改变中心频率和带宽等参数可得到不同的带通滤波器。

图 7.15 是取 $a=1$，$n=5$，$f_k=2000\text{Hz}$，$b=200\text{Hz}$ 时的滤波器冲激响应波形图。

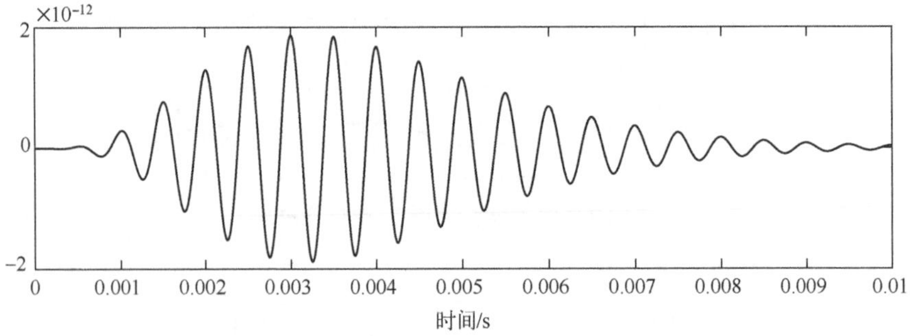

图 7.15　典型的 Patterson-Holdsworth 耳蜗模型冲激响应波形

图 7.16 是覆盖频率范围为 50~8000Hz 的 20 个带通滤波器构成的 Gammatone 滤波器组的频率响应，其中频率横轴经过了对数化，可以看出各通道滤波器频率响应的峰值在对数化的频率轴上是等间隔分布的，这与耳蜗模型的基本特征是吻合的。

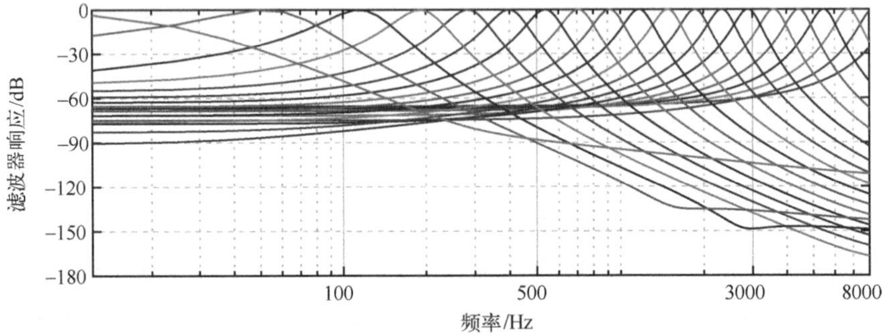

图 7.16　Gammatone 滤波器组实现耳蜗模型的频率响应图（彩图见插页）

由于 Patterson-Holdsworth 耳蜗模型不像别的耳蜗模型具有半波整流、短时自适应和自动增益模块，因此，为了更好地模拟听觉系统，在 Patterson-Holdsworth 耳蜗模型之后又叠加 Meddis 内毛细胞模型，以实现听觉的半波整流、短时自适应和自动增益功能。

2. Meddis 内毛细胞模型

研究表明，耳蜗通过基底膜的振动完成频率分解功能。同时，基底膜的这种振动将激发依附在基底膜内侧相应位置的内耳毛细胞的化学电脉冲发放，并且基底膜的局部振动幅度越大，该处的毛细胞的脉冲发放速率就越大；振动幅度越小，相应位置处的毛细胞的脉冲发放速率就越小，这样就把接听到声波的机械振动转换成为在时间和空间上编码的神经脉冲序列。Meddis 提出了如图 7.17 所示的内毛细胞模型，其中，A、B、g 为常量。

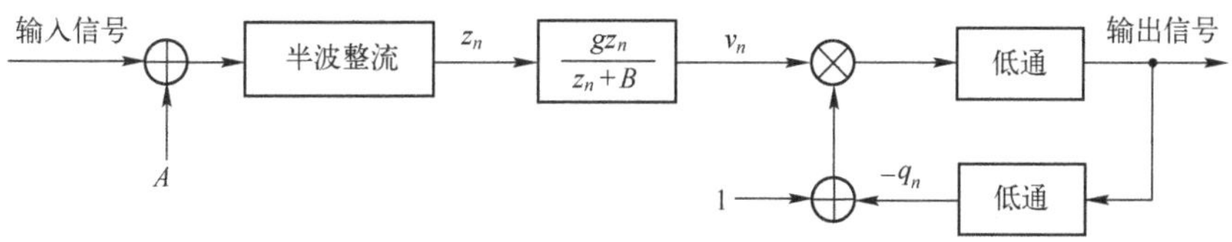

图 7.17　Meddis 内毛细胞模型

例 7.5　取与例 7.1 相同的三类目标中的 3 个目标辐射噪声，图 7.18 是 3 个目标的听觉平均发放率特征。

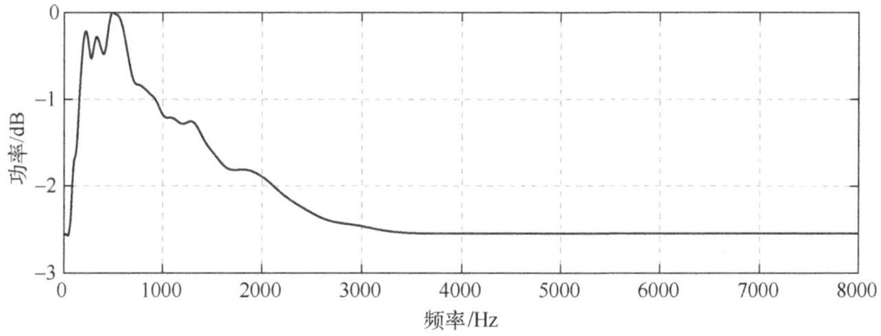

(a) 第Ⅰ类某目标听觉平均发放率特征

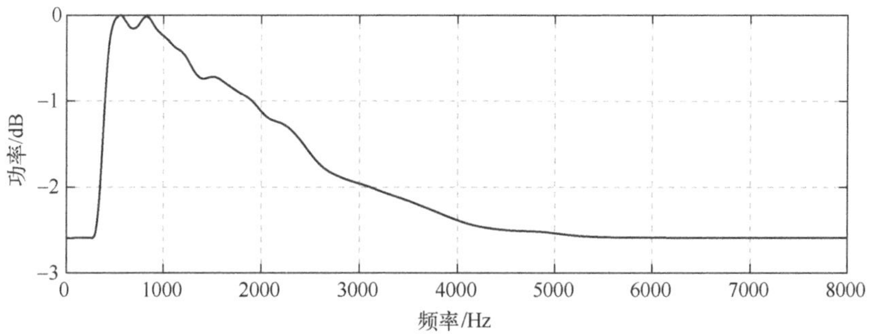

(b) 第Ⅱ类某目标听觉平均发放率特征

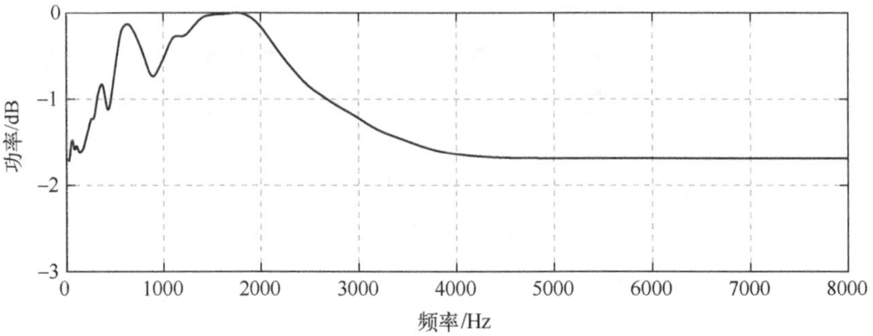

(c) 第Ⅲ类某目标听觉平均发放率特征

图 7.18 舰船辐射噪声的听觉平均发放率特征

7.2.5 频域基分解特征提取

特征提取的任务是从目标辐射噪声中获取特征信息，广义来说，就是对信号采用不同的表示形式。信号分解是信号的一种重要表示形式，就是将复杂信号分解为简单信号的线性组合，采用不同的基函数就会得到不同的信号分解方法，其目的是通过分析简单信号的特性来分析复杂信号。一方面，信号分解能使我们了解信号的性质和相关特征，有助于从中提取有用的信息；另一方面，对信号进行分解后，可以按照自己的意图对它进行改造，对于信号压缩、分析等都有着重要的意义。信号分解的方法很多，从傅里叶变换、小波变换到稀疏分解都属于信号分解的范畴。下面重点讨论信号在离散傅里叶变换基分解下的特征提取[38]。

1. 信号的基分解

根据信号的分解理论，信号 $\boldsymbol{X}=[x(1),x(2),\cdots,x(N)]^{\mathrm{T}}\in R^N$ 通常可表示为一系列基本函数的线性组合[39-40]：

$$\boldsymbol{X}=\sum_{k=1}^{N'}a_k g_k \tag{7.16}$$

式中：a_k为展开系数；g_k为基函数。式（7.16）也可以表示为矩阵形式，即

$$\begin{aligned}&\boldsymbol{X}=\boldsymbol{GA}\\&\boldsymbol{G}=[g_1,g_2,\cdots,g_k,\cdots,g_{N'}]\\&\boldsymbol{A}=[a_1,a_2,\cdots,a_k,\cdots,a_{N'}]^{\mathrm{T}}\end{aligned}\tag{7.17}$$

如果式（7.17）中所有基函数 g_k是构成信号空间的一组基向量，则这种信号分解形式就称为基展开或基分解。很显然，如果 $\boldsymbol{A}$ 是稀疏的，则式（7.16）与式（5.7）一样称为信号的稀疏分解。由式（7.17）可以得到唯一的展开系

数 $\boldsymbol{A}$，即

$$\boldsymbol{A}=\boldsymbol{G}^{+}\boldsymbol{X} \tag{7.18}$$

式中：$\boldsymbol{G}^{+}$表示矩阵 $\boldsymbol{G}$ 的伪逆。

特别地，当基函数$\{g_1,g_2,\cdots,g_k,\cdots,g_{N'}\}$为正交基时，可将式（7.16）定义的展开称为正交基展开或正交基分解。信号处理领域常用的基分解方法有傅里叶变换、短时傅里叶变换、小波变换等。傅里叶变换和短时傅里叶变换属于典型的正交基分解，而小波变换根据所选择的小波基的不同可以分为正交小波分解和非正交小波分解[41]。很显然，展开系数 $\boldsymbol{A}$ 表示了信号 $\boldsymbol{X}$ 在基 $\boldsymbol{G}$ 分解下的特征，类似于信号 $\boldsymbol{X}$ 在不同变换域下的特征表示。也就是说，如果信号 $\boldsymbol{X}$ 为水下被动声纳目标信号，则分解的系数 $\boldsymbol{A}$ 可作为水下被动声纳目标分类识别的特征向量，其关键是基 $\boldsymbol{G}$ 的构造，即基函数 g_k的构造。

2. 离散傅里叶变换基

傅里叶变换在信号处理领域有着十分重要的作用，它把信号 $x(t)$ 从时域表示转换到频域表示 $y(\mathrm{j}\Omega)$。而傅里叶逆变换则将信号从频域变换到时域。这两个域之间的变换形成一一对应的关系。

$$\begin{cases} y(\mathrm{j}\Omega)=\displaystyle\int_{-\infty}^{\infty}x(t)\,\mathrm{e}^{-\mathrm{j}\Omega t}\mathrm{d}t \\ x(t)=\dfrac{1}{2\pi}\displaystyle\int_{-\infty}^{\infty}y(\mathrm{j}\Omega)\,\mathrm{e}^{\mathrm{j}\Omega t}\mathrm{d}\Omega \end{cases} \tag{7.19}$$

实际应用中，通常截取有限长信号来进行分析。设 $x(n)$ 是一个长度为 N 的有限长序列，则定义 $x(n)$ 的 N 点离散傅里叶变换对为

$$\begin{cases} y(k)=\displaystyle\sum_{n=0}^{N-1}x(n)\,\mathrm{e}^{-\frac{\mathrm{j}2\pi kn}{N}}=\sum_{n=0}^{N-1}x(n)\,W_N^{kn}, \quad k=0,1,\cdots,N-1 \\ x(n)=\dfrac{1}{N}\displaystyle\sum_{k=0}^{N-1}y(k)\,\mathrm{e}^{\frac{\mathrm{j}2\pi kn}{N}}=\dfrac{1}{N}\sum_{k=0}^{N-1}y(k)\,W_N^{-kn}, \quad n=0,1,\cdots,N-1 \end{cases} \tag{7.20}$$

对比分析式（7.16）、式（7.19）和式（7.20）发现，如果将指数函数 $\mathrm{e}^{\mathrm{j}2\pi ft}$作为基分解中的基函数 g_k，即

$$g_k(n)=\mathrm{e}^{\mathrm{j}2\pi f_k t} \quad (k=1,\cdots,N';\quad n=0,1,\cdots,N-1) \tag{7.21}$$

式中：N'表示基函数的总个数；f_k为第 k 个基函数对应的频率；f_1为分解的初始频率；$f_{N'}\left(f_{N'}\leqslant\dfrac{F_s}{2}\right)$为分解的结束频率；$F_s$为信号的采样频率；$N$ 为信号的长度。很显然，傅里叶变换就是基分解的一种特殊形式，即频率f_k是 $0\sim\dfrac{F_s}{2}$线性变化的基分解，后面称为线性频率 FFT 基分解。

根据基分解的理论，式（7.21）所示基函数的频率f_k完全可以根据需要自行确定，可以确定在某一范围，也可以设定为非线性变化。通过对舰船辐射噪声频谱分析可知，舰船辐射噪声的能量主要集中在低频段，低频段信号传播距离远且更能反映目标的频域特征，因此应该加大低频段的频率分辨率，也就是说f_k在低频段应该密一些，而在高频段可以稀疏一些。基于此以及听觉模型处理舰船辐射噪声的优越性，假设频率f_k按式（7.11）非线性变化，则在特征维数不变的情况下，能够得到舰船辐射噪声更好的频域特征，虽然高频段分辨率降低，但低频段分辨率提高了，后面称为 ERB 非线性频率 FFT 基分解。

例 7.6　简单信号的频域基分解。考虑式（7.22）所示的简单信号模型：

$$x(t) = \sum_{k=1}^{6} \sin(2\pi f_k t) + n(t) \tag{7.22}$$

假设 6 个单频信号的频率分别为$f_1 = 500\text{Hz}$、$f_2 = 505\text{Hz}$、$f_3 = 550\text{Hz}$、$f_4 = 600\text{Hz}$、$f_5 = 630\text{Hz}$、$f_6 = 650\text{Hz}$，信噪比设为-3dB，采样频率设为$F_s = 20\text{kHz}$，信号长度为 1s。图 7.19 是原始信号以及特征维数均固定为 1920 时，采用傅里叶变换、线性频率 FFT 基分解和非线性频率 FFT 基分解得到的信号能量在频域上的分布。

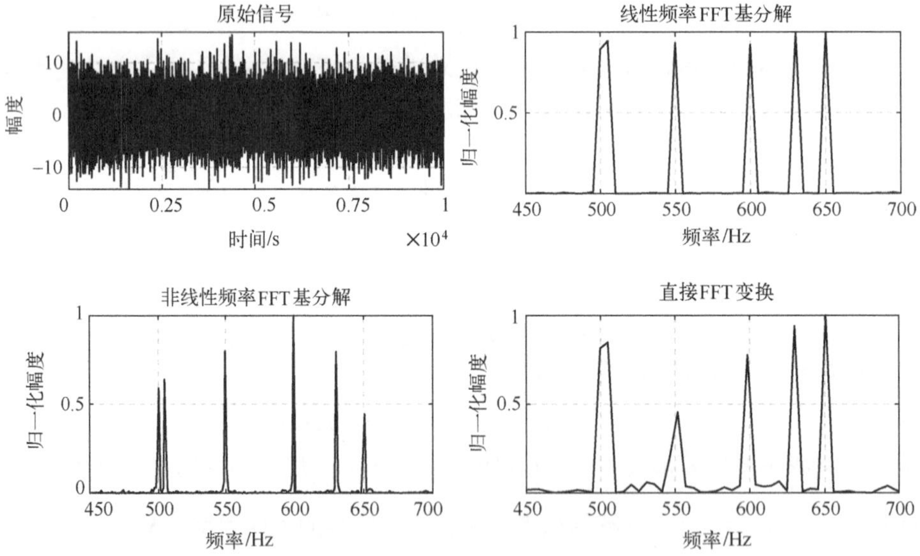

图 7.19　原始信号及不同方法得到的信号能量在频域上的分布

从图 7.19 可明显看出，在特征维数相同的条件下，非线性频率 FFT 基分解可以得到更高的低频频率分辨率。

例 7.7　取与例 7.1 相同的三类目标中的 3 个目标辐射噪声。对三种类型的舰船辐射噪声进行 FFT 变换、基于线性频率分布的 FFT 基分解和基于 ERB 非线性频率分布的 FFT 基分解。图 7.20 是线性频率分布和 ERB 非线性频率分布图，图 7.21 是分析中用到的线性频率分布 FFT 基（实部）和 ERB 非线性频率分布 FFT 基（实部），图 7.22 是三种典型舰船类型的频域基分解结果，可将其作为舰船辐射噪声分类识别的特征。为了描述方便，当采用 FFT 变换时，称为 FFT 谱特征；当采用线性频率分布 FFT 基时，称为线性频率 FFT 稀疏特征；当采用 ERB 非线性频率分布 FFT 基时，称为非线性频率 FFT 稀疏特征。

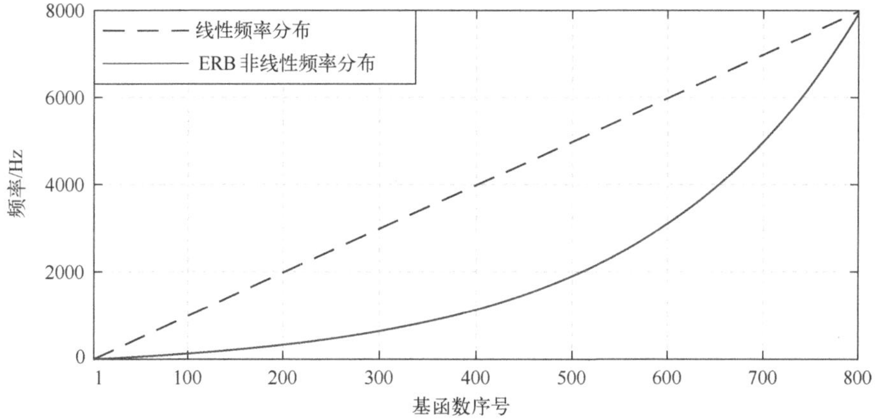

图 7.20　线性频率分布和 ERB 非线性频率分布

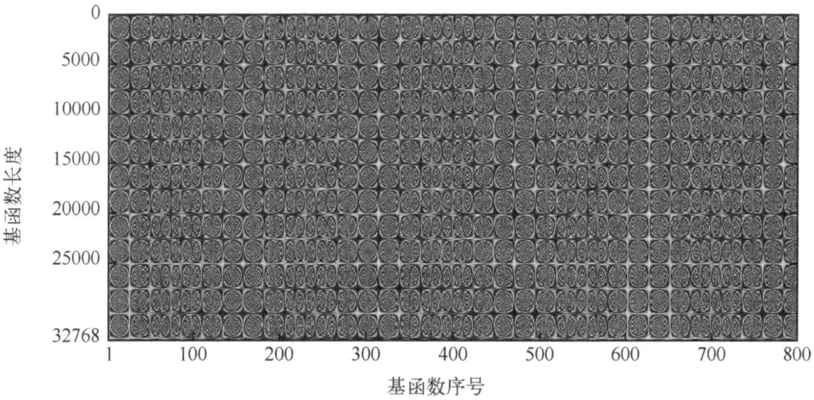

(a) 线性频率分布 FFT 基(实部)

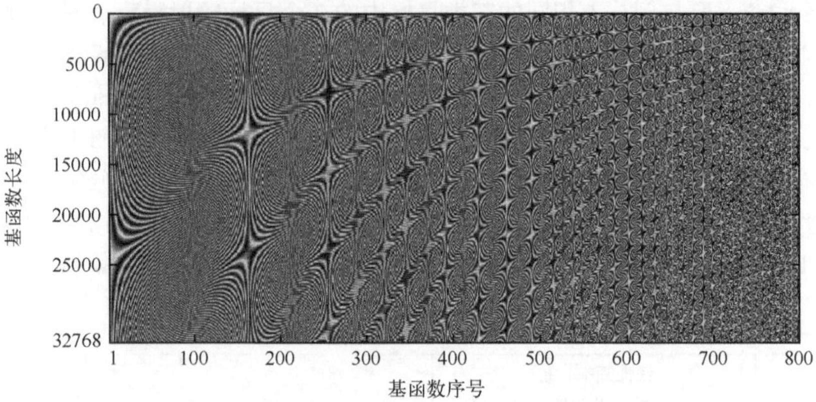

(b) ERB非线性频率分布FFT基(实部)

图 7.21　线性频率分布和 ERB 非线性频率分布 FFT 基

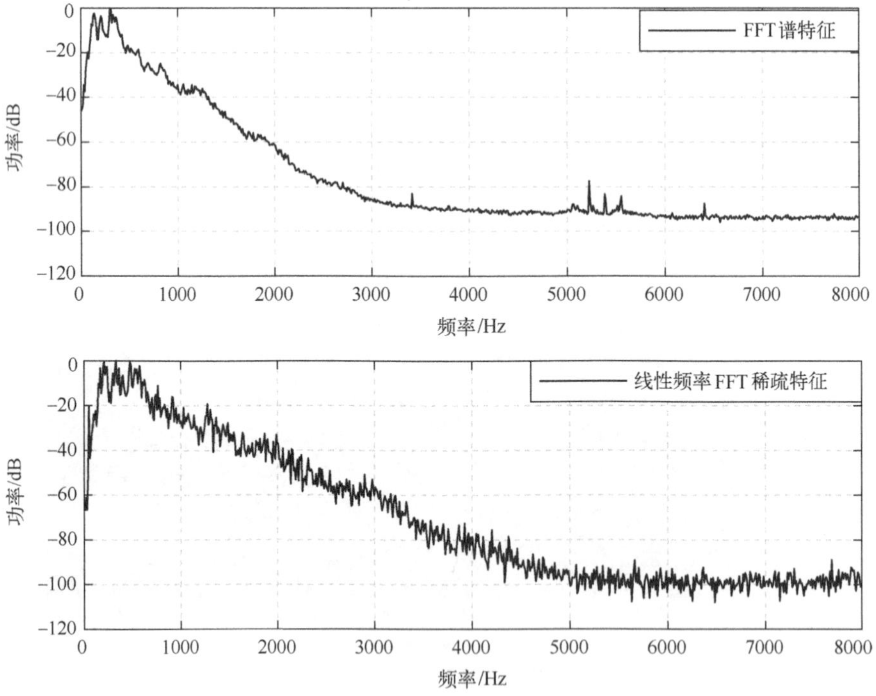

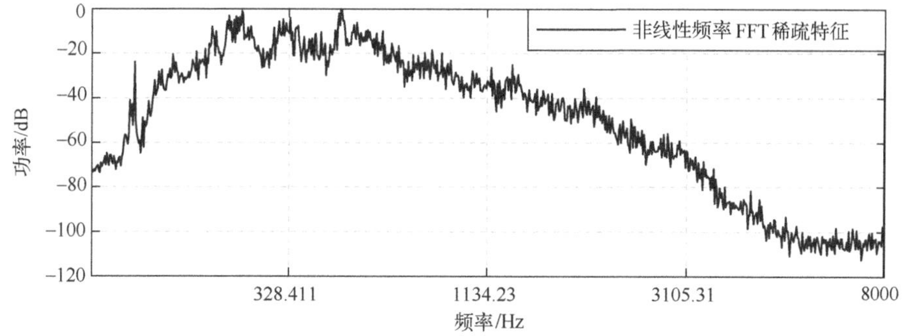

(a) 第Ⅰ类某目标

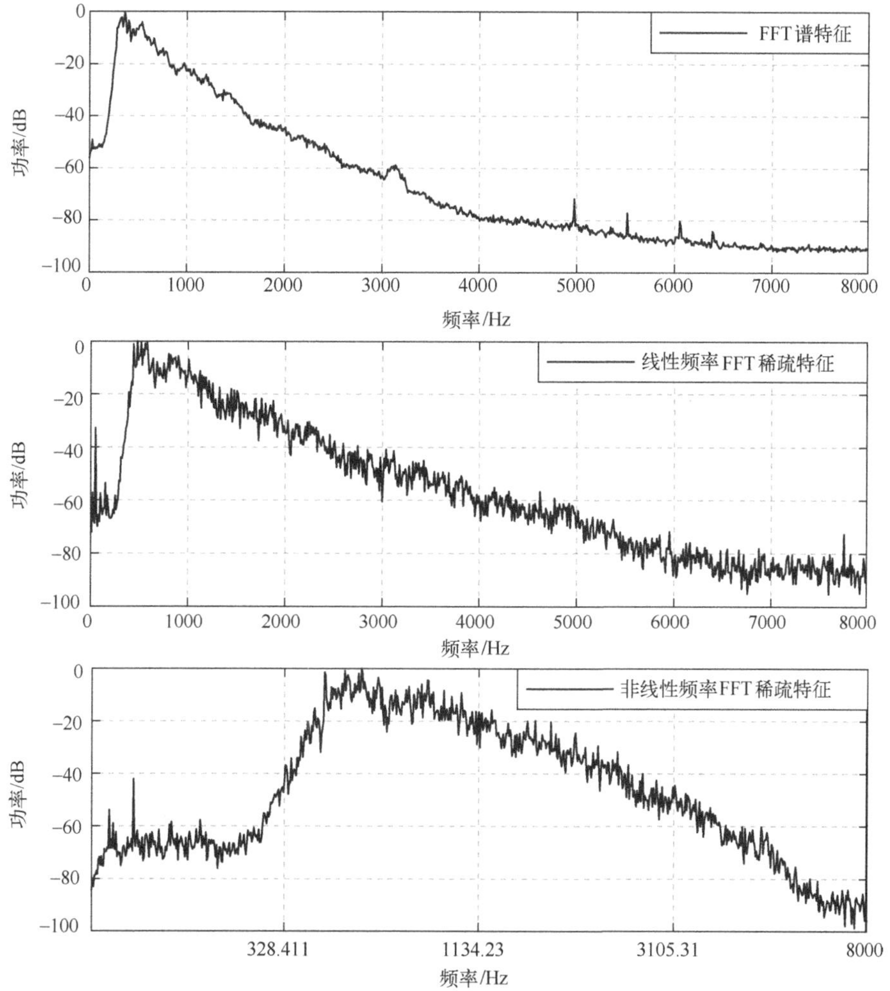

(b) 第Ⅱ类某目标

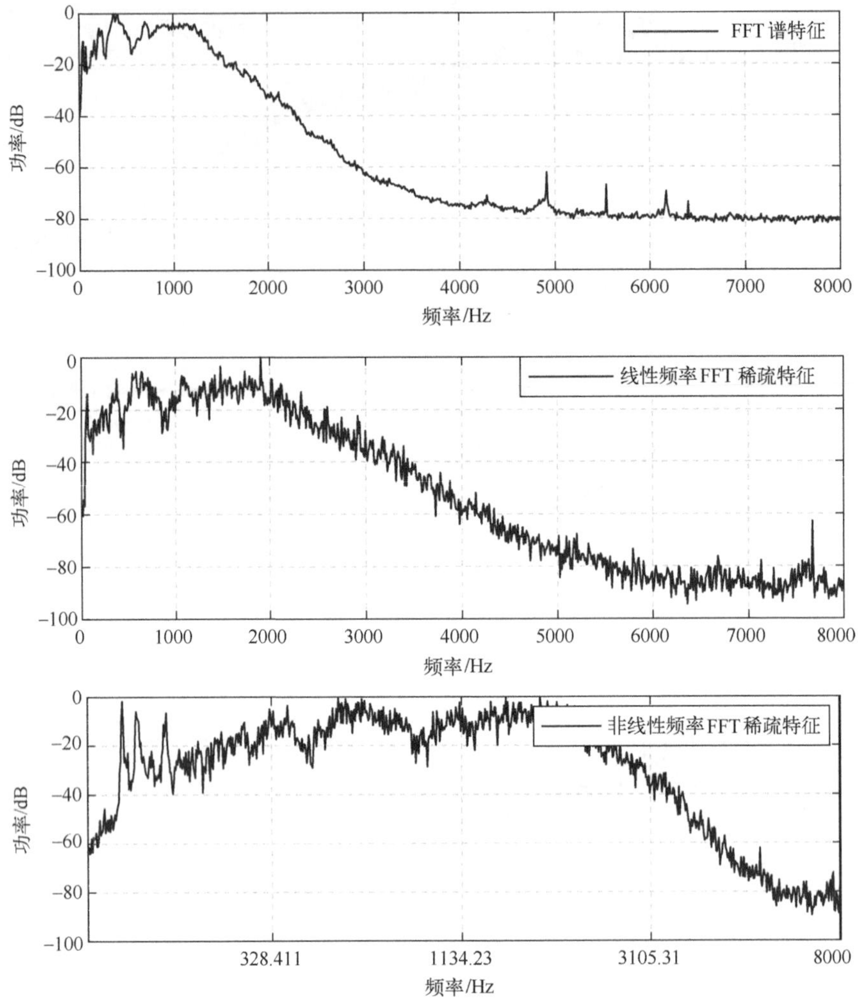

(c) 第 Ⅲ 类某目标

图 7.22　舰船辐射噪声频域基分解特征

从图 7.22 和通过对大量样本的频域基分解分析发现，3 种类型的舰船辐射噪声频域基分解特征类类间有一定的差异性，同类之间有较大的相似性，这种特性对舰船辐射噪声的分类识别是非常有利的。另外，基于 ERB 非线性频率分布的 FFT 基分解在基函数相同的条件下，即特征维数相同条件下，特征在低频段具有更高的分辨率。也就是说，在不增加特征维数的前提下，能够更好地提取出舰船辐射噪声的低频特征，这也与舰船辐射噪声的特征主要集中于低频段相吻合，因此更适合于舰船辐射噪声的频域特征表示。

7.2.6　张量特征提取

根据信号分解理论，时域特征只对时频空间的时间方向进行精细划分，基于傅里叶变换类的频域特征只对时频空间的频率方向进行精细划分，它们分别只能反映信号最精确的时域或频域特征，而时频特征则能够反映信号最精确的时域和频域特征，但带来的问题是如何划分时频空间，寻找合适的信号分解基。为了满足不同的需要，研究人员提出了各种各样的线性时频表示方法。从目前的研究来看，小波变换和听觉模型用于水下被动声纳目标特征提取是切实可行的。但小波变换采用的小波基和听觉模型采用的滤波器，其参数一般固定，在特征向量形成过程中一般要对特征进行降维处理，由此造成目标特征信息的损失。

19 世纪由 Gauss、Riemann 和 Christoffel 等提出的张量为解决目标特征信息损失问题提供了较好的途径。数学上，张量可以直观理解为一个多维数组，向量是一阶张量，矩阵是二阶张量，具有三阶或更高阶数的张量则称为高阶张量[42]。一个 N 阶张量可以表示为

$$\mathbf{Z}=(z_{i_1i_2,\cdots,i_N})\in R^{I_1\times I_2\times,\cdots\times,I_N} \tag{7.23}$$

式中：$z_{i_1i_2,\cdots,i_N}$表示张量中的任一元素；$I_i(1\leqslant i\leqslant N)$表示第 i 阶上元素的个数，也称为维数，如图 7.23 所示为三阶张量 $\mathbf{Z}\in R^{I\times J\times K}$。

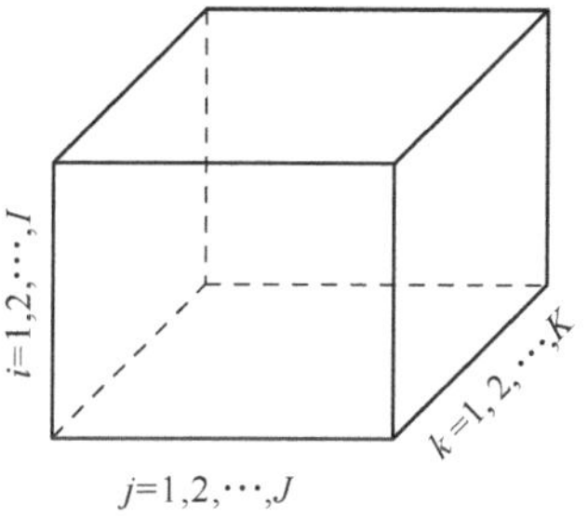

图 7.23　三阶张量 $\mathbf{Z}\in R^{I\times J\times K}$

当张量元素的下标中只有 1 个坐标变化，而其他坐标都固定的时候，可以得到张量的纤维（Fiber）。张量的纤维类似于矩阵的行和列，以三阶张量 $\mathbf{Z}\in R^{I\times J\times K}$为例，单独改变 z_{ijk}的某一个坐标，分别可以得到张量 $\mathbf{Z}$ 的列纤维 $z_{:jk}$、行纤维 $z_{i:k}$和管纤维 $z_{ij:}$，如图 7.24 所示。

当张量元素 $z_{i_1i_2,\cdots,i_N}$的下标中只有 2 个坐标变化，而其他坐标都固定的时候，可以得到张量的切片（Slice）。如图 7.25 所示，分别为三阶张量 $\mathbf{Z}$ 的水平切片 $z_{i::}$、侧面切片 $z_{:j:}$和正面切片 $z_{::k}$。

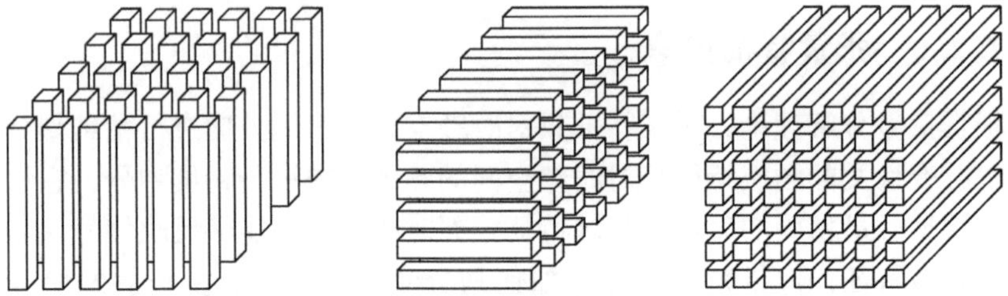

(a) 列纤维 $z_{:jk}$　　(b) 行纤维 $z_{i:k}$　　(c) 管纤维 $z_{ij:}$

图 7.24　张量纤维

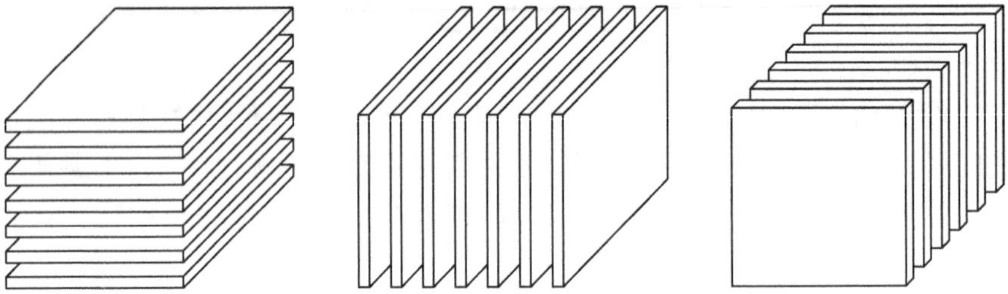

(a) 水平切片 $z_{i::}$　　(b) 侧面切片 $z_{:j:}$　　(c) 正面切片 $z_{::k}$

图 7.25　张量切片

张量对多维表达的内蕴支持可以为时空场数据表达提供原生的数学支撑，基于张量的数据处理方法已成为信息科学研究的一个热点，被广泛应用于图像处理、模式识别、数据压缩等多个研究领域[43-46]。在与水下目标识别相类似的语音识别领域，林静[45]等在非均匀尺度-频率图特征提取方法的基础上提出稀疏表示的张量形式，按权重构建时间×频率×时长的三阶张量，在保留瞬时成分主要特征的基础上获得了表征能力更强的因子，提高了语音识别的效果；杨立东[46]通过构建非负的三阶音频张量，其各阶分别对应特征、帧、样本，对 4 种类型的音频数据进行分类，平均分类正确率在 85%以上。

舰船辐射噪声的分类识别与图像识别、语音识别有很大的相似性，张量及张量分解在其他领域的成功应用对解决水下被动声纳目标分类识别具有很好的借鉴意义[47-48]。为了弥补常规听觉等时频特征提取过程中存在的缺陷，借鉴信号分解原理，下面阐述三种张量特征提取模型与方法。

1. 听觉多谱张量特征提取

通过如图 7.6 所示的听觉谱特征提取过程，可以得到四种谱特征，即线性频率谱特征 $P_{\mathrm{L}}(f)$、Mel 听觉谱特征 $P_{\mathrm{M}}(f)$、Bark 听觉谱特征 $P_{\mathrm{B}}(f)$、ERB 听

觉谱特征 $P_E(f)$。很显然，每一种特征都可用来进行舰船辐射噪声的分类识别。为了更好地融合各谱特征的优势，通常的做法是将各特征进行串接得到新的级联谱特征 $P_J(f)$，即 $P_J(f)=[P_L(f)P_M(f)P_B(f)P_E(f)]_{1\times 4K}$。借鉴张量在其他模式识别领域的成功应用，将四种谱特征的每种特征作为张量的一个纤维，构建出舰船辐射噪声的二阶张量听觉谱张量特征 $P_T(f)$，即 $P_T(f)=[P_L(f)$ $P_M(f)P_B(f)P_E(f)]_{4\times K}^{T}$。

2. 听觉域张量特征提取

听觉研究领域比较具有代表性的 Patterson-Holdsworth 耳蜗模型常被用于舰船辐射噪声特征提取，并且已被证明是有效的，但其一般固定滤波器阶数和初始相位，通过构造一组 Gammatone 数字滤波器来实现，Gammatone 滤波器组中，每个通道的 Gammatone 滤波器由 4 个半正交的二阶滤波器级连而成。这 4 个二阶滤波器共用同样的极点，但具有不同的零点。根据信号分解的理论和 Gammatone 滤波器在舰船辐射噪声特征提取中的成功运用，可以直接通过其滤波器冲激响应来构造信号分解基，即将滤波器冲激响应视为基函数，根据式（7.15），则第 k 个通道的滤波器冲激响应为[48]

$$g_k(t)=\frac{a_k t^{n-1}\cos(2\pi f_k t+\varphi)}{\exp(2\pi b_k t)} \tag{7.24}$$

式中：t 是时间；a_k是第 k 个通道滤波器增益；n 是第 k 个通道滤波器阶数；f_k是第 k 个通道滤波器中心频率；φ 是第 k 个通道滤波器初始相位；b_k是第 k 个通道滤波器带宽。

基构造过程中，一种方案是通道滤波器中心频率f_k线性变化（简称为线性中心频率）：

$$f_k=\frac{(f_H-f_L)(k-1)}{K-1}+f_L \tag{7.25}$$

式中：f_k为第 k 个通道中心频率；K 为总的通道数；f_L为分析的最低频率；f_H为分析的最高频率。

另一种方案是通道滤波器中心频率f_k按 Patterson-Holdsworth 耳蜗模型变化（简称为非线性中心频率），如式（7.11）所示。

通道滤波器带宽 b_k用 Patterson-Holdsworth 耳蜗模型中提出的等效矩形带宽代替，每个通道的 ERB 带宽与中心频率之间一般的关系式如式（7.12）所示。

通道滤波器增益 a_k如式（7.14）所示。

从式（7.24）可以看出，设置不同中心频率（对应不同通道）、不同阶数和不同相位则可得到不同的基函数，根据式（7.18）则可以得到不同的特征向量，这样就可构成通道数×阶数×相位数的三阶张量特征，若通道数

为 I，总阶数为 J，总相位数为 K，则张量特征为三阶张量，可表示为 $F^{I\times J\times K}$，如图 7.26 所示。图 7.27 是中心频率为 1000Hz、带宽 200Hz、增益为 0.8、相位为 30°、阶数分别为 10 和 30 时的滤波器冲激响应波形图，即典型的基函数。

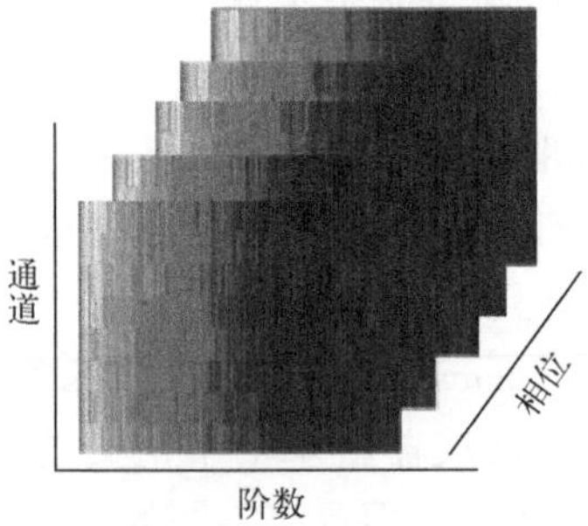

图 7.26　通道数×阶数×相位数的三阶张量特征

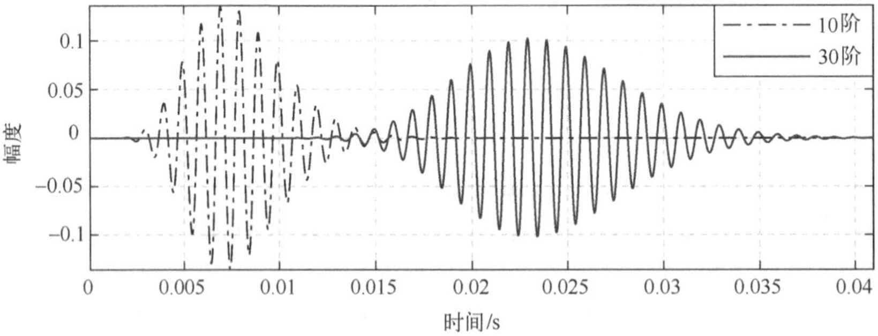

图 7.27　典型的基函数

3. Gabor 张量特征提取

根据前面所述，按照信号的基分解理论，基的构造是信号分解性能好坏的关键。在信号稀疏分解中，Mallat 和 Zhang[49] 提出匹配追踪算法时构造了一个 Gabor 字典，其中 Gabor 原子（或基函数）的定义为

$$g_{\gamma}=\frac{1}{\sqrt{s}}g\left(\frac{t-u}{s}\right)\mathrm{e}^{\mathrm{j}(\omega t+\varphi)} \tag{7.26}$$

式中：$g(t)=\mathrm{e}^{-\pi t^2}$ 为高斯窗函数；$\gamma=(s,u,\omega,\varphi)$ 是原子参数；s 为伸缩因子（也称为尺度因子）；u 为位移因子（也称为平移因子）；φ 为原子的相位（也称为相位因子）；ω 为原子的频率（也称为频率因子）。

舰船辐射噪声 Gabor 张量特征提取中，将式（7.26）所示的基函数中的频率因子 ω 改为信号的频率 f，对应的完整 Gabor 基函数为

$$g_{\gamma}=\frac{1}{\sqrt{s}}\mathrm{e}^{-\pi\left(\frac{t-u}{s}\right)^{2}}\mathrm{e}^{\mathrm{j}(2\pi ft+\varphi)} \tag{7.27}$$

很显然，离散化 Gabor 基函数的尺度 s、平移 u、相位 φ 和频率 f 参数可实现 Gabor 基的构造。实际应用中，对尺度、平移、相位均采用线性变化的方式进行离散化，而对于频率因子则可采取两种方式进行离散化[48]。一种方式是频率线性变化（简称为线性频率），如式（7.25）所示，另一种方式是频率按 Patterson－Holdsworth 耳蜗模型变化（简称为非线性频率），如式（7.11）所示，其中的通道滤波器带宽 b_k用 Patterson－Holdsworth 耳蜗模型中提出的等效矩形带宽代替，每个通道的 ERB 带宽与中心频率之间一般的关系式如式（7.12）所示。

当离散化参数 $\gamma=(s,u,f,\varphi)=(0.3,0.5,10,30°)$，长度为 1s 时，Gabor 基函数如图 7.28 所示。

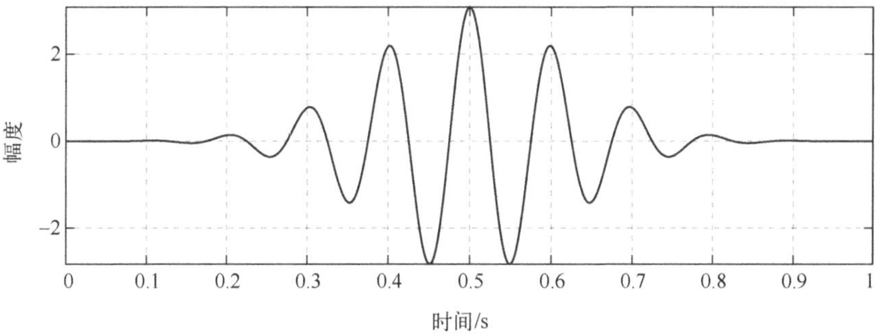

图 7.28　典型 Gabor 函数

整个 Gabor 张量特征提取实现的算法流程如表 7.1 所列。

表 7.1　Gabor 张量特征提取算法流程

输入：经滤波、降噪、归一化等预处理后的舰船辐射噪声信号 $\boldsymbol{X}=[x(1),x(2),\cdots,x(N)]^{\mathrm{T}}$（$N$ 为信号长度），采样频率 F_s
初始化：尺度因子 $s\leftarrow s_1:\Delta s:s_{\mathrm{h}}$（$s_1$为最小的尺度因子，$\Delta s$ 为尺度因子步长，s_{h}为最大的尺度因子）；平移因子 $u\leftarrow u_1:\Delta u:u_{\mathrm{h}}$（$u_1$为最小的平移因子，$\Delta u$ 为平移因子步长，u_{h}为最大的平移因子）；相位因子 $\varphi\leftarrow\varphi_1:\Delta\varphi:\varphi_{\mathrm{h}}$（$\varphi_1$为最小的相位因子，$\Delta\varphi$ 为相位因子步长，φ_{h}为最大的相位因子）；频率因子 $f\leftarrow f_m(m=1,2,\cdots,M)$（$f_m$是第 m 个基函数的中心频率，M 是频率因子总数）；特征矩阵 $\boldsymbol{A}$（$\boldsymbol{A}$ 即为四阶 Gabor 张量特征，维数大小为相位因子总数 Φ×尺度因子总数 S×平移因子总数 U×频率因子总数 M）

续表

迭代：
for $\varphi \leftarrow \varphi_1$ to φ_h
  for $s \leftarrow s_1$ to s_h
    for $u \leftarrow u_1$ to u_h
      for $f \leftarrow f_1$ to f_h
        for $t \leftarrow 0$ to $\frac{(N-1)}{F_s}$
          $g(t) \leftarrow \frac{1}{\sqrt{s}} e^{-\pi\left(\frac{t-u}{s}\right)^2} e^{j(2\pi f t+\varphi)}$
        end
        $\boldsymbol{G}(f,t) \leftarrow g(t)$
      end
      $\boldsymbol{A}(\varphi,s,u,f) \leftarrow \lvert \boldsymbol{G}^{+}\boldsymbol{X} \rvert$
      end
    end
  end
end

输出：四阶 Gabor 张量特征 $\boldsymbol{A}^{\Phi\times S\times U\times M}$

4. 基于 STFT 和 Gabor 变换的张量特征提取

研究表明，人耳听觉系统在复杂水声环境下表现出的优越性能，使得基于听觉感知的特征提取成为水下被动声纳目标识别领域的研究热点，但大多数研究并没有使用到大脑在听觉感知形成过程中得到的高维度特征信息[50]，这一高维特征包括三个独立的维度、中心频率、响应区域宽度（尺度）和神经元的对称程度（角度），且随着角度的变换，响应区的对称程度和宽度也在变化，这与二维 Gabor 函数非常相似，通过对舰船辐射噪声进行 Gabor 变换，可以模拟大脑在听觉形成过程中得到的高维特征。下面介绍一种基于 STFT 和 Gabor 变换的张量特征提取方法[51]。

1）短时傅里叶变换

对信号进行傅里叶变换（FT）是信号处理中最常用的一种手段，它能实现信号时域到频域的变换，连续时间信号 $x(t)$ 的 FT 定义为

$$\mathrm{FT}_x(f) = \int_{-\infty}^{+\infty} x(t)\,\mathrm{e}^{-\mathrm{j}2\pi f t}\,\mathrm{d}t \tag{7.28}$$

傅里叶变换反映的是信号在频域上的特征，无法表达信号的时间局部特性。短时傅里叶变换（STFT）通过将短时分析应用于 FT 实现了有限长度的

FT，其基本思想是使用一个有限长的窗函数将原始长信号划分为许多个短信号，再通过 FT 分析每一个短信号的频域特性，最终得到时间、频率的二维函数，实现局部时频分析[52]。信号 $x(t)$ 的 STFT 指的是 $x(t)$ 乘以一个以 τ 为中心的窗函数 $w^*(t-\tau)$ 后进行傅里叶变换[53]，即

$$\mathrm{STFT}_x(\tau,f)=\int_{-\infty}^{+\infty}x(t)w^*(t-\tau)\mathrm{e}^{-\mathrm{j}2\pi ft}\mathrm{d}t \tag{7.29}$$

式中：“ * ” 表示取复共轭。随着时间的变化，$w^*(t-\tau)$ 确定的时间窗在时间轴 t 上逐渐移动，实现对整个 $x(t)$ 的时频分析。

将信号经 STFT 后得到的频谱进行平方可得到能量谱，再除以窗长度即得到该部分的功率谱密度 $P(\tau,f)$：

$$P(\tau,f)=\frac{1}{N}\left|\mathrm{STFT}_x(\tau,f)\right|^2 \tag{7.30}$$

将功率谱密度的时间-频率二维矩阵沿时间轴方向进行累加可得到信号的平均功率谱（Average Power Spectrum，APS），即

$$\overline{P}=\sum_{\tau}P(\tau,f) \tag{7.31}$$

2）Gabor 变换

人体听觉系统对不同类型舰船辐射噪声有不同的听觉感受描述[19]，一些神经生理学的研究成果表明，脊椎动物大脑皮层中的一些神经元被明确地调谐成时频模式[54]，二维 Gabor 函数能够有效描述这种感受。如图 7.29 所示为皮层响应与 Gabor 函数响应的比较，第一行表示脊椎动物皮层响应，第二行表示 Gabor 函数响应，第三行表示两者的差值，由图可知，二者相差极小。

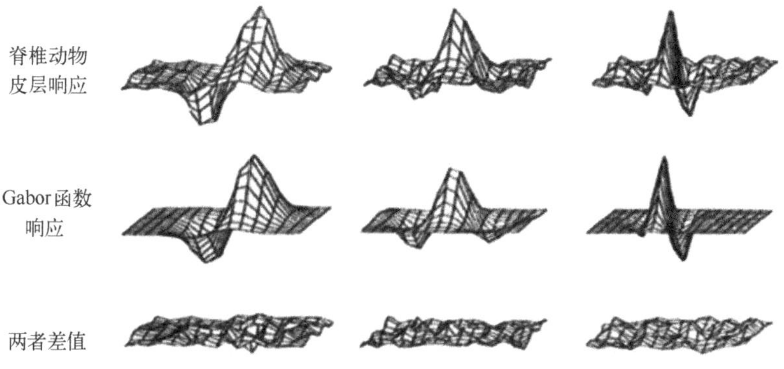

图 7.29 脊椎动物皮层响应与 Gabor 滤波器响应的比较

二维 Gabor 函数可由高斯核和复数波的乘积定义[55]，其数学表达式为

$$
\begin{aligned}
&g_{\lambda,\theta,\varphi,\sigma,\gamma}(x,y)=\exp\left(-\frac{x'^2+\gamma^2y'^2}{2\sigma^2}\right)\exp\left(\mathrm{j}\left(2\pi\frac{x'}{\lambda}+\varphi\right)\right)\\
&x'=x\cos\theta+y\sin\theta\\
&y'=-x\sin\theta+y\cos\theta
\end{aligned}
\tag{7.32}
$$

式中：λ、θ 分别表示 Gabor 函数的尺度和角度；φ 表示相位偏移，默认 $\varphi=0°$；γ 表示空间纵横比，决定了 Gabor 函数的椭圆率，默认 $\gamma=0.5$；σ 表示 Gabor 函数的高斯因子标准差，它随 Gabor 函数的空间频率带宽 b 变化，表示为

$$
b=\log_2\frac{\dfrac{\sigma}{\lambda}\pi+\sqrt{\dfrac{\ln2}{2}}}{\dfrac{\sigma}{\lambda}\pi-\sqrt{\dfrac{\ln2}{2}}}
\tag{7.33}
$$

由式（7.33）可以计算得出：

$$
\frac{\sigma}{\lambda}=\frac{1}{\pi}\sqrt{\frac{\ln2}{2}}\times\frac{2^b+1}{2^b-1}
\tag{7.34}
$$

通常情况下 $b=1$，此时 $\sigma=0.56\lambda$。一般来说，带宽越小，标准差越大，函数的空间范围越大，条纹数量越多。实际特征提取中复数波取实部，此时二维 Gabor 函数表示为

$$
g_{\lambda,\theta,\varphi,\sigma,\gamma}(x,y)=\exp\left(-\frac{x'^2+\gamma^2y'^2}{2\sigma^2}\right)\cos\left(2\pi\frac{x'}{\lambda}+\varphi\right)
\tag{7.35}
$$

其频率响应为高斯（Gauss）函数，可表示为[56]

$$
G(u,v)=\frac{1}{2\pi\sigma^2}\exp\left(-\frac{u^2+v^2}{2\sigma^2}\right)
\tag{7.36}
$$

此时，二维 Gabor 函数在 $\lambda=20$、$\theta=120°$时实部时域波形与归一化频率响应如图 7.30 所示。

从图 7.30 中可以看出，Gabor 函数的实部分为大于 0 的增强区域和小于 0 的抑制区域。也就是说，当信号的频率在频率响应的高斯函数内时响应会较大，在高斯函数外则响应较小，可以提取信号在特定方向和特定波长的纹理信息。

通过固定 Gabor 函数中的（φ,γ,σ）参数[56]，改变 Gabor 变换的尺度 λ 和角度 θ，可以得到多尺度、多角度的 Gabor 函数组 $g_{\lambda,\theta}(x,y)$，表示为

$$
g_{\lambda,\theta}(x,y)=\exp\left(-\frac{x'^2+y'^2}{2.5088\lambda^2}\right)\cos\left(2\pi\frac{x'}{\lambda}\right)
\tag{7.37}
$$

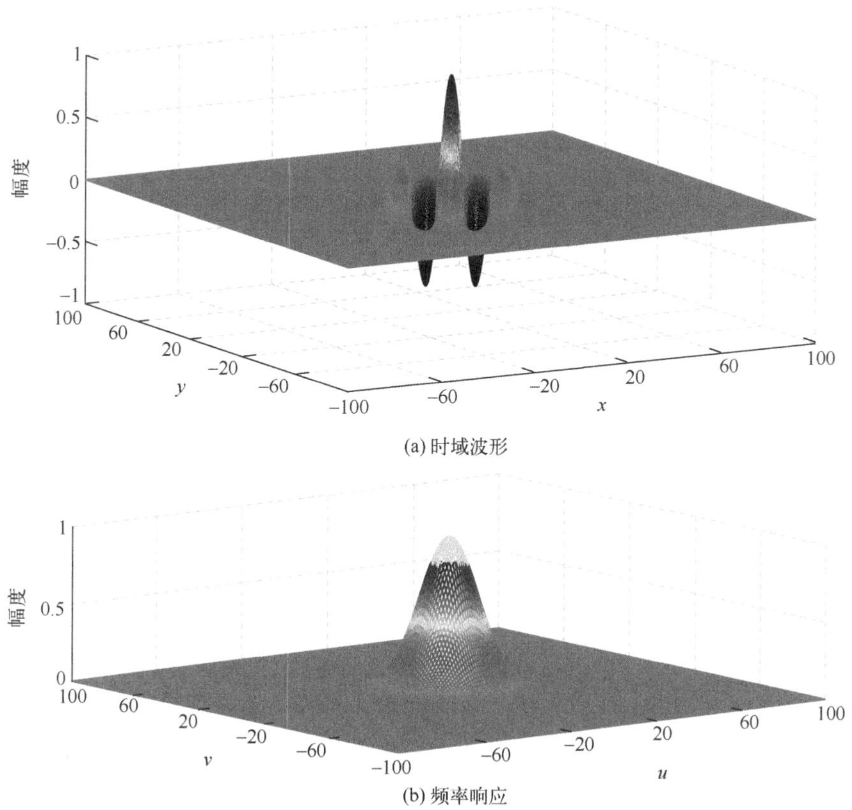

图 7.30　Gabor 函数实部时域波形与归一化频率响应（彩图见插页）

实际应用中，使用的是基于上述二维 Gabor 函数组设计的滤波器。图 7.31 所示为 4 个尺度（20、30、40、50）、4 个角度（0°、45°、90°、135°）的 Gabor 滤波器的实部俯视图，同一行表示相同角度不同尺度，同一列表示相同尺度不同角度。

从图 7.31 中可以看出，随着尺度的增大，Gabor 滤波器响应的条纹尺寸也在增大；不同角度也保证了滤波器能够覆盖信号声谱图中所有方向的条纹。多尺度、多角度的 Gabor 滤波器为特征提取提供了强大的特征描述能力和多元的方向选择性。

3）四阶张量特征提取

根据前文描述，舰船辐射噪声四阶张量特征提取方法如图 7.32 所示。

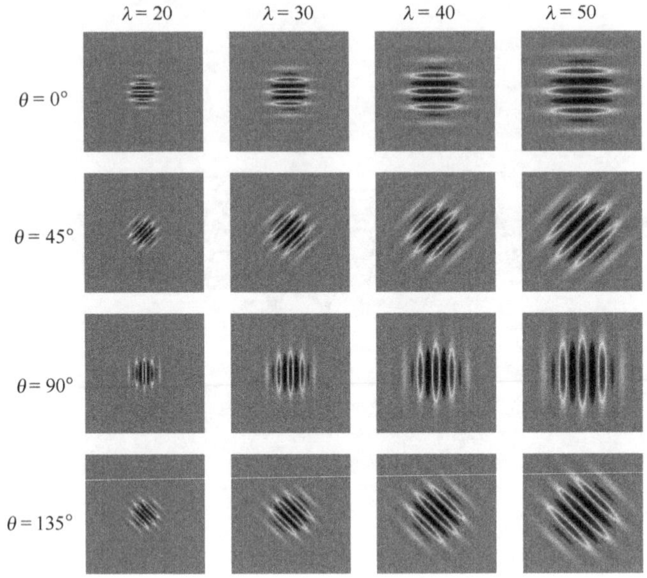

图 7.31　Gabor 滤波器实部俯视图

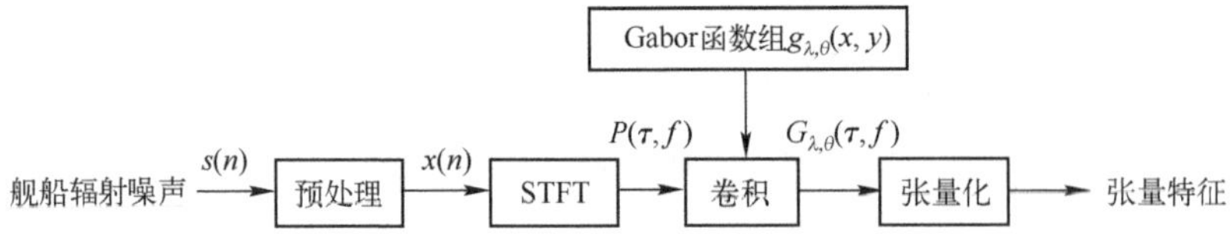

图 7.32　四阶张量特征提取

详细步骤如下：

（1）对舰船辐射噪声 $s(n)$（$n=1,2,\cdots,N$；N 为信号的总长度）进行滤波、降噪、归一化等预处理得到归一化信号 $x(n)$；

（2）利用 STFT 对 $x'(n)$ 进行处理得到辐射噪声的功率谱 $P(\tau,f)$；

（3）根据皮层表征模型[50]，利用不同尺度、不同角度的 Gabor 函数组 $g_{\lambda,\theta}(x,y)$ 对功率谱 $P(\tau,f)$ 进行卷积，得到辐射噪声的 Gabor 特征 $G_{\lambda,\theta}(\tau,f)$；

（4）按照 Gabor 变换时的尺度 λ 和角度 θ 对 Gabor 特征 $G_{\lambda,\theta}(\tau,f)$ 进行张量化处理，构建时间×频率×尺度×角度的四阶特征张量。

5. 基于小波变换和梅尔频率倒谱系数的张量特征提取

前面基于 STFT 和 Gabor 变换构建了舰船辐射噪声四阶张量特征，不过该特征存在一些不足。一是 STFT 中涉及窗函数的选择，窗函数一旦确定其时频分辨率也便随之固定，无法同时获得高时频分辨率。二是变换后的时频特征数据量变大，尤其是经 Gabor 函数组卷积后，数据量呈数十倍地增加，给后续计算带来困难。研究表明，小波变换比 STFT 具有更好的时频分辨率，梅尔频率倒谱系数（MFCC）能够反映人耳听觉感知系统对不同频率声波的感知灵敏度[57]，基于此，下面介绍一种基于小波变换（WT）和梅尔频率倒谱系数（MFCC）的舰船辐射噪声三阶张量特征提取方法[58]，如图 7.33 所示。

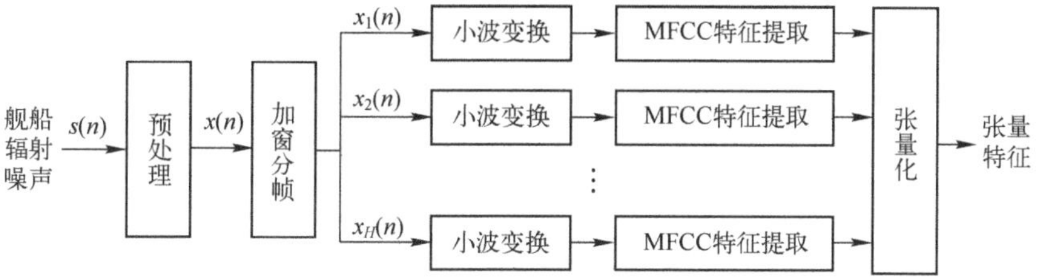

图 7.33　三阶张量特征提取

具体步骤如下。

（1）对舰船辐射噪声 $s(n)$（$n=1,2,\cdots,N$；N 为信号的总长度）进行滤波、降噪、归一化等预处理得到归一化信号 $x(n)$；

（2）利用汉明窗对归一化后的信号 $x(n)$ 进行加窗分帧，得到信号帧 $x_h(n)(h=1,2,\cdots,H)$；

（3）对每一帧信号 $x_h(n)$ 进行 K 层离散二进小波变换，将帧信号 $x_h(n)$ 分解为高频细节分量 HF 和低频近似分量 LF，并对低频部分再次进行高低频分解，其分解过程如图 7.34 所示。

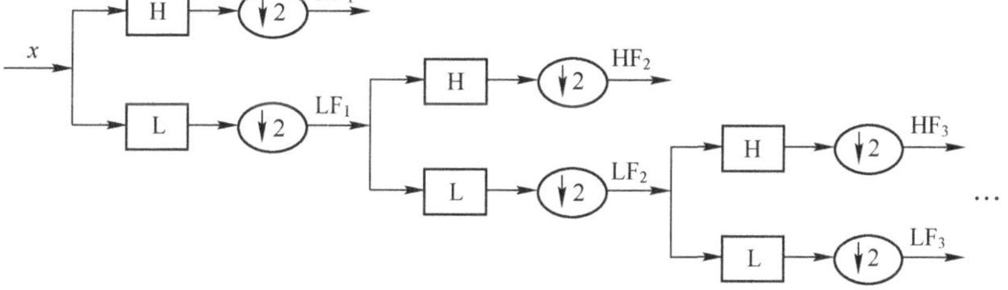

图 7.34　离散二进小波变换分解过程

图 7.34 中：L 表示低通滤波器；H 表示高通滤波器；↓2 表示系数为 2 的降采样滤波器。由于一直在进行降采样，所以虽然滤波器 L、H 不变，但其带宽一直在减小。如此经过 K 层分解后，帧信号 $x_h(n)$ 可以表示为

$$x_h(n)=\mathrm{HF}_1+\mathrm{HF}_2+\cdots+\mathrm{HF}_N+\mathrm{LF}_N \tag{7.38}$$

（4）对小波变换得到的高频细节分量 $HF_k(k=1,2,\cdots,K)$ 和低频近似分量 LF_K 进行 MFCC 特征提取[46,57]，得到特征系数 $C(r)$，提取过程如图 7.35 所示。

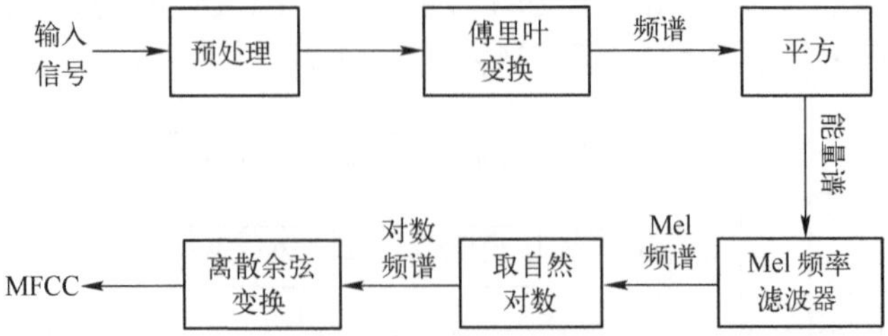

图 7.35 MFCC 提取流程

（5）按照加窗分帧的顺序与小波变换的层级关系对特征系数 $C(r)$ 进行张量化处理，构建帧数 H×小波分量 $(K+1)$×MFCC 特征维数的三阶特征张量。

7.2.7 稀疏特征提取

前面描述了频域基分解的特征提取方法，为了实现信号更加灵活、简洁和自适应的表示，Coifman 和 Hauser[39] 提出了稀疏表示（也称为稀疏分解）的概念，认为分解结果越稀疏则越接近信号的本征或者内在结构，如果分解中构造的基函数能够使分解结果更加稀疏，则认为这组基函数更优。研究表明，用来表示信号的基函数和信号的内在结构越相似，则仅用少数几个基函数就可以很好地表示信号，信号中的本质信息也将集中在这几个基函数上，更便于提取和解释，例如单频正弦波在频域基上仅在某个频点上存在最大值。

稀疏表示中的基函数称为字典的超完备冗余函数系统取代，字典的选择尽可能地符合被逼近信号的结构，其构成可以没有任何限制，字典中的元素称为原子。从字典中找到具有最佳线性组合的 M 项原子来表示一个信号，则称为信号的稀疏逼近或高度非线性逼近。

给定一个集合 $\Psi=\{g_k;k=1,2,\cdots,N'\}$，如果 $N'\geqslant N$（N 为空间维数），称集合 Ψ 为过完备原子字典，元素 g_k 称为原子。对于任意的信号 $\boldsymbol{X}=[x(1),x(2),\cdots,x(N)]^{\mathrm{T}}\in R^N$，可以在字典 Ψ 中自适应地选取 K 个原子对信号 $\boldsymbol{X}$ 做 K 项逼近，即[41,59]

$$X_K=\sum_{k\in I_K}a_k g_k \tag{7.39}$$

式中：I_K是 g_k的下标集。

集合 I_K的势为 $\mathrm{Card}(I_K)=K$，则 $B=\mathrm{span}(g_k, k\in I_K)$就是由 K 个原子在原子字典 Ψ 中张成的子空间。由于 K 远小于空间 H 的维数 N，式（7.39）定义的逼近称为稀疏逼近。

定义逼近误差为

$$\sigma_K(X,\Psi)=\inf\|\boldsymbol{X}-X_K\| \tag{7.40}$$

令 $\Gamma=\left\{I_K \mid X_K=\sum_{k\in I_K} a_k g_k\right\}$，且 $\boldsymbol{\Theta}=\{a_k\}_{k\in I_K}$，则称 $\boldsymbol{\Theta}$ 为信号 $\boldsymbol{X}$ 在字典 $\boldsymbol{\Psi}$ 上的一个表示。如果 $\mathrm{Card}(I_K)<N$，即 $K<N$，则称 $\boldsymbol{\Theta}$ 为信号 $\boldsymbol{X}$ 在字典 $\boldsymbol{\Psi}$ 上的稀疏表示。特别地，如果 $\mathrm{Card}(I_{K'})=\min\limits_{I_K\in\Gamma}\mathrm{Card}(I_K)$，$\overline{\boldsymbol{\Theta}}=\{a_k\}_{k\in I_{K'}}$，则称 $\overline{\boldsymbol{\Theta}}$ 是 $\boldsymbol{X}$ 的一个最优稀疏表示[41,59]。

如果$\{g_{k_m}\}_{m\in Z}$组成一组正交基，可以通过框架表示理论得到加权系数，即每一个加权系数为信号 $\boldsymbol{X}$ 与基 g_{k_m}的内积，表示为

$$a_m=\langle \boldsymbol{X}, g_{k_m}\rangle \tag{7.41}$$

此时信号的表示结果唯一。

在稀疏表示中，字典 Ψ 的组成元素为非正交且是过完备的，在字典 Ψ 中选择信号 $\boldsymbol{X}$ 的最稀疏表示可以等价为求解如下的优化问题，即用尽可能少的非 0 系数表示信号 $\boldsymbol{X}$ 的主要信息，表示为

$$\begin{cases}\min\|\boldsymbol{\Theta}\|_0\\ \text{s. t. } \boldsymbol{X}=\boldsymbol{\Psi\Theta}\end{cases} \tag{7.42}$$

式中：$\boldsymbol{\Psi}$ 是过完备原子字典中的原子以向量形式排列的矩阵，范数$\|\boldsymbol{\Theta}\|_0$定义为系数向量 $\boldsymbol{\Theta}$ 中非零系数的个数。

由于范数$\|\boldsymbol{\Theta}\|_0$是非凸的，因此求解信号在过完备字典下的稀疏表示是一个 NP 问题，现实中不存在准确求解此最优化问题的多项式算法。一般地，利用某种稀疏性度量函数$f(\cdot)$来逼近$\|\boldsymbol{\Theta}\|_0$，此时，式（7.42）定义的优化问题变为

$$\begin{cases}\min f(\boldsymbol{\Theta})\\ \text{s. t. } \boldsymbol{X}=\boldsymbol{\Psi\Theta}\end{cases} \tag{7.43}$$

目前，在一些相关文献中使用的稀疏性度量函数主要包括两种[41,59,60]。

（1）l_p范数：

$$f(\boldsymbol{\Theta})=\|\boldsymbol{\Theta}\|_p=\left(\sum_{k=1}^{K}|a_k|^p\right)^{\frac{1}{p}} \tag{7.44}$$

（2）对数范数：

$$f(\boldsymbol{\Theta}) = \sum_{k=1}^{K} \lg(1 + |a_k|^2) \tag{7.45}$$

除此之外，归一化峰度函数[61]、双曲型函数[62]等也可以作为度量函数，Karvanen[63]对这些度量函数进行了比较。除了利用不同的稀疏度量函数对稀疏表示问题分类以外，Tropp 还根据稀疏近似误差和表示代价不同，将稀疏表示问题分为最稀疏表示、误差约束近似、稀疏度约束近似，以及子集选择问题[64]。

在实际环境中，不可避免地存在噪声，信号的表示模型应改写为

$$\boldsymbol{X} = \boldsymbol{\Psi\Theta} + N \tag{7.46}$$

于是噪声环境下的优化问题可以描述为

$$\begin{cases} \min f(\boldsymbol{\Theta}) \\ \text{s. t. } \|\boldsymbol{\Psi\Theta} - \boldsymbol{X}\|_2 \leqslant \delta \end{cases} \tag{7.47}$$

式中：δ 为稀疏表示误差。

通过上面分析不难发现，要想在冗余原子库中获得高度非线性逼近的好结果，过完备冗余字典的构建和稀疏表示算法是关键。原子字典的构造可分为两大类，即传统的构造方法[65]和基于训练的方法[66]。传统的构造方法如利用已有的变换基构造原子字典、根据信号自身结构特点构造原子字典等；基于训练的方法包括最佳方向算法、广义 PCA 算法及联合正交基算法等。常用的稀疏表示算法包括框架方法、组合方法、最佳正交基方法、交互投影法、FOCUSS 算法、匹配追踪算法和基追踪算法等[67]。

很显然，信号 $\boldsymbol{X}$ 和信号在 $\boldsymbol{\Psi}$ 域的稀疏表示 $\boldsymbol{\Theta}$ 是一种等价表示，也就是说稀疏表示 $\boldsymbol{\Theta}$ 表征了信号 $\boldsymbol{X}$ 的特征。因此，如果信号 $\boldsymbol{X}$ 为舰船辐射噪声，则其稀疏表示 $\boldsymbol{\Theta}$ 就可作为分类识别的特征。另外，研究表明，稀疏表示可以用来对信号进行降噪，因此也可将稀疏表示作为舰船辐射噪声特征提取前的降噪处理方法。稀疏特征提取处理方案如图 7.36 所示。

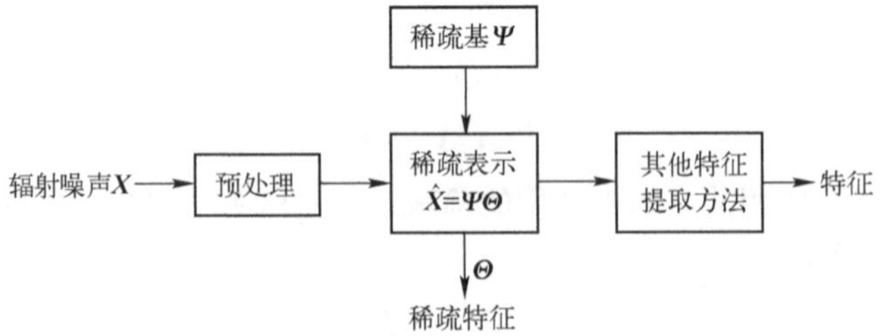

图 7.36　稀疏特征提取处理方案

例 7.8　取与例 7.1 相同的三类目标中的 3 个目标辐射噪声。对三种类型的舰船辐射噪声进行 FFT 变换并取其幅值得到 FFT 谱特征，对三种类型的舰船辐射噪声进行基于线性频率分布的 FFT 基稀疏表示，直接将稀疏系数作为特征时称为稀疏谱特征，而对表示的信号$\hat{X}$再进行 FFT 变换并取幅值得到的特征称为重构 FFT 谱特征。图 7.37 是三种类型的舰船辐射噪声对应的特征。

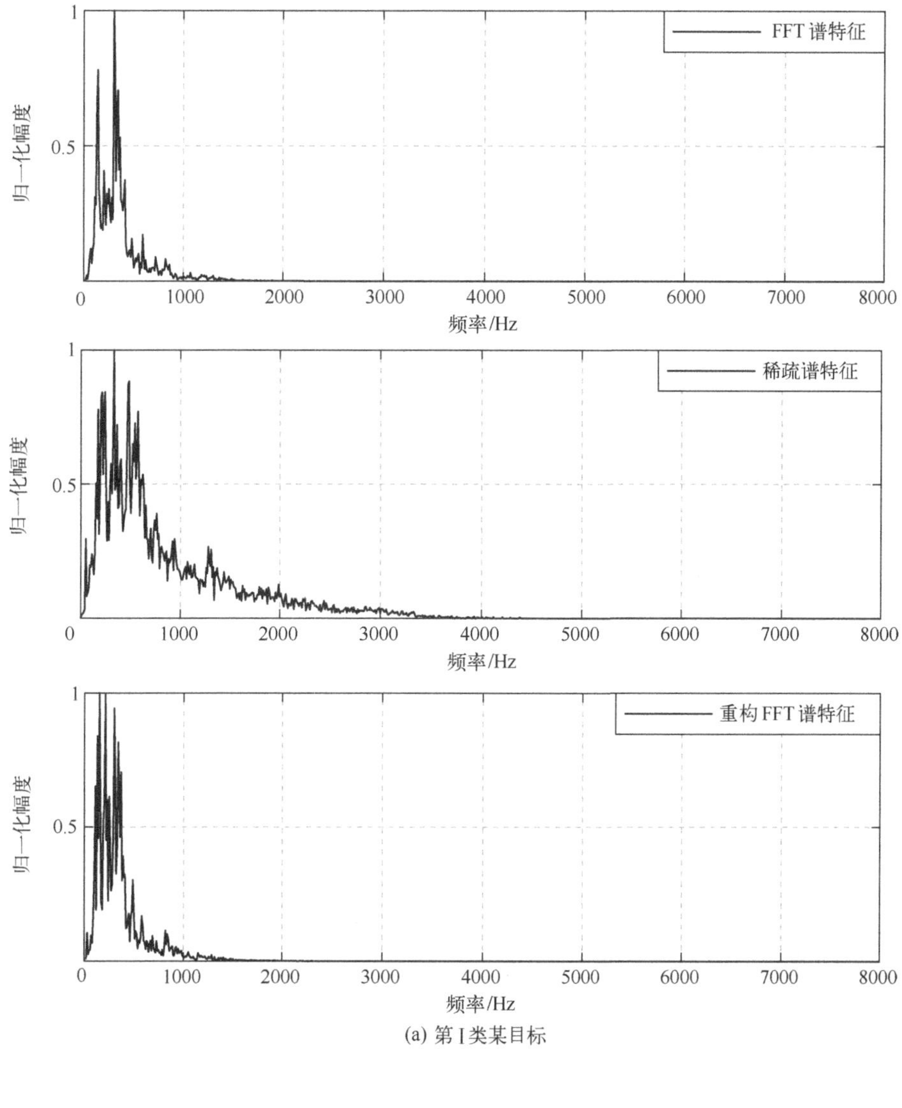

(a) 第 I 类某目标

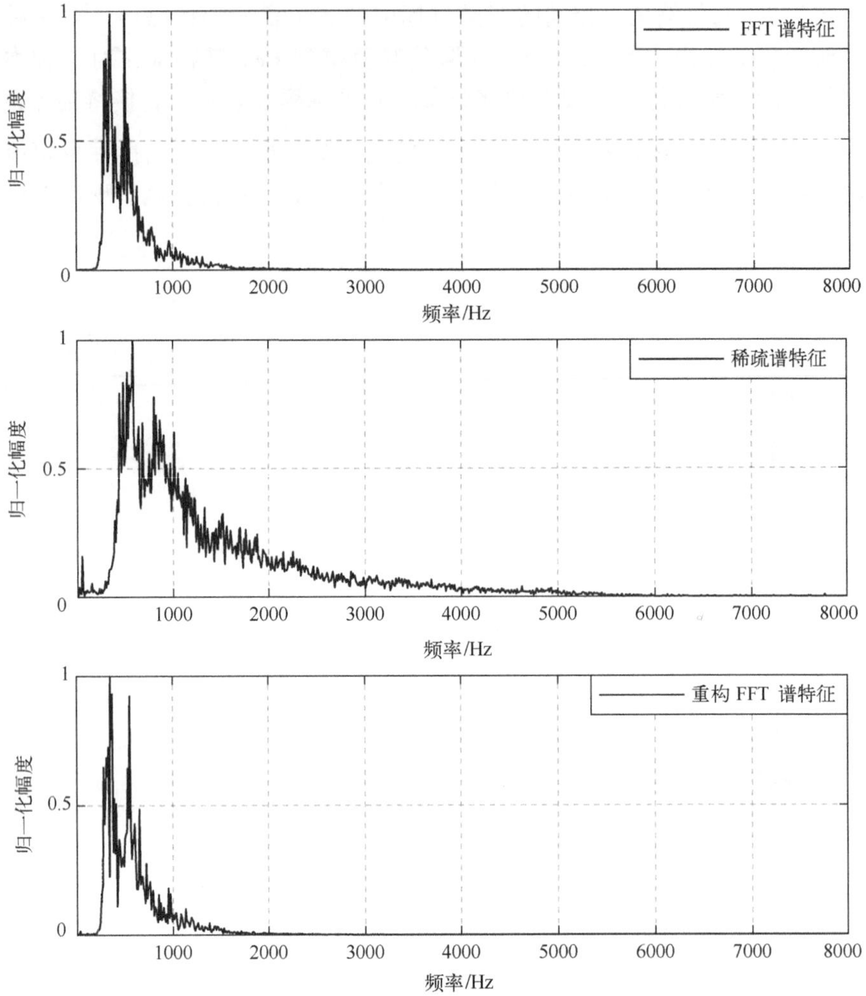
FFT 谱特征
稀疏谱特征
重构 FFT 谱特征
归一化幅度
频率/Hz
0
0.5
1
1000
2000
3000
4000
5000
6000
7000
8000

(b) 第Ⅱ类某目标

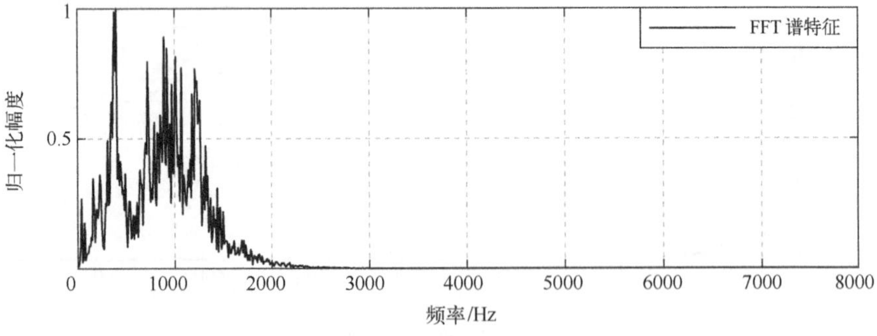
FFT 谱特征
归一化幅度
频率/Hz
0
0.5
1
1000
2000
3000
4000
5000
6000
7000
8000

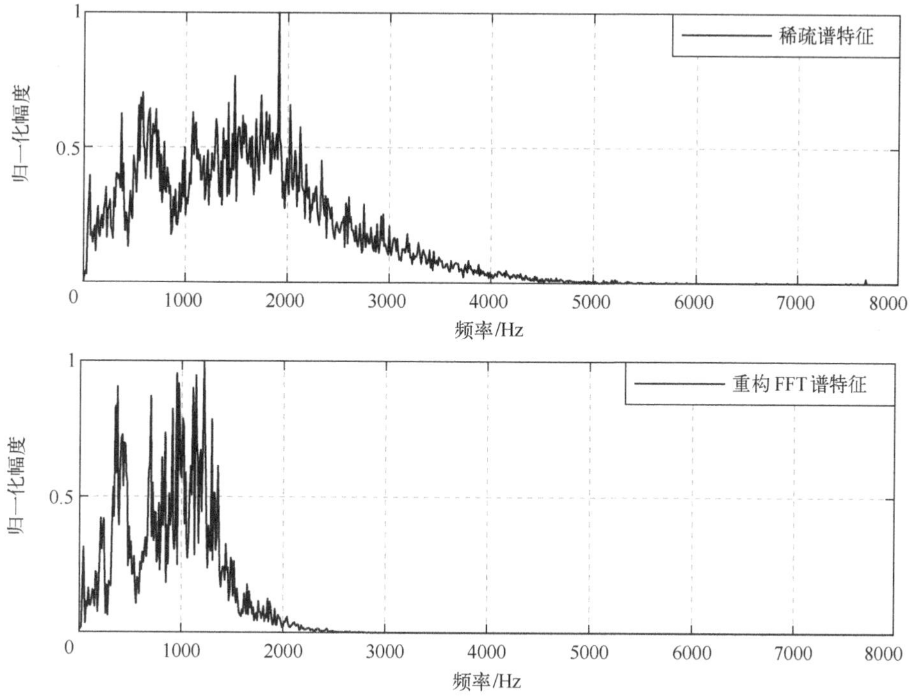

(c) 第 Ⅲ 类某目标

图 7.37　三种类型舰船辐射噪声的稀疏特征

7.3　分类决策

目标分类识别的正确概率是检验特征是否有效的重要途径。根据单一特征设计合适的目标分类器是被动声纳目标智能分类识别中通常的做法，主要有贝叶斯决策、*K* 近邻法、神经网络、支持向量机、稀疏表示、张量分解、深度学习等。

7.3.1　分类器

目标识别分类器就是在已有特征（或训练集）的基础上，通过学习、训练生成分类模型，测试集中特征通过训练好的模型运算，将测试样本映射到给定类别中的某一个，实现目标的分类识别。

1. 稀疏表示分类器

稀疏表示最初的目的并不是用于推论或分类，而是用于描述或者压缩信号，采用更低的频率进行采样。因此，算法的效果就依据表示的稀疏度和原始信号的保真度来衡量。此外，稀疏表示字典中的个别基函数并不具备特别的含义，它们只是从标准基中挑选出来的（如傅里叶基、小波基、Gabor 基等），甚至是由随机矩阵生成的。然而，最稀疏的表示具有自然的判别性，即在所有基向量的子集中，它会选择最能紧密表示输入信号的子集，拒绝其他不紧密表示的子集。

利用稀疏表示的天然判别性来进行分类的思路就是用训练集样本构造出稀疏表示的超完备字典，然后对测试集样本进行稀疏表示，如果每一类都有足够的训练样本集，那么就有可能用相同类别的训练样本的线性组合来表示测试样本。显然，这个表示是自然稀疏的，因为只关联所有训练集的一小部分样本，从而可以实现样本分类。研究表明，依据这个字典得到的是测试样本最稀疏的线性表示，并且通过最小 l_1 范数可以很好地重构。因此，寻找最稀疏的表示自然可以区别测试集中的不同类别。

简单地说，基于稀疏表示的分类器（Sparse Representation-based Classification，SRC）就是将一个测试样本用所有由训练样本组成的超完备字典进行线性表示。基于数据之间的稀疏性，这种线性表示也应该是稀疏的。得到测试样本的稀疏表示后，分别计算每类对测试样本的表示误差，其中最小的一类就被判定为测试样本的类别。

给定一组训练样本集 $\boldsymbol{A}=[x_1,x_2,\cdots,x_N]\in R^{M\times N}$，且满足 A 是过完备集，其中，M 为特征维数，N 为训练样本总个数。则任意一个测试样本 $y\in R^M$ 可以由这组训练样本集近似地线性表示为

$$y=a_1x_1+a_2x_2+\cdots+a_Nx_N \tag{7.48}$$

式中：$\alpha_i(i=1,2,\cdots,N)$表示稀疏系数，式（7.48）写成矩阵可表示为

$$y=\boldsymbol{A\Theta} \tag{7.49}$$

式中，$\boldsymbol{\Theta}=[a_1,a_2,\cdots,a_N]^{\mathrm{T}}$称为稀疏系数向量。实际上，因为 $\boldsymbol{\Theta}$ 是稀疏的，即 $\boldsymbol{\Theta}=[0,\cdots,0,a_i,a_{i+1},\cdots,a_{i+k-1},0,\cdots,0]^{\mathrm{T}}$，除了第 i 类样本对应的 k 个系数外，其他元素都为 0 或者为一个很小的值。

若$\hat{\boldsymbol{\Theta}}$表示求得的第 i 类目标稀疏系数，显然$\hat{\boldsymbol{\Theta}}$中只有对应的第 i 个值非零，而其余系数为 0 或非常小的值，用$\|y-\boldsymbol{A}\hat{\boldsymbol{\Theta}}\|_2$表示第 i 类稀疏表示的残差，则 SRC 的分类准则为

$$\min_i r_i(y)=\min_i\|y-\boldsymbol{A}\hat{\boldsymbol{\Theta}}\|_2 \tag{7.50}$$

即最小的残差对应的类别为测试样本的类别。

显然，稀疏表示分类器的核心就是求出稀疏系数 $\boldsymbol{\Theta}$，即解欠定方程组（7.49）。这是一个标准稀疏分解问题，最直接的方法就是转化为 l_0 范数优化

的问题。

$$\begin{cases}\hat{\Theta}=\min\limits_{\boldsymbol{\Theta}}\|\boldsymbol{\Theta}\|_0 \\ \text{s. t. } \boldsymbol{A\Theta}=y\end{cases} \tag{7.51}$$

显然，式（7.51）可以采用相应的稀疏分解算法进行求解。

综合上述分析，基于稀疏表示的分类器算法步骤如下：

（1）构造训练样本集（或训练样本特征集）$\boldsymbol{A}=[x_1,x_2,\cdots,x_N]\in R^{M\times N}$，将其视为稀疏表示的过完备原子库，$M$ 为样本（或特征）的维数，N 为训练样本（或特征）的总数，指定误差容限 $\delta>0$。

（2）针对测试样本（或特征）$y\in R^M$，构造如式（7.51）所示的优化问题。

（3）将式（7.51）所示的优化问题转化为如式（7.52）所示的 l_1 范数优化问题，并求解得到稀疏表示系数 $\hat{\Theta}$：

$$\begin{cases}\hat{\Theta}=\min\limits_{\boldsymbol{\Theta}}\|\boldsymbol{\Theta}\|_1 \\ \text{s. t. } \|\boldsymbol{A\Theta}-y\|_2\leqslant\delta\end{cases} \tag{7.52}$$

（4）根据式（7.50）所示的分类准则，确定测试样本的类型。

2. 张量分解分类器

书中描述的听觉域和 Gabor 等张量特征是高阶张量，如果要采用常规的神经网络、支持向量机、稀疏表示等分类器需要对特征进行降维处理，一定程度上会造成特征信息的损失。直接基于这种高阶张量特征完成对目标的分类识别，可以直接计算测试样本的张量特征与训练样本的张量特征的相似性，或通过张量分解的方法实现，或采用 TensorFlow 深度学习框架构造深度学习网络来实现。

1）直接计算测试样本的张量特征与训练样本的张量特征的相似性

通过判别每个测试样本的张量特征 F_{Test} 与训练集中每个训练样本的张量特征 F_{Train} 的相似性实现目标的分类识别，若相似性采用 Frobenius 范数计算，则分类识别可表示为

$$\operatorname{argmin}\sqrt{\|F_{\text{Test}}-F_{\text{Train}}\|_F} \tag{7.53}$$

式中：$\|\cdot\|_F$ 为 Frobenius 范数。若测试样本的张量特征 F_{Test} 与第 i 类训练样本集中样本的张量特征 F_{Train} 之间的 Frobenius 范数最小，则将 F_{Test} 分类为第 i 类水下被动目标。

2）张量分解分类器

张量分解分类器分类识别流程如图 7.38 所示。

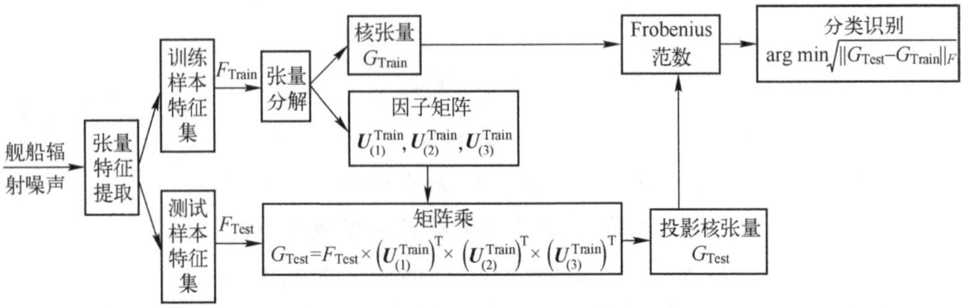

图 7.38　张量分解分类器分类识别流程

对所有舰船辐射噪声样本提取张量特征，然后按一定比例分成训练样本特征集和测试样本特征集。对训练样本集中每个样本的特征张量 F_{Train} 按照 HOSVD 方法进行张量分解，得到训练样本集中每个样本的核张量 G_{Train} 和因子矩阵 $U_{(1)}^{\text{Train}}$、$U_{(2)}^{\text{Train}}$、$U_{(3)}^{\text{Train}}$，如式（7.54）所示。

$$F_{\text{Train}} \approx G_{\text{Train}} \times U_{(1)}^{\text{Train}} \times U_{(2)}^{\text{Train}} \times U_{(3)}^{\text{Train}} \tag{7.54}$$

式中：核张量 G_{Train} 保留了原特征张量 F_{Train} 中的主要信息；三个因子矩阵 $U_{(1)}^{\text{Train}}$、$U_{(2)}^{\text{Train}}$、$U_{(3)}^{\text{Train}}$ 分别是 F_{Train} 在各阶上的主分量，核张量与因子矩阵是后续进行船舶辐射噪声分类识别的关键。

获得训练样本的核张量与因子矩阵后，将测试样本集中每个样本的特征张量 F_{Test} 和训练样本集中每个样本的因子矩阵 $U_{(1)}^{\text{Train}}$、$U_{(2)}^{\text{Train}}$、$U_{(3)}^{\text{Train}}$ 的转置进行矩阵乘运算，生成该测试样本在此训练样本上的投影核张量 G_{Test}：

$$G_{\text{Test}} = F_{\text{Test}} \times (U_{(1)}^{\text{Train}})^{\text{T}} \times (U_{(2)}^{\text{Train}})^{\text{T}} \times (U_{(3)}^{\text{Train}})^{\text{T}} \tag{7.55}$$

式（7.55）中，得到的投影核张量 G_{Test} 可以看作是将测试样本的特征张量 F_{Test} 从自身样本空间转移到训练样本的特征张量 F_{Train} 的样本空间中的结果，更能表示二者之间的交互程度。

最后，通过判别每个测试样本的投影核张量 G_{Test} 与训练集中每个训练样本的核张量 G_{Train} 之间 Frobenius 范数的大小，得到二者的相似程度，进而实现舰船辐射噪声的分类识别，即

$$\operatorname{argmin}\sqrt{\| G_{\text{Test}} - G_{\text{Train}} \|_F} \tag{7.56}$$

式中：$\|\cdot\|_F$ 为张量 Frobenius 范数。若测试样本的投影核张量 G_{Test} 与某个训练样本的核张量 G_{Train} 之间的 Frobenius 范数最小，则将该投影核张量 G_{Test} 所对应的舰船辐射噪声分类为该训练样本所对应的舰船辐射噪声类别。

7.3.2　多分类器融合

研究表明，当目标类型多、样本数据或特征品质低时，单分类器方法的正

确分类概率和稳健性降低。事实上，基于一组特定目标特征和某一特定方法设计的分类器，仅仅是从一个“侧面”去认识目标，难以形成对目标本质特性的全面认识。如何把这些特定的特征和分类器的优点融合在一起，形成对目标本质特性的更全面认识，科研人员开展了很多相关工作，提出了一些基于特征和分类器的融合算法[68-69]。

1. 多分类器融合模型

假设给定的模式空间 D 由 N 个互斥的集合组成，即 $D=C_1\cup C_2\cup\cdots\cup C_N$，其中 $C_j(j=1,2,\cdots,N)$ 称为一个目标类，N 为目标总类数，用 M 个分类器 $e_i(i=1,2,\cdots,M)$ 对一个来自模式空间 D 的样本进行分类。假设每个分类器 $e_i(i=1,2,\cdots,M)$ 有一个从样本空间 D 中提取的特征 $\boldsymbol{X}_i$，它们可以是相同类的特征，也可以是不同类的特征。若不考虑 e_i 的内部结构，则对于输入的特征 $\boldsymbol{X}_i$，分类器 e_i 有一个与输入相关的输出向量[68]：

$$\boldsymbol{Y}_i=f_i(\boldsymbol{X}_i) \tag{7.57}$$

式中：$\boldsymbol{X}_i=(x_1,x_2\cdots,x_H)$ 表示第 i 个分类器的输入，即第 i 个分类器的特征，H 表示特征的维数，对于不同的分类器，特征维数可以不一样；$f_i(\cdot)$ 表示第 i 个分类器的映射函数；$\boldsymbol{Y}_i=(y_i^1,y_i^2,\cdots,y_i^j,\cdots,y_i^N)$ 表示第 i 个分类器的输出，即 y_i^j 表示第 i 个分类器对第 j 类目标的输出，相当于该分类器对第 j 类目标的判别权值，假设对于分类器 e_i 的输出 $\boldsymbol{Y}_i$ 满足 $y_i^k=\max\limits_{1\leqslant n\leqslant N} y_i^n$，则认为分类器 e_i 有一个标号为 k 类的目标类型输出。

多分类器融合的模型框图如图 7.39 所示[68]。

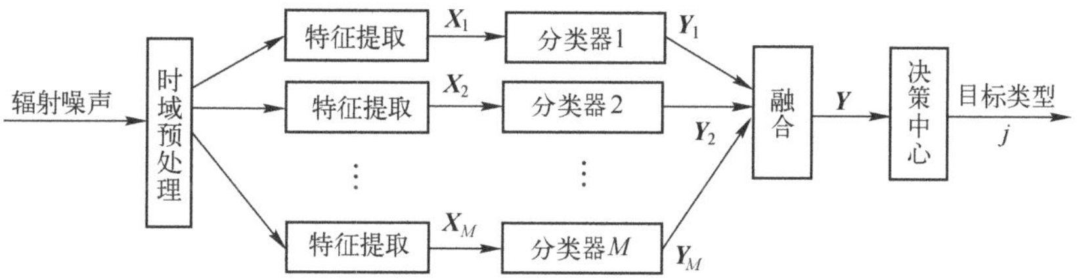

图 7.39　多分类器融合模型

根据图 7.39 所示模型，舰船辐射噪声经时域预处理后，采用不同的特征提取方法进行特征提取，通过单分类器分类，得到单分类器的输出和正确分类识别概率，然后融合中心对单分类器输出融合得到决策量 $\boldsymbol{Y}$，最后由决策中心给出目标类型。

下面的多分类器融合算法假设特征 $\boldsymbol{X}_i$ 和单个分类器 e_i 已经设计好，主要考虑如何对各个分类器的输出 $\boldsymbol{Y}_i$ 进行融合、决策给出目标类型。

2. 多分类器输出加权融合

常见的决策层融合有加权投票表决法、D-S 证据理论方法等。研究发现，在进行多分类器融合时，分类器的权重选择非常重要，下面对文献［68］中的权重进行了改进，权重 $\boldsymbol{W}=(w_1,w_2,\cdots,w_M)$ 由分类器对每类目标的正确分类识别概率获得。即如果分类器对每类目标的正确识别概率值都超过 60%，取最大的识别概率值作为权系数，若有一类目标的识别概率值低于 60%，则取识别概率值最低的值除以 10 作为权系数，即 w_i 表示第 i 个分类器对某目标的最大正确分类概率或最小分类概率值的 1/10。不选择从总体正确识别概率获得，主要是因为每类目标的样本数是不一样的，存在某类样本占绝对优势的情况，在这种情况下，即使样本少的目标类识别率很低，总体正确识别概率也会较高，这对于某些对目标分类概率比较均衡的分类器是不公平的。这样选择权值还有一个好处，就是即使某个分类器对某类目标的识别概率非常低，也不会影响决策结果的鲁棒性。输出加权融合算法具体实现步骤如下。

（1）根据目标类型总数 N 产生期望输出矩阵 $\boldsymbol{E}=(\boldsymbol{E}_1,\boldsymbol{E}_2,\cdots,\boldsymbol{E}_j,\cdots,\boldsymbol{E}_N)^{\mathrm{T}}$，其中 $\boldsymbol{E}_j=(e_j^1,e_j^2,\cdots,e_j^k,\cdots,e_j^N)$，$j=1,2,\cdots,N$ 是期望输出矩阵 $\boldsymbol{E}$ 的第 j 行，表示单个分类器对第 j 类目标的理想输出，$e_j^k=\begin{cases}1 & j=k\\0 & j\neq k\end{cases}(j,k=1,2,\cdots,N)$。因此，$\boldsymbol{E}$ 为 $N\times N$ 维的单位阵。

（2）按式（7.58）计算单分类器的输出 $\boldsymbol{Y}_i=(y_i^1,y_i^2,\cdots,y_i^j,\cdots,y_i^N)$ 与每一类目标理想输出的 2 范数，即欧几里得距离。

$$d_i^j=\|\boldsymbol{E}_j-\boldsymbol{Y}_i\| \quad (j=1,2,\cdots,N) \tag{7.58}$$

显然，d_i^j 的大小反映了第 i 个分类器的输出 $\boldsymbol{Y}_i$ 与第 j 类目标期望输出的接近程度。其值越小表示离期望输出越近，判为该类目标的概率越大，反之，概率越小。

（3）用式（7.59）求出第 i 个分类器对第 j 类目标的表决概率：

$$p_i^j=\mathrm{e}^{(-d_i^j)}\Big/\sum_{k=1}^{N}\mathrm{e}^{(-d_i^k)} \quad (j=1,2,\cdots,N) \tag{7.59}$$

得到第 i 个分类器对每类目标的表决概率 $\boldsymbol{P}_i=(p_i^1,p_i^2,\cdots,p_i^N)$，其中 $i=1,2,\cdots,M$。显然，p_i^j 越大，表示越有可能判为第 j 类目标。

（4）根据单个分类器对每类目标的正确识别概率 $\boldsymbol{Q}_i=(q_i^1,q_i^2,\cdots,q_i^N)$，由式（7.60）计算第 i 个分类器的权重：

$$w_i=\begin{cases}\max(\boldsymbol{Q}_i), & \min(\boldsymbol{Q}_i)\geqslant 60\%\\ \min(\boldsymbol{Q}_i)/10, & \min(\boldsymbol{Q}_i)<60\%\end{cases} \tag{7.60}$$

（5）由加权系数 $\boldsymbol{W}=(w_1,w_2,\cdots,w_i,\cdots,w_M)$ 按式（7.61）计算决策量 $\boldsymbol{Y}=(y_1,y_2,\cdots,y_j,\cdots,y_N)$，$y_j$ 相当于加权举手投票法中得到的得票率。

$$y_j=\sum_{i=1}^{M}\left[p_i^j\times\left(w_i\Big/\sum_{k=1}^{M}w_k\right)\right]\quad(j=1,2,\cdots,N)\tag{7.61}$$

（6）选取下面一种方法，根据决策方案和决策向量给出目标类型。

方法一：寻找决策向量 $\boldsymbol{Y}$ 的最大值，最大值对应的目标类型即为最后多分类器融合识别的目标类型。

方法二：一种好的融合分类器，除了具有高的识别率外还应具有高的可靠性，尤其在被动声纳目标识别这一特殊应用场合，错误分类是非常不利的，可靠性就成为系统能否放心使用的重要依据，分类器的正确识别率高并不代表它的分类结果可靠。可靠性与正确识别率存在关系式如下[70]：

$$\text{可靠性}=\frac{\text{正确识别率}}{100\%-\text{拒识率}}\tag{7.62}$$

从式（7.62）可以看出，可靠性即奖励正确分类，同时又惩罚错误分类。即使分类器对输入样本只能正确地分类出较少的类别，但只要没有错分，那么可靠性就是100%。为了提高系统的可靠性，一般在融合分类器中引入“拒类”，以宁可不分也不错分，来换取较高的系统可靠性。即事先假定一个决策门限值 Λ_0（一般选大于0.5的数，即表示多个分类器融合后，要对目标进行决策则其得票率应大于50%），求出决策向量的最大值 $Y_{\max}=\max(\boldsymbol{Y})=\max(y_1,y_2,\cdots,y_j,\cdots,y_N)$，然后按式（7.63）所示规则进行判别。

$$T=\begin{cases}Y_{\max}\geqslant\Lambda_0, & \text{同方法一}\\ Y_{\max}<\Lambda_0, & \text{拒判}\end{cases}\tag{7.63}$$

3. 多人决策理论多分类器融合

在图7.39所示的多分类器融合模型假设下，可以把融合问题转化为多人决策问题，完成多分类器的融合。即把每一个分类器看作为一个决策者，通过采用多人决策群体选择方法，最后给出目标类型。多人群体决策的实质是由多个决策者组成一个群体，对有限多个方案进行评价或选择最优方案。研究表明，群体决策能集结各决策者的偏好以形成多人决策群体的偏好，提高决策的可信度[71]。

首先由各个分类器的输出 $\boldsymbol{Y}_i$ 给出分类器对目标类型的一种排序，即相当于一个决策者对方案的一种排序，然后采用加权库克-塞福德距离函数方法求解这 M 个分类器（M 个决策者）的一致性排序，使其与各个分类器对目标类型的排序之间的一致性程度之和达到最大，其排序之间的一致性或不一致性程度采用加权闵可夫斯基距离函数来度量。最后由一致性排序给出目标类型，即排在最前面的目标类型就作为系统识别的目标类型。详细的融合步骤如下[72]。

(1) 根据第 i 个分类器的输出 $\boldsymbol{Y}_i=(y_i^1,y_i^2,\cdots,y_i^j,\cdots,y_i^N)$，其中 $i=1,2,\cdots,M$，$j=1,2,\cdots,N$，由 y_i^j 的大小求出对应的目标类型排序 $\boldsymbol{R}_i=(r_i^1,r_i^2,\cdots,r_i^j,\cdots,r_i^N)$，其中 r_i^j 为 $1,2,\cdots,N$ 之间的某一个不重复值，并且 y_i^j 值越大，r_i^j 值越小。

(2) 根据单个分类器对每类目标的正确识别概率 $\boldsymbol{Q}_i=(q_i^1,q_i^2,\cdots,q_i^N)$，由式（7.60）计算第 i 个分类器（决策者）的权重 w_i。

(3) 根据式（7.64）计算多分类器决策群体把目标类型 j 排在第 t 位时，分类器群体的这个排序与群中各分类器对目标类型 j 的排序的加权闵可夫斯基距离。

$$d_{jt}=\left[\sum_{i=1}^{M}\left|w_i(r_i^j-t)\Big/\sum_{k=1}^{M}w_k\right|^q\right]^{1/q}\quad(j=1,2,\cdots,N;\quad t=1,2,\cdots,N)\tag{7.64}$$

式中：t 表示某目标类型的一致性排序值，属于 $1,2,\cdots,N$ 之间的某一个不重复值，q 为距离参数，当 $q=1$ 时，d_{jt} 表示绝对值范数，当 $q=2$ 时，d_{jt} 表示加权欧几里得距离。

(4) 此时，一致性排序问题转化为求解典型的指派问题[71]，即

$$\min\left\{d=\sum_{j=1}^{N}\sum_{t=1}^{N}d_{jt}z_{jt}\right\}=\min\left\{d=\sum_{j=1}^{N}\sum_{t=1}^{N}\left[\sum_{i=1}^{M}|w_i(r_i^j-t)|^q\right]^{1/q}z_{jt}\right\}\tag{7.65}$$

$$\text{s. t.}\begin{cases}\displaystyle\sum_{j=1}^{N}z_{jt}=1 & (t=1,2,\cdots,N)\\ \displaystyle\sum_{t=1}^{N}z_{jt}=1 & (j=1,2,\cdots,N)\\ z_{jt}=1\text{ 或 }0 & (j=1,2,\cdots,N;t=1,2,\cdots,N)\end{cases}$$

式中：z_{jt} 表示决策变量，$z_{jt}=1$ 表示多分类器决策群体将目标类型 j 排在第 t 位，$z_{jt}=0$ 表示群体没有将目标类型 j 排在第 t 位。用匈牙利算法[73]可对式（7.65）进行求解，得到多分类器决策群体的一致性排序，即多分类器决策后对目标类型进行判别的排序，排在最前面的目标类型就作为决策中心最后分类识别的目标类型。

参考文献

[1] 方世良，杜栓平，罗昕炜，等．水声目标特征分析与识别技术［J］．中国科学院院刊，

2019，34（3）：297-305.
[2] 章新华．基于智能信息处理理论的水下目标识别研究［D］. 杭州：浙江大学，1996.
[3] 曾向阳．智能水中目标识别［M］. 北京：国防工业出版社，2016.
[4] 程玉胜，李智忠，邱家兴．水声目标识别［M］. 北京：科学出版社，2018.
[5] 孟庆昕，杨士莪，于盛齐．基于波形结构特征和支持向量机的水面目标识别［J］. 电子信息学报，2015，37（9）：2117-2123.
[6] LI X Y，ZHU F P. Application of the Zero-Crossing Rate，LOFAR Spectrum and Wavelet to the Feature Extraction of Passive Sonar Signal［C］. Proceeding of the 3th World Congress on Intelligent Control and Automation，Hefei，China，2000：2461-2463.
[7] 李享．水中舰船目标识别方法研究［D］. 沈阳：沈阳理工大学，2020.
[8] 白敬贤，高天德，夏润鹏．基于 DEMON 谱信息提取算法的目标识别方法研究［J］. 声学技术，2017，36（01）：88-92.
[9] 许劲峰．舰船辐射噪声调制特征检测方法研究［D］. 镇江：江苏科技大学，2018.
[10] 张大伟，章新华，李前言，等．一种基于舰船辐射噪声起伏特性的线谱提取方法［J］. 舰船科学技术，2015，37（10）：85-88.
[11] 张雨萌．水声目标调制线谱特征智能化提取方法研究［D］. 西安：西安电子科技大学，2021.
[12] SMITH D H. Propeller Blade Signatures in the Wavelet Domain［J］. Anziam Journal，2005，45（E）：75-88.
[13] AZIMI M R，YAO D，HUANG Q，et al. J. Underwater Target Classification using Wavelet Packets and Neural Networks［J］. IEEE Transactions on Neural Networks，2000，11（3）：784-794.
[14] 杨宏．经验模态分解及其在水声信号处理中的应用［D］. 西安：西北工业大学，2015.
[15] 陈德昊，林建恒，衣雪娟，等．基于小波包时频图特征和卷积神经网络的水声信号分类［J］. 声学技术，2021，40（3）：336-340.
[16] 赵珂．舰船辐射噪声的检测与特征提取方法研究［D］. 西安：西安邮电大学，2019.
[17] 杨玲，郑思仪．基于混沌理论的舰船辐射噪声特征提取［J］. 海军工程大学学报，2014，26（4）：50-54，62.
[18] 王菲，白洁．一种基于非线性特征提取的被动声纳目标识别方法研究［J］. 软件导报，2010，9（5）：116-118.
[19] 杨立学．基于听觉感知原理的水下目标识别方法研究［D］. 西安：西北工业大学，2016.
[20] 张扬．基于多域特征组合优化与证据分类的水声目标识别算法研究［D］. 西安：西北工业大学，2018.
[21] 康春玉，章新华，张安清，等．基于听觉模型的船舶辐射噪声特征提取与识别［J］. 哈尔滨工程大学学报，2004，25（增刊）：50-52.

[22] 吴晏辰，王英民．基于 Gammatone 频率倒谱系数的舰船辐射噪声分析［J］．水下无人系统学报，2021，29（01）：60-64.
[23] 张扬，杨建华，侯宏．基于 EK-NN 的水声目标识别算法研究［J］．声学技术，2016，35（1）：15-19.
[24] 严韶光，康春玉，夏志军，等．基于深度自编码网络的舰船辐射噪声分类识别［J］．舰船科学技术，2019，41（03）：124-130.
[25] 徐及，黄兆琼，李琛，等．深度学习在水下目标被动识别中的应用进展［J］．信号处理，2019，35（09）：1460-1475.
[26] NEUPANE D，SEOK J. A Review on Deep Learning-Based Approaches for Automatic Sonar Target Recognition［J］. Electronics，2020，9：1972.
[27] 胡广书．数字信号处理——理论、算法与实现［M］．北京：清华大学出版社，2003.
[28] KANG C Y，ZHANG X H，ZHANG A Q，et al. Underwater Acoustic Targets Classification Using Welch Spectrum Estimation and Neural NetworksUsing Welch Spectrum Estimation and Neural Networks［C］. Advances in Neural Networks-ISNN 2004，Springer：930-935.
[29] 康春玉，章新华，张安清．一种基于谱估计的被动声纳目标识别方法［J］．哈尔滨工程大学学报，2003，24（6）：627-631.
[30] 严韶光，康春玉，李军，等．基于功率谱特征的 CNN 被动声纳目标分类方法［C］．中国声学学会 2017 年全国声学学术会议论文集，2017：465-466.
[31] 杨行峻，迟惠生．语音信号数字处理［M］．北京：电子工业出版社，1995.
[32] 康春玉，章新华．基于 LPC 谱和支持向量机的船舶辐射噪声识别［J］．计算机工程与应用，2007，43（12）：215-217.
[33] 康春玉．水中目标信号净化及军事应用研究［D］．大连：海军大连舰艇学院，2009.
[34] 康春玉，章新华，苗坤．基于 ACW 倒谱特征的船舶辐射噪声识别［C］．2007 年全国水声学学术会议论文集，2007：16-18.
[35] 张荣强．说话人识别中特征提取的方法研究［D］．大连：大连理工大学，2005.
[36] 张贤达．现代信号处理（第二版）［M］．北京：清华大学出版社，2002.
[37] 陆振波．基于听觉模型的舰船辐射噪声特征分析［D］．大连：海军大连舰艇学院，2003.
[38] 焦义民，康春玉，曾祥旭．舰船辐射噪声非线性频谱特征提取与应用［J］．舰船科学技术，2016，38（23）：65-68.
[39] COIFMAN R，WICKERHAUSER M. Entropy-based Algorithms for Best Basis Selection［J］. IEEE Transactions Information Theory，1992，38：1713-1716.
[40] 何艳敏．稀疏表示在图像压缩和去噪中的应用研究［D］．电子科技大学，2011.
[41] 郭金库，刘光斌，余志勇，等．信号稀疏表示理论及其应用［M］．北京：科学出版社，2013.
[42] KOLDA T G，BADER B W. Tensor Decompositions and Applications［J］. SIAM Review，2009，51（3）：455-500.

[43] ANH H P, ANDRZEJ C. Tensor Decompositions for Feature Extraction and Classification of High Dimensional Datasets [J]. Nolinear Theory & Its Applications, 2010, 1 (1): 37-68.
[44] 程炳飞. 基于张量的心电特征提取及模式分类方法研究 [D]. 上海: 上海交通大学, 2014.
[45] 林静, 杨继臣, 张雪源, 等. 基于稀疏表示权重张量的音频特征提取算法 [J]. 计算机应用, 2016, 36 (5): 1426-1429, 1438.
[46] 杨立东. 基于张量分析的多因素音频信号建模与应用研究 [D]. 北京: 北京理工大学, 2016.
[47] 郭德鑫, 康春玉, 夏志军. 张量特征与 TensorFlow 的船舶辐射噪声识别 [C]. 2020 年中国西部声学学术交流会论文集, 2020: 125-127.
[48] 康春玉, 夏志军, 章新华, 张忆, 等. 水下无源声纳目标听觉域张量特征提取方法 [J]. 声学学报, 2020, 45 (6): 824-829.
[49] MALLAT S, ZHANG Z. Matching Pursuits with Time-Frequency Dictionaries [J]. IEEE Transactions Signal Process, 1993, 41 (12): 3397-3415.
[50] MESGARANI N, SLANEY M, SHAMMA S A. Discrimination of Speech from Nonspeech Based on Multi Scale Spectro-Temporal Modulations [J]. IEEE Transactions on Audio, Speech and Language Processing, 2006, 14: 920-930.
[51] 郭德鑫, 康春玉, 寇祝, 等. 基于 STFT 变换和 Gabor 滤波的船舶辐射噪声张量特征提取 [J]. 中国科技信息, 2020 (14): 96-98.
[52] 丁宝俊, 白翼虎. 基于短时傅里叶变换的舰船辐射噪声特征提取 [J]. 水雷战与舰船防护, 2015, 23 (1): 22-24.
[53] 张明友, 吕明. 近代信号处理理论与方法 [M]. 北京: 国防工业出版社, 2005.
[54] 吴强. 基于听觉感知与张量模型的鲁棒语音特征提取方法研究 [D]. 上海: 上海交通大学, 2010.
[55] LHANCHAO. Gabor 滤波简介与 Opencv 中的实现及参数变化实现 [DB/OL]. https://blog.csdn.net/lhanchao/article/details/55006663?utm_source=app.
[56] 王鹏. 基于 Gabor 滤波的纹理分割研究与实现 [D]. 成都: 电子科技大学, 2017.
[57] 程锦盛, 杜选民, 周胜增, 等. 基于目标 MFCC 特征的监督学习方法在被动声纳目标识别中的应用研究 [J]. 舰船科学技术, 2018, 40 (17): 116-121.
[58] 郭德鑫, 康春玉, 夏志军, 等. 基于 3 阶小波张量的船舶辐射噪声识别 [J]. 舰船科学技术, 2020, 42 (17): 171-175.
[59] 王建英, 尹忠科, 张春梅. 信号与图像的稀疏分解及初步应用 [M]. 成都: 西南交通大学出版社, 2006.
[60] DONOHO D L. Sparse Components Analysis and Optimal Atomic Decompositions [J]. Constructive Approximation, 2001, 17 (2): 353-382.
[61] LAMBERT R H. Multichannel Blind Deconvolution: FIR Matrix Algebra and Separation of

Multipath Mixtures [M]. University of Southern California, 1996.

[62] HYVARINEN A, HOYER P. A Two-layer Sparse Coding Model Learns Simple and Complex Cell Receptive Fields and Topography from Natural Images [J]. Vision Research, 2001, 41 (8): 2413-2423.

[63] KARVANEN J, CICHOCKI A. Measuring Sparseness of Noisy Signals [C]. The 4th International Symposium on Independent Component Analysis and Blind Signal Separation, 2003: 125-130.

[64] TROPP J A. Just Relax: Convex Programming Methods for Subset Selection and Sparse Approximation [D]. The University of Texas at Austin, 2004.

[65] 李杨. 稀疏分解在信号去噪方面的应用研究 [D]. 吉林: 吉林大学, 2012.

[66] 赵亮. 信号稀疏表示理论及应用研究 [D]. 哈尔滨: 哈尔滨工程大学, 2012.

[67] DONOHO D L, HUO X. Uncertainty Principles and Ideal Atomic Decompositions [J]. IEEE Transactions Information Theory, 2001, 47: 2845-2862.

[68] 景志宏, 赵谊虹, 程国华, 等. 基于多神经网络分类器的目标识别仿真实验研究 [J]. 系统仿真学报, 2003, 15 (3): 441-443.

[69] 章新华, 林良骥, 王骥程, 等. 基于多神经网络融合的声纳目标分类 [J]. 控制与决策, 1997, 12 (4): 381-384.

[70] PANDYA A S, ROBERT B M. Pattern Recogniton with Neural Networks in C++ [M]. CRC Press and IEEE Press, 1996.

[71] 李登峰. 模糊多目标多人决策与对策 [M]. 北京: 国防工业出版社, 2003.

[72] 康春玉, 章新华. 基于多人决策理论的船舶辐射噪声识别 [J]. 控制与决策, 2007, 22 (9): 1077-1080.

[73] 李敏. 试论指派问题的对称解法 [J]. 青海大学学报, 1997, 15 (3): 13-19.

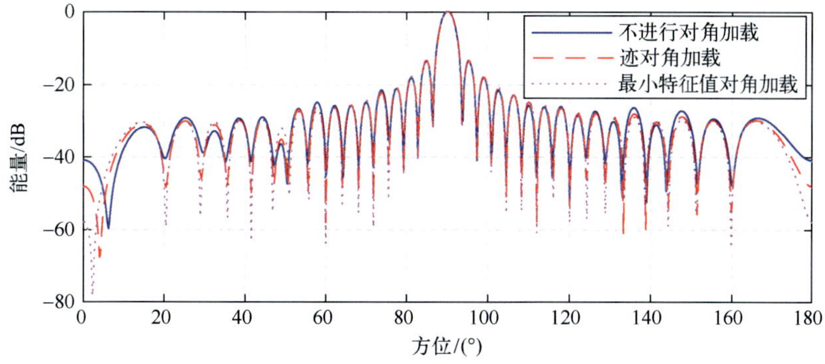

图 3.8　对角加载前后波束图

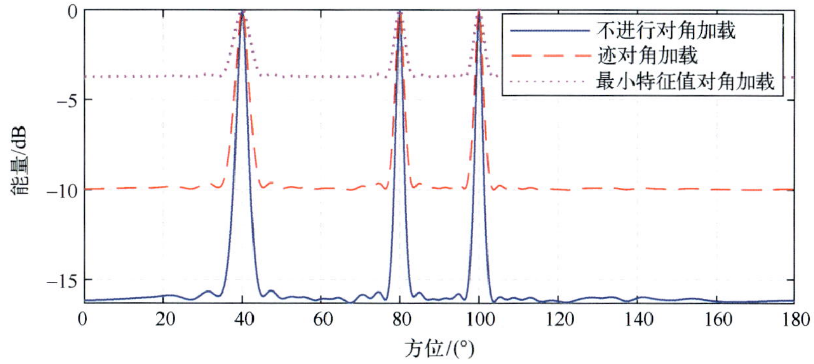

图 3.9　对角加载前后方位空间谱

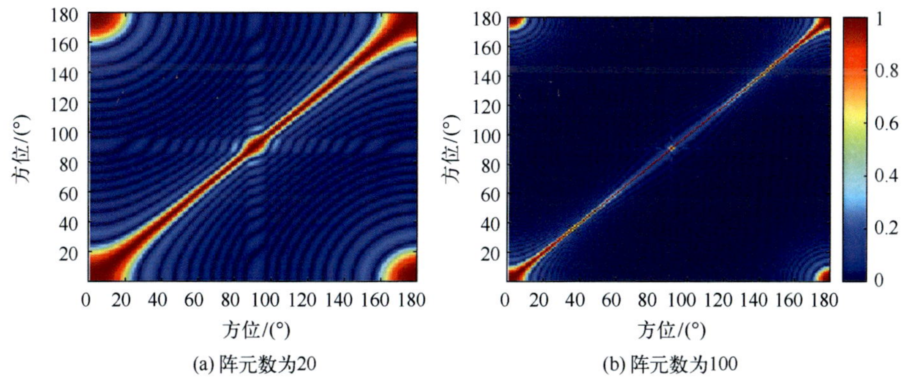

图 5.5　阵元数分别为 20、100 时感知矩阵各列的相关性

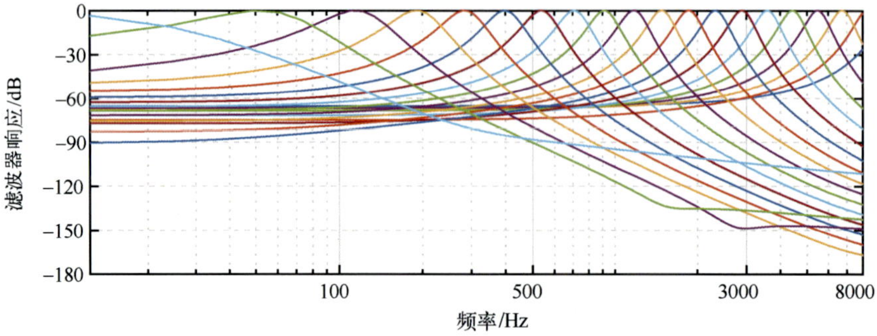

图 7.16　Gammatone 滤波器组实现耳蜗模型的频率响应图

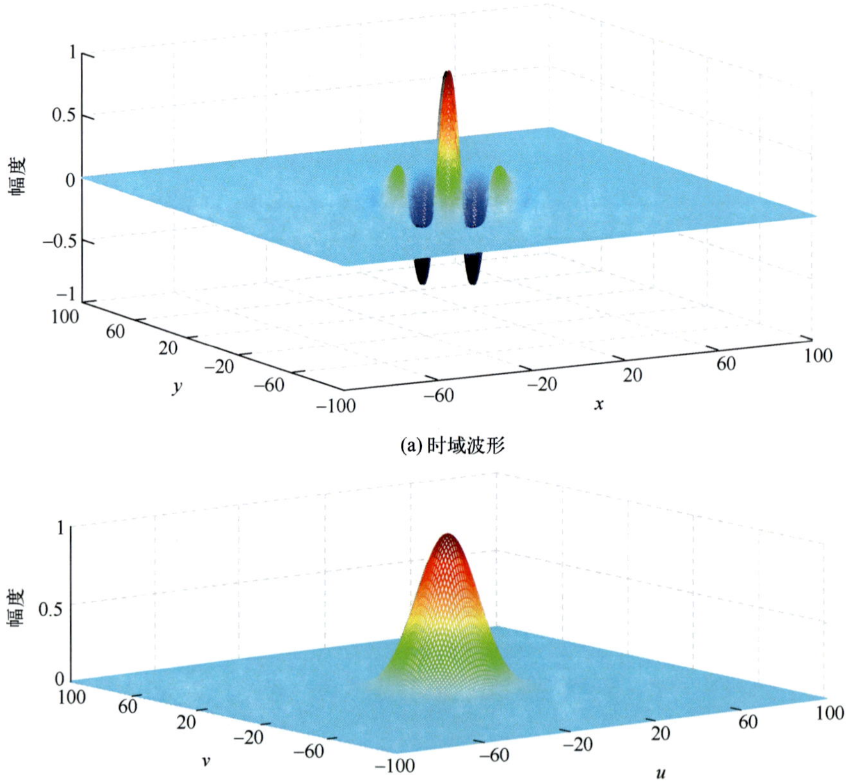

(a) 时域波形

(b) 频率响应

图 7.30　Gabor 函数实部时域波形与归一化频率响应